办公自动化技术

| Windows 10+Office 2016+AI | 第4版 |

微课版

袁爱莲 杨军◎主编

李春华 温强◎副主编

人民邮电出版社

北京

图书在版编目（CIP）数据

办公自动化技术：Windows 10+Office 2016+AI：
微课版 / 袁爱莲，杨军主编. -- 4 版. -- 北京：人民
邮电出版社，2025. --（新形态立体化精品系列教材）.
ISBN 978-7-115-66596-6

Ⅰ. TP316.7；TP317.1

中国国家版本馆 CIP 数据核字第 202584LE65 号

内 容 提 要

本书以"项目-任务"的形式全面介绍办公自动化技术的相关知识和操作，包括使用 Office 2016 办公软件中的 Word、Excel 和 PowerPoint 3 个组件来创建及编辑各种文档、表格、演示文稿的方法与技巧，日常办公中涉及的各种软硬件的操作，以及使用 AI 辅助办公。全书共 11 个项目，包括认识办公自动化与操作平台、制作与编辑 Word 文档、编校与批量制作 Word 文档、制作与编辑 Excel 表格、计算与分析 Excel 表格数据、制作与放映 PowerPoint 演示文稿、网络办公应用、AI 辅助办公、常用工具软件的应用、常用办公设备的使用，以及综合案例——制作公益广告策划方案等内容。读者通过学习本书，可以全面、深入、透彻地理解办公自动化技术，从而提高工作效率。

本书可以作为各类院校"办公自动化"课程的教材，也适合对办公自动化技术有浓厚兴趣的广大读者阅读参考。

◆ 主　　编　袁爱莲　杨　军
　　副主编　李春华　温　强
　　责任编辑　王照玉
　　责任印制　王　郁　焦志炜

◆ 人民邮电出版社出版发行　　北京市丰台区成寿寺路 11 号
　　邮编　100164　　电子邮件　315@ptpress.com.cn
　　网址　https://www.ptpress.com.cn
　　三河市君旺印务有限公司印刷

◆ 开本：787×1092　1/16
　　印张：15.25　　　　　　　　　　2025 年 1 月第 4 版
　　字数：423 千字　　　　　　　　2025 年 1 月河北第 1 次印刷

定价：59.80 元

读者服务热线：**(010)81055256**　印装质量热线：**(010)81055316**
反盗版热线：**(010)81055315**

前　言

近年来，办公软件不断升级，教学方式也在不断调整。为提高教学质量和效率，持续推进教育领域的数字化改革，使学生具备在信息技术社会中的办公自动化能力，我们组织了一批具有丰富教学经验和实践经验的优秀编者，共同编写了一套"新形态立体化精品系列教材"。这套教材已经进入学校课堂多年，在这段时间里，编者很高兴这套教材成功辅助了教师的授课工作，并得到了广大教师的认可。为了进一步提升教材质量，更好地服务广大教师和学生，编者根据一线教师的宝贵建议，对教材进行了全面的改版。改版后的教材的案例更为丰富，行业知识覆盖更为全面，提供的练习也更为多样。同时，改版后的教材在教学方法、教学内容、教学资源等方面都展现出了独特的优势。

教学方法

本书根据"情景导入→项目任务→项目实训→课后练习→技巧提升"5段教学法，有机整合职业场景、软硬件知识和行业知识，使各个环节紧密相连。

- **情景导入**：从日常办公场景展开，以主人公的实习情景为例引入各项目的教学主题，并将主题贯穿于项目任务的讲解之中，使学生了解相关知识点在实际工作中的应用情况。本书设置了如下两位主人公。

  米拉：职场新人。

  洪钧威：公司主管，米拉的职场引路人，人称"老洪"。

- **项目任务**：以职场和实际工作中的案例为主线，以米拉的职场之路为切入点，组织编排应用性非常强的项目任务。每个项目任务不仅讲解完成任务所涉及的软硬件知识，还通过"素养提升"小栏目引导学生提升职业素养，并穿插"知识扩展""多学一招"等小栏目，以提升学生的操作技能，扩展其知识面。

- **项目实训**：结合项目任务讲解相关知识点，并按照实际的工作需要进行项目实训。项目实训注重锻炼学生的自我总结和自主学习能力，通过提供适当的实训思路及步骤提示，指导学生独立完成操作，以充分锻炼动手能力。

- **课后练习**：结合项目的内容给出难度适中的练习题，让学生强化、巩固所学知识。

- **技巧提升**：以项目的内容所涉及的知识点为主体，深入讲解办公自动化技术的相关知识，让学生可以掌握更多办公自动化涉及的软硬件的功能，更便捷地进行办公事务的自动化处理。

教学内容

本书的教学目标是帮助学生掌握办公自动化涉及的软硬件的使用方法，以及网络办公应用和 AI 辅助办公的操作方法。全书共 11 个项目，分为以下 4 个部分。

- **第1部分（项目一）**：主要讲解办公自动化的功能、办公自动化的技术支持和Windows 10的基本操作等知识。

- **第2部分（项目二～项目六）**：主要讲解文档的制作、编辑和打印，表格的制作、数据计算和数据分析，演示文稿的制作、放映和输出等知识。

- **第3部分（项目七～项目十）**：主要讲解网络办公应用、AI辅助办公、常用工具软件的应用、常用办公设备的使用等知识。

- 第4部分（项目十一）：引导学生使用Office 2016组件、AI工具等完成一个综合案例，并通过该案例进一步熟悉办公自动化的流程，从而提升学生的办公能力。

教材特色

为全面、详细地讲解办公自动化技术的具体应用，以及培养学生的职业能力，编者在编写教材时突出了以下特色。

- **立德树人**：党的二十大报告提出"全面贯彻党的教育方针，落实立德树人根本任务，培养德智体美劳全面发展的社会主义建设者和接班人"。本书不仅在每个项目的开头以"学习目标""素质目标"体现素质教育的核心点，还选取大量包含中华优秀传统文化、科学精神和爱国情怀等元素的项目案例，力求培养学生的家国情怀和责任担当意识，培养学生的专业精神、职业精神、工匠精神和创新意识，努力做到"学思用贯通"与"知信行统一"相融合。
- **校企合作**：本书由学校和企业合作，由企业提供真实项目案例，由具有丰富教学经验的教师执笔。
- **理实结合**：本书精选大量真实的办公案例，以"项目-任务"的形式展开理论与实践的介绍，以期提升学生的学习认知和学习热情，培养学生的职业素养与职业技能。

教学资源

本书的教学资源包括以下 4 种。

- **素材文件与效果文件**：包括书中案例所涉及的素材文件与效果文件。
- **题库练习软件**：包括丰富的Office 2016办公软件相关试题，教师可自行组合出不同的试卷对学生进行测试。
- **PPT和Word教学教案**：包括PPT和Word教学教案，以帮助教师顺利开展教学工作。
- **拓展资源**：包括Word教学素材和模板、Excel教学素材和模板、PowerPoint教学素材和模板等。

本书所涉及的功能说明及操作界面均以完稿时的版本为准。由于信息技术发展迅速，各类工具持续迭代与更新，希望读者在掌握基础方法后，可举一反三，实现触类旁通、融会贯通的学习效果。

虽然编者在编写本书的过程中倾注了大量心血，但书中难免存在疏漏之处，恳请广大读者指正。

编　者
2024年12月

目 录

项目一

认识办公自动化与操作平台 ···· 1

任务一 认识办公自动化 ················· 2
　一、任务描述 ························· 2
　二、相关知识 ························· 2
　　（一）办公自动化的功能 ············· 2
　　（二）办公自动化的发展趋势 ········· 2
　　（三）办公自动化的技术支持 ········· 3
　　（四）办公自动化系统的软硬件 ······· 4
　三、任务实施 ························· 7
　　（一）连接计算机外部设备 ··········· 7
　　（二）启动和关闭计算机 ············· 8

任务二 掌握Windows 10的基本操作 ··· 9
　一、任务描述 ························· 9
　二、相关知识 ························· 9
　　（一）认识并操作 Windows 10 系统桌面 ·· 9
　　（二）使用"开始"菜单 ············· 10
　　（三）认识并操作窗口 ··············· 11
　　（四）认识并操作对话框 ············· 12
　三、任务实施 ························· 13
　　（一）设置个性化系统桌面环境 ······· 13
　　（二）管理文件与文件夹 ············· 16

项目实训 ······························· 18
　实训一 认识常见的办公设备 ········· 18
　实训二 自定义系统桌面 ············· 19

课后练习 ······························· 20

技巧提升 ······························· 20

项目二

制作与编辑Word文档 ········ 21

任务一 制作"'中华经典诗歌朗诵赛'
　　　　通知"文档 ················· 22
　一、任务描述 ························· 22

二、相关知识 ··························· 22
　　（一）认识Word 2016的文档操作界面 ·· 22
　　（二）新建与保存文档 ··············· 23
　　（三）文本的选择 ··················· 24
　　（四）字体与段落的设置 ············· 25
　　（五）文档打印设置 ················· 25
　三、任务实施 ························· 26
　　（一）新建并保存文档 ··············· 26
　　（二）输入文本内容 ················· 26
　　（三）设置文本格式 ················· 27
　　（四）设置段落格式 ················· 28
　　（五）添加项目符号与编号 ··········· 29
　　（六）打印文档 ····················· 30

任务二 编辑"实习计划"文档 ········· 31
　一、任务描述 ························· 31
　二、相关知识 ························· 31
　　（一）打开文档 ····················· 31
　　（二）文本的移动或复制 ············· 31
　　（三）文本的查找和替换 ············· 32
　　（四）文档的保护与输出 ············· 32
　三、任务实施 ························· 32
　　（一）打开文档并修改文本 ··········· 32
　　（二）移动或复制文本 ··············· 33
　　（三）替换文本 ····················· 34
　　（四）文档加密设置 ················· 34
　　（五）加密输出 PDF 格式的文档 ······· 35

任务三 制作"校园招聘海报"文档 ········· 36
　一、任务描述 ························· 36
　二、相关知识 ························· 36
　　（一）图片和图形对象的插入 ········· 36
　　（二）图片和图形对象的编辑美化 ····· 37
　三、任务实施 ························· 37
　　（一）插入与编辑图片 ··············· 37
　　（二）插入与编辑文本框 ············· 38
　　（三）插入与编辑艺术字 ············· 39
　　（四）插入与编辑形状 ··············· 40

任务四 制作"志愿者报名表"文档 ········· 42

一、任务描述 ·············· 42
二、相关知识 ·············· 43
　（一）在文档中插入表格 ··· 43
　（二）选择表格 ············· 43
　（三）编辑和美化表格 ····· 43
三、任务实施 ·············· 44
　（一）创建表格并输入文本 ··· 44
　（二）合并单元格 ········· 44
　（三）设置文本字体与对齐方式 ··· 45
　（四）调整行高 ··········· 46
　（五）设置底纹 ··········· 47

项目实训 ·················· 48
实训一　制作"爱眼·护眼"海报文档··· 48
实训二　制作"应聘登记表"文档 ··· 49

课后练习 ·················· 50

技巧提升 ·················· 51

项目三

编校与批量制作Word文档···· 53

任务一　编排"毕业论文"文档 ··· 54
一、任务描述 ·············· 54
二、相关知识 ·············· 54
　（一）认识分隔符 ········· 54
　（二）页面设置 ··········· 54
　（三）样式应用 ··········· 54
　（四）页眉和页脚设置 ····· 55
　（五）目录与封面设置 ····· 55
三、任务实施 ·············· 55
　（一）设置页面大小 ······· 55
　（二）应用样式排版文档 ··· 57
　（三）利用分页符控制页面内容 ··· 58
　（四）设置页眉和页脚 ····· 59
　（五）制作目录 ··········· 60
　（六）制作文档封面 ······· 61

任务二　审校"创业计划书"文档 ··· 63
一、任务描述 ·············· 63
二、相关知识 ·············· 63
　（一）认识文档视图 ······· 63
　（二）拼写和语法检查 ····· 63
　（三）使用批注 ··········· 63
　（四）修订文档 ··········· 64
三、任务实施 ·············· 64
　（一）通过大纲视图调整文档结构 ··· 64
　（二）添加批注 ··········· 66
　（三）使用"拼写和语法"功能修订文档··· 67

任务三　批量制作"艺术节邀请函"文档 ··· 68
一、任务描述 ·············· 68
二、相关知识 ·············· 69
　（一）邮件合并方式 ······· 69
　（二）合并域与 Next 域的区别 ··· 69
三、任务实施 ·············· 69
　（一）导入数据源 ········· 69
　（二）插入合并域 ········· 71
　（三）预览合并效果 ······· 71
　（四）合并文档 ··········· 72

项目实训 ·················· 72
实训一　编排与修订"大学生日常行为
　　　　规范"文档 ········· 72
实训二　批量制作名片 ····· 73

课后练习 ·················· 74

技巧提升 ·················· 76

项目四

制作与编辑Excel表格········77

任务一　制作"员工档案表" ··· 78
一、任务描述 ·············· 78
二、相关知识 ·············· 78
　（一）认识 Excel 2016 的工作界面 ··· 78
　（二）工作簿的基本操作 ··· 79
　（三）录入数据 ··········· 79
　（四）选择单元格 ········· 80
　（五）打印设置 ··········· 80
三、任务实施 ·············· 80
　（一）新建并保存工作簿 ··· 80
　（二）输入与填充数据 ····· 81
　（三）设置单元格格式 ····· 82

（四）调整行高与列宽 ………… 83

（五）设置底纹和边框 ………… 85

（六）打印表格 ………… 85

**任务二　编辑"信息技术应用大赛选手
信息表" ………… 87**

一、任务描述 ………… 87

二、相关知识 ………… 87

（一）工作表的基本操作 ………… 87

（二）数据的编辑 ………… 88

（三）工作簿与工作表的保护 ………… 89

三、任务实施 ………… 90

（一）复制并重命名工作表 ………… 90

（二）替换数据 ………… 90

（三）修改数据 ………… 91

（四）添加数据 ………… 92

（五）设置密码保护工作簿 ………… 92

任务三　编辑"图书借阅登记表" ………… 93

一、任务描述 ………… 93

二、相关知识 ………… 93

（一）数据验证的应用 ………… 93

（二）单元格样式的应用 ………… 94

（三）条件格式的应用 ………… 94

三、任务实施 ………… 94

（一）设置数据验证 ………… 94

（二）设置单元格样式 ………… 95

（三）设置条件格式 ………… 96

项目实训 ………… 97

实训一　制作"企业客户一览表" ………… 97

实训二　制作"员工绩效考核表" ………… 98

课后练习 ………… 99

技巧提升 ………… 100

项目五

计算与分析Excel表格数据 … 101

任务一　制作"员工工资表" ………… 102

一、任务描述 ………… 102

二、相关知识 ………… 102

（一）单元格引用 ………… 102

（二）认识运算符 ………… 102

（三）认识公式与函数 ………… 103

三、任务实施 ………… 104

（一）使用DATEDIF和TODAY函数计算
员工工龄 ………… 104

（二）使用公式计算提成工资 ………… 105

（三）使用SUM函数计算总扣款额 ………… 105

（四）使用公式和函数完善员工工资表 … 107

（五）使用VLOOKUP和COLUMN函数
生成工资条 ………… 111

任务二　分析公司日常办公费用分布情况 … 112

一、任务描述 ………… 112

二、相关知识 ………… 112

（一）认识图表 ………… 112

（二）创建图表 ………… 114

（三）编辑与美化图表 ………… 114

三、任务实施 ………… 114

（一）创建复合条饼图 ………… 114

（二）调整图表布局 ………… 115

（三）设置复合条饼图的文本格式 ………… 116

（四）设置图表区填充颜色 ………… 116

（五）调整图表位置与大小 ………… 117

任务三　统计分析产品销售情况 ………… 118

一、任务描述 ………… 118

二、相关知识 ………… 118

（一）数据的排序和筛选 ………… 118

（二）数据的分类汇总 ………… 119

（三）认识数据透视表 ………… 119

三、任务实施 ………… 119

（一）销售数据排序 ………… 119

（二）筛选销售数据 ………… 120

（三）按销售平台分类汇总销售数据 ………… 121

（四）创建并编辑数据透视表 ………… 122

（五）创建数据透视图 ………… 124

项目实训 ………… 125

实训一　企业启动资金项目分析 ………… 125

实训二　统计与分析"销售业绩表" ………… 126

课后练习 ………… 127

技巧提升 ⋯⋯⋯⋯⋯⋯⋯⋯⋯⋯⋯⋯ 128

项目六

制作与放映PowerPoint 演示文稿 ⋯⋯⋯⋯⋯⋯⋯ 129

任务一 制作"网络安全宣传"演示文稿⋯⋯130
 一、任务描述 ⋯⋯⋯⋯⋯⋯⋯⋯⋯⋯130
 二、相关知识 ⋯⋯⋯⋯⋯⋯⋯⋯⋯⋯130
  （一）认识 PowerPoint 2016 的工作界面 ⋯⋯130
  （二）演示文稿的基本操作 ⋯⋯⋯⋯130
  （三）幻灯片的基本操作 ⋯⋯⋯⋯131
  （四）认识母版视图 ⋯⋯⋯⋯⋯⋯132
 三、任务实施 ⋯⋯⋯⋯⋯⋯⋯⋯⋯⋯132
  （一）设置幻灯片母版 ⋯⋯⋯⋯⋯132
  （二）输入与设置文本制作封面页及
   结束页 ⋯⋯⋯⋯⋯⋯⋯⋯⋯⋯136
  （三）插入图片和 SmartArt 图形制作
   目录页 ⋯⋯⋯⋯⋯⋯⋯⋯⋯⋯137
  （四）新建与复制幻灯片制作过渡页 ⋯⋯138
  （五）插入图片与图形对象制作内容页 ⋯⋯139

**任务二 设计"端午节节日介绍"演示文稿的
  动态效果** ⋯⋯⋯⋯⋯⋯⋯⋯⋯ 142
 一、任务描述 ⋯⋯⋯⋯⋯⋯⋯⋯⋯⋯142
 二、相关知识 ⋯⋯⋯⋯⋯⋯⋯⋯⋯⋯142
  （一）插入媒体文件 ⋯⋯⋯⋯⋯⋯142
  （二）PowerPoint 2016 中的动画类型 ⋯⋯142
 三、任务实施 ⋯⋯⋯⋯⋯⋯⋯⋯⋯⋯143
  （一）插入并编辑视频 ⋯⋯⋯⋯⋯143
  （二）添加和设置切换效果 ⋯⋯⋯143
  （三）添加和设置动画效果 ⋯⋯⋯144
  （四）添加自定义动作路径动画 ⋯⋯145

**任务三 放映与输出"垃圾分类宣传"演示
  文稿** ⋯⋯⋯⋯⋯⋯⋯⋯⋯⋯⋯ 145
 一、任务描述 ⋯⋯⋯⋯⋯⋯⋯⋯⋯⋯145
 二、相关知识 ⋯⋯⋯⋯⋯⋯⋯⋯⋯⋯145
  （一）演示文稿的放映类型 ⋯⋯⋯145
  （二）输出演示文稿 ⋯⋯⋯⋯⋯⋯146
 三、任务实施 ⋯⋯⋯⋯⋯⋯⋯⋯⋯⋯146

  （一）创建超链接与动作按钮 ⋯⋯146
  （二）放映演示文稿 ⋯⋯⋯⋯⋯⋯148
  （三）设置排练计时 ⋯⋯⋯⋯⋯⋯148
  （四）将演示文稿输出为视频 ⋯⋯149

项目实训 ⋯⋯⋯⋯⋯⋯⋯⋯⋯⋯⋯⋯ 149
 实训一 制作"中秋节传统文化介绍"
   演示文稿 ⋯⋯⋯⋯⋯⋯⋯⋯149
 实训二 设计并放映"消防安全"演示
   文稿 ⋯⋯⋯⋯⋯⋯⋯⋯⋯⋯150

课后练习 ⋯⋯⋯⋯⋯⋯⋯⋯⋯⋯⋯⋯ 151

技巧提升 ⋯⋯⋯⋯⋯⋯⋯⋯⋯⋯⋯⋯ 152

项目七

网络办公应用 ⋯⋯⋯⋯⋯⋯⋯⋯ 153

任务一 Office移动端网络协同办公 ⋯⋯⋯154
 一、任务描述 ⋯⋯⋯⋯⋯⋯⋯⋯⋯⋯154
 二、相关知识 ⋯⋯⋯⋯⋯⋯⋯⋯⋯⋯154
 三、任务实施 ⋯⋯⋯⋯⋯⋯⋯⋯⋯⋯154
  （一）使用手机编辑 Office 文档 ⋯⋯154
  （二）共享 Office 文档 ⋯⋯⋯⋯⋯157

任务二 办公信息交流与资源共享 ⋯⋯⋯158
 一、任务描述 ⋯⋯⋯⋯⋯⋯⋯⋯⋯⋯158
 二、相关知识 ⋯⋯⋯⋯⋯⋯⋯⋯⋯⋯158
  （一）微信 ⋯⋯⋯⋯⋯⋯⋯⋯⋯⋯158
  （二）百度网盘 ⋯⋯⋯⋯⋯⋯⋯⋯158
 三、任务实施 ⋯⋯⋯⋯⋯⋯⋯⋯⋯⋯159
  （一）使用微信 PC 版向好友传输文件 ⋯⋯159
  （二）使用百度网盘在线存储文件 ⋯⋯160
  （三）使用百度网盘共享文件 ⋯⋯160

任务三 使用钉钉进行人事管理 ⋯⋯⋯⋯161
 一、任务描述 ⋯⋯⋯⋯⋯⋯⋯⋯⋯⋯161
 二、相关知识 ⋯⋯⋯⋯⋯⋯⋯⋯⋯⋯161
 三、任务实施 ⋯⋯⋯⋯⋯⋯⋯⋯⋯⋯161
  （一）日常考勤管理 ⋯⋯⋯⋯⋯⋯161
  （二）DING 消息 ⋯⋯⋯⋯⋯⋯⋯163
  （三）协同会议 ⋯⋯⋯⋯⋯⋯⋯⋯164

任务四 使用腾讯会议开展远程会议 ⋯⋯⋯165

一、任务描述 ·················165
二、相关知识 ·················165
三、任务实施 ·················165
（一）创建快速会议 ·········165
（二）创建预定会议 ·········166
项目实训 ·····················167
实训一　使用移动端的Office App制作
"自我介绍"文档 ···167
实训二　新增钉钉考勤组 ·····167
课后练习 ·····················168
技巧提升 ·····················168

项目八

AI辅助办公 ·················169

任务一　使用文心一言 ·········170
一、任务描述 ·················170
二、相关知识 ·················170
（一）AI 和 AIGC ···········170
（二）向 AI 工具提问的规则 ···170
（三）文心一言简介 ·········171
三、任务实施 ·················172
（一）一键生成文档文案 ·····172
（二）生成营销文案创意标题 ···173
（三）快速提炼文档摘要 ·····173
（四）快速创建图表 ·········174
（五）快速创建思维导图 ·····175
任务二　使用讯飞星火认知大模型 ···176
一、任务描述 ·················176
二、相关知识 ·················176
三、任务实施 ·················177
（一）生成新媒体营销文案 ···177
（二）根据上下文进行文章润色 ···178
（三）PPT 生成 ·············178
（四）智能生成个人简历模板 ···181
项目实训 ·····················182
实训一　AI辅助制作"营销策划方案"
文档 ···············182

实训二　AI辅助制作个人简历 ···183
课后练习 ·····················183
技巧提升 ·····················184

项目九

常用工具软件的应用 ········186

任务一　使用WinRAR压缩/解压文件 ···187
一、任务描述 ·················187
二、相关知识 ·················187
三、任务实施 ·················187
（一）使用 WinRAR 压缩文件 ···187
（二）使用 WinRAR 解压文件 ···188
任务二　使用Adobe Acrobat操作PDF
文档 ···············188
一、任务描述 ·················188
二、相关知识 ·················189
三、任务实施 ·················189
（一）浏览 PDF 文档 ·········189
（二）转换 PDF 文档 ·········190
任务三　使用草料二维码生成二维码 ···191
一、任务描述 ·················191
二、相关知识 ·················191
三、任务实施 ·················192
（一）创建二维码 ···········192
（二）美化二维码 ···········192
任务四　使用360安全卫士防护计算机安全 ···193
一、任务描述 ·················193
二、相关知识 ·················193
三、任务实施 ·················194
（一）清理系统垃圾 ·········194
（二）查杀木马病毒 ·········194
（三）修复系统漏洞 ·········195
项目实训 ·····················196
实训一　将PDF文档转换为PowerPoint
演示文稿并加密压缩 ···196
实训二　使用 360 安全卫士检测与优化
系统 ···············196

课后练习 ┈┈┈┈┈┈┈┈┈┈┈ 197

技巧提升 ┈┈┈┈┈┈┈┈┈┈┈ 197

项目十

常用办公设备的使用 ┈┈┈ 198

任务一　使用打印机 ┈┈┈┈┈ 199
　　一、任务描述 ┈┈┈┈┈┈┈┈ 199
　　二、相关知识 ┈┈┈┈┈┈┈┈ 199
　　三、任务实施 ┈┈┈┈┈┈┈┈ 200
　　　　（一）安装本地打印机 ┈┈┈ 200
　　　　（二）连接网络打印机 ┈┈┈ 203
　　　　（三）添加纸张 ┈┈┈┈┈┈ 204

任务二　使用多功能一体机 ┈┈ 205
　　一、任务描述 ┈┈┈┈┈┈┈┈ 205
　　二、相关知识 ┈┈┈┈┈┈┈┈ 205
　　三、任务实施 ┈┈┈┈┈┈┈┈ 206
　　　　（一）放入纸张 ┈┈┈┈┈┈ 206
　　　　（二）单面复印文档 ┈┈┈┈ 207
　　　　（三）更换墨盒 ┈┈┈┈┈┈ 207
　　　　（四）补充墨水 ┈┈┈┈┈┈ 208

任务三　使用投影仪 ┈┈┈┈┈ 209
　　一、任务描述 ┈┈┈┈┈┈┈┈ 209
　　二、相关知识 ┈┈┈┈┈┈┈┈ 209
　　　　（一）投影仪的结构 ┈┈┈┈ 209
　　　　（二）投影仪的类型 ┈┈┈┈ 209
　　　　（三）投影方式与投影距离 ┈ 210
　　三、任务实施 ┈┈┈┈┈┈┈┈ 211
　　　　（一）连接投影仪 ┈┈┈┈┈ 211
　　　　（二）启用投影仪 ┈┈┈┈┈ 211
　　　　（三）使用投影仪放映"产品宣传"演示
　　　　　　 文稿 ┈┈┈┈┈┈┈┈ 212

项目实训 ┈┈┈┈┈┈┈┈┈┈┈ 213
　　实训一　双面复印身份证 ┈┈┈ 213
　　实训二　更换投影仪灯泡 ┈┈┈ 214

课后练习 ┈┈┈┈┈┈┈┈┈┈┈ 214

技巧提升 ┈┈┈┈┈┈┈┈┈┈┈ 214

项目十一

综合案例——制作公益广告策划方案 ┈┈┈┈┈┈┈┈ 216

任务一　制作"公益广告策划方案"文档 ┈ 217
　　一、任务描述 ┈┈┈┈┈┈┈┈ 217
　　二、任务实施 ┈┈┈┈┈┈┈┈ 217
　　　　（一）使用文心一言生成策划方案 ┈ 217
　　　　（二）使用 Vega AI 创作平台生成素材
　　　　　　 图片 ┈┈┈┈┈┈┈┈ 217
　　　　（三）使用 Word 排版文档内容 ┈ 218
　　　　（四）制作目录和封面 ┈┈┈ 219
　　　　（五）输出并发送文档 ┈┈┈ 221

任务二　制作"广告费用预算表" ┈ 222
　　一、任务描述 ┈┈┈┈┈┈┈┈ 222
　　二、任务实施 ┈┈┈┈┈┈┈┈ 222
　　　　（一）创建和美化表格 ┈┈┈ 222
　　　　（二）制作"费用总和"工作表 ┈ 223
　　　　（三）使用图表分析数据 ┈┈ 223

任务三　制作"公益广告策划方案"演示
　　　　 文稿 ┈┈┈┈┈┈┈┈┈ 224
　　一、任务描述 ┈┈┈┈┈┈┈┈ 224
　　二、任务实施 ┈┈┈┈┈┈┈┈ 224
　　　　（一）使用百度文库 AI 文档助手创建
　　　　　　 演示文稿 ┈┈┈┈┈┈ 224
　　　　（二）使用 PowerPoint 编辑演示文稿 ┈ 226
　　　　（三）为幻灯片设计动态效果 ┈ 226
　　　　（四）连接投影仪放映演示文稿 ┈ 227

项目实训 ┈┈┈┈┈┈┈┈┈┈┈ 228
　　实训一　AI辅助制作"员工礼仪培训"
　　　　　　文档 ┈┈┈┈┈┈┈┈ 228
　　实训二　制作"大学生课外阅读调查
　　　　　　报告" ┈┈┈┈┈┈┈┈ 230

课后练习 ┈┈┈┈┈┈┈┈┈┈┈ 231

技巧提升 ┈┈┈┈┈┈┈┈┈┈┈ 232

项目一
认识办公自动化与操作平台

情景导入

米拉在大学期间进行过职业生涯规划，她为自己设定的职业目标是行政助理。为实现职业目标，米拉加入校宣传部进行历练，同时接受本校学长的邀请到一家大学生初创企业实习，岗位是行政助理。为让米拉快速适应行政助理的工作，公司主管洪钧威（人称"老洪"）带着米拉熟悉公司的办公环境，并让米拉了解办公自动化的相关基础知识，为后面开展工作做好准备。

学习目标

- 认识办公自动化，包括了解办公自动化的功能、发展趋势、技术支持，以及办公自动化系统的软硬件。
- 掌握计算机办公自动化平台——Windows 10的基本操作。例如，Windows 10系统桌面的操作，以及操作Windows 10的三大元素——"开始"菜单、窗口和对话框。

素质目标

- 树立信息安全意识。
- 培养自主学习和终身学习的能力。
- 培养良好的沟通技巧和表达能力。

案例展示

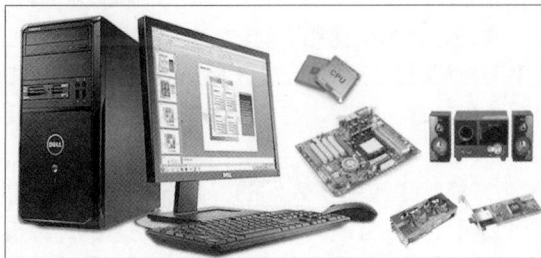

▲办公自动化系统的常见硬件

▲Windows 10系统桌面

任务一 认识办公自动化

一、任务描述

办公自动化（Office Automation，OA）是将现代化办公和计算机技术结合起来的一种办公方式，它可以实现办公事务的自动化处理，从而极大地提高个人或者群体的工作效率。通过本任务，米拉将了解办公自动化的功能、发展趋势和技术支持，以及办公自动化系统的软硬件。

二、相关知识

（一）办公自动化的功能

办公自动化的功能广泛，涵盖多个方面，以满足日常办公事务处理的需要。以下是办公自动化的主要功能。

- **文档处理：**包括文档的编辑、排版、存储、打印、识别和检查等。利用计算机技术进行文档处理，可以极大地提高工作效率，使文档更加规范、美观，方便存储和检索。
- **数据处理：**数据处理是信息处理的基础，即利用计算机技术对财务数据、人事数据等进行收集、存储、加工等。强大的数据库和电子表格软件是实现办公自动化数据处理功能的核心。
- **图形和图像处理：**办公自动化中的图形和图像处理主要包括对图形和图像的输入、存储、编辑和输出等操作。图形和图像的输入可通过手机或数码相机等设备拍摄实现，也可通过办公软件绘制。图形和图像可存放于手机或计算机中，然后通过办公软件编辑与处理，最后可打印或导入文档。
- **网络通信：**网络通信是实现办公人员之间数据资源和信息共享，并与外界联系、交流的基础。网络通信不仅可以提高工作效率，还能加强协同办公能力和决策的一致性。
- **在线办公和远程办公：**在线办公和远程办公是利用现代互联网技术实现非本地办公（如在家办公、异地办公、移动办公等）的一种新型办公模式。其中，远程视频会议和文件共享编辑是比较常用的两种办公方式。
- **文件管理和行政管理：**包括文件的登记、存档、分类检索、共享等功能，以及公告公示、日程安排、人事管理、财务管理、物资管理等功能。

（二）办公自动化的发展趋势

办公自动化的发展历程可以追溯到20世纪50年代，当时的自动化程度较低；20世纪80年代至20世纪90年代，随着计算机技术、网络技术的发展和个人计算机的普及，办公自动化逐渐扩展到更广泛的领域，进入新的发展阶段；21世纪以来，随着云计算、大数据、人工智能（Artificial Intelligence，AI）等技术的不断发展，办公自动化进入一个全新的时代，实现了更高效的办公过程，其发展趋势表现为数字化、网络化、移动化、集成化、智能化和协同化。

- **数字化：**在现代办公活动中，人们主要采用计算机处理信息，便于信息的存储、加工和传输。同时，可被处理的信息的形式和内容更加丰富，数据、文字、图形、图像、音频及视频等数字信息都能使用计算机处理。
- **网络化：**互联网的普及改变了人们的生活方式，也改变了人们的工作方式。完备的办公自动化系统能把多种办公设备接入办公局域网，通过互联网与全世界各个角落的计算机相连，从而实现信息的高速传播，使人们可以跨越时间与空间进行联系交流，更好地实现资源共享和协同办公。

- **移动化：** 移动通信技术的发展和完善，以及智能手机终端软硬件性能的提升，为办公自动化的移动化发展提供了有利的条件，使办公人员能够随时随地通过移动设备进行日常办公，从而提高办公效率。
- **集成化：** 办公自动化的集成化体现在办公自动化系统软硬件与网络的集成、人与系统的"集成"、单一办公系统同社会公众信息系统的集成上，由此组成了"无缝集成"的开放式系统。
- **智能化：** 随着计算机系统的高速发展，相关办公软件已十分成熟，操作界面更为直观，人机交互更加自然，而且以云计算、大数据和AI等为代表的高新技术的应用，使办公自动化更加智能，使人们的办公更高效、更简单。
- **协同化：** 未来的办公自动化将更加注重办公人员之间的协同合作，办公人员之间可以通过社交平台和协同办公工具等沟通及协作。

（三）办公自动化的技术支持

办公自动化离不开各种技术的支持，其中，计算机技术、网络技术、移动通信技术、多媒体技术、云计算技术、大数据技术、AI技术等是办公自动化中较为重要的技术。

1．计算机技术

计算机是具备数据存储、计算（数值计算和逻辑计算）功能的现代化智能电子设备，它的出现使人类迅速步入信息社会，办公自动化离不开计算机的应用。计算机技术是指计算机领域中所运用的技术方法和技术手段，包括硬件技术、软件技术及应用技术等。随着计算机技术的不断更新换代，计算机的速度、存储容量上限、处理能力都得到了极大提高，为办公自动化的发展提供了强有力的物质基础和核心动力。

2．网络技术

网络技术是指通过计算机网络对信息进行传递、共享和处理的技术。它建立在分布式系统的基础上，允许多台计算机共享资源、互相协作，而不需要集中式的管理和控制。网络技术是办公自动化不可或缺的技术，它使得信息的存储、传递、共享和处理变得更加高效、便捷及安全。

3．移动通信技术

移动通信是移动用户之间的通信，需要通信双方至少有一方在运动中进行信息的交换。移动通信技术是以无线电波为通信用户提供实时信息传输的技术，能实现在覆盖区或服务区内的顺畅的个体移动通信。

4．多媒体技术

多媒体技术又称为计算机多媒体技术，是指通过计算机对文字、数据、图形、图像、声音等多种媒体信息进行综合处理和管理，使用户可以通过多种感官与计算机进行实时信息交互的技术。

5．云计算技术

云计算是一种基于互联网的使用计算资源的方式。云计算通常涉及通过互联网来提供动态、易扩展且经常是虚拟化的资源，是传统计算机和网络技术融合发展的产物。云计算又称为网络计算（用"云"比喻网络），使用云计算技术可以在很短的时间内处理大量的数据，从而提供强大的网络服务。云计算技术已经被广泛应用到办公自动化领域，云办公、云存储等云计算功能的开发和应用极大地提升了办公效率，并为真正实现办公自动化提供有效的平台。

6．大数据技术

大数据是指规模庞大、类型多样、生成速度快且具有潜在价值的数据集合；大数据技术是指一系列用于采集、存储、处理、分析、可视化和挖掘大数据的方法及工具。在办公中使用大数据技术通常需要在办公自动化系统中建立强大的数据中心，然后对各种信息和数据进行采集、分析、整理，最后汇总为有价值的资讯，为最终的决策提供参考和帮助。

7. AI技术

AI是指由人工制造的系统表现出来的智能，可以概括为研究智能程序的一门科学。AI技术的主要目标在于研究用机器来模仿人脑的智能，如判断、推理、识别、感知、理解、思考、规划、学习等思维活动，探究相关理论和研发相应技术。

现如今，AI技术已经渗透到了人们日常生活的方方面面，如微软公司的Cortana就是常见的AI应用，甚至一些简单、带有固定模式的资讯类新闻也是由AI撰写的。

（四）办公自动化系统的软硬件

办公自动化系统由硬件和软件两大部分组成，要想发挥办公自动化系统的各种功能，硬件和软件缺一不可。

1. 办公自动化系统的硬件

硬件即计算机主机和外部设备等实体，在实际应用中可以根据办公需要决定除主机外的其他设备的取舍，而无须将所有的设备都购入和接入。办公中常用的计算机硬件主要包括机箱、电源、主板、中央处理器（Central Processing Unit，CPU）、硬盘、内存条、显示器、网卡、显卡、鼠标和键盘、音箱和耳机等。

- **机箱：** 机箱是计算机主机的载体，计算机的重要部件都放置在机箱内，如主板、硬盘等。质量较好的机箱拥有良好的通风结构和合理的布局，不仅有利于部件的放置，还有利于散热。机箱如图1-1所示。
- **电源：** 电源是计算机的供电设备，为计算机中的一些硬件（如主板、硬盘等）提供稳定的电压和电流，使其能够正常工作。电源如图1-2所示。

图1-1　机箱 　　　　　　　　　　　　　　图1-2　电源

- **主板：** 主板又称主机板、系统板或母板，主板上集成了各种电子元器件，包括基本输入输出系统（Basic Input/Output System，BIOS）芯片、输入输出（Input/Output，I/O）控制芯片和插槽等。主板的性能会影响计算机工作时的性能。主板如图1-3所示。
- **CPU：** CPU也称为微处理器。CPU是计算机的核心，负责处理、运算数据。CPU主要由运算器、控制器、寄存器和内部总线等构成。CPU如图1-4所示。

图1-3　主板 　　　　　　　　　　　　　　图1-4　CPU

- **硬盘：** 硬盘是计算机的重要存储设备，能存储大量数据，且存取数据的速度非常快。硬盘主要有容量、接口类型和转速等参数。目前计算机的常用硬盘是机械硬盘和固态硬盘，其中固态硬盘的存取速度更快，但是价格相对较高、容量较小。机械硬盘和固态硬盘如图1-5所示。

（a）机械硬盘　　　　　　　　　　　　　　　（b）固态硬盘

图1-5　机械硬盘和固态硬盘

- **内存条：** 内存条是CPU与其他硬件设备进行数据交换的临时存储区域，用于存放CPU处理数据时所需的指令和数据，便于CPU快速访问，以匹配CPU的高速处理速度，如图1-6所示。内存条的内存越大，计算机的处理能力越强，运行速度就越快。
- **显示器：** 显示器是计算机的重要输出设备，目前办公领域中普遍使用的显示器是液晶显示器，如图1-7所示。液晶显示器较轻便，而且能有效地减少辐射。

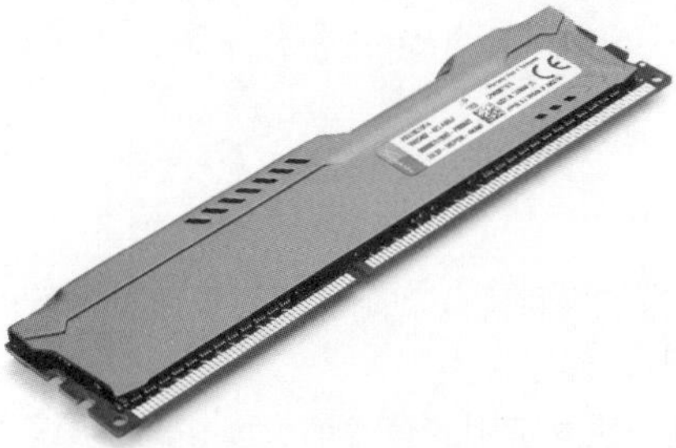

图1-6　内存条

图1-7　液晶显示器

- **网卡：** 网卡又称网络适配器，用于实现网络和计算机之间数据信息的接收和发送。网卡可分为独立网卡和集成网卡（网卡集成在计算机主板上），图1-8所示为独立网卡。
- **显卡：** 显卡又称显示适配器或图形加速卡，主要用于图形和图像的处理及输出。显卡分为独立显卡和集成显卡，图1-9所示为独立显卡。

图1-8　独立网卡

图1-9　独立显卡

- **鼠标和键盘：** 鼠标和键盘是计算机的基本输入设备，如图1-10所示。用户可以通过它们向计算机发出指令，进行各种操作。

（a）鼠标　　　　　　　　　　　（b）键盘

图1-10　鼠标和键盘

- **音箱和耳机：** 音箱和耳机是计算机的音频输出设备，如图1-11所示。用户可以通过它们听到计算机输出的音频。

（a）音箱　　　　　　　　　　　（b）耳机

图1-11　音箱和耳机

多学一招　　　　　　　　　　　　**查看硬件的型号**

　　若要查看硬件的型号，则可查看硬件产品的说明书、包装盒或产品表面。另外，使用硬件检测工具（如EVEREST Ultimate Edition、鲁大师等）也可查看硬件的型号。

---

2. 办公自动化系统的软件

　　软件即安装在计算机上的各种程序，利用计算机进行的各种操作实际上都需要通过计算机软件来完成。计算机软件可以分为系统软件、工具软件和专业软件三大类。

- **系统软件：** 系统软件是其他软件的使用平台，其中较为常用的有Windows操作系统、银河麒麟桌面操作系统等，图1-12所示为Windows 10 Pro操作系统的外包装。计算机中必须安装系统软件。
- **工具软件：** 工具软件的种类繁多，特点是占用空间小、实用性强，如"腾讯视频"视频播放软件、WinRAR压缩/解压软件等。
- **专业软件：** 专业软件是指在某一领域中拥有强大功能的软件。这类软件的特点是专业性强、功能多，如Office办公软件是工作者的常用软件，Photoshop图形和图像处理软件是设计领域的常用软件。图1-13所示为Office家用版 2016的外包装。

图1-12　Windows 10 Pro操作系统的外包装

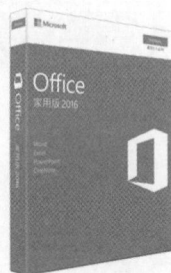

图1-13　Office家用版 2016的外包装

素养提升　　　　　　　　　　抓住国产操作系统崛起的机遇

操作系统是计算机之"魂"，长期以来以Windows为代表的国外操作系统产品几乎垄断了我国巨大的市场，但在开源操作系统生态不断成熟的背景下，我国的国产操作系统依托国家支持的东风快速崛起。顾名思义，国产操作系统就是我国自主研发的操作系统，常见的国产操作系统除了银河麒麟，还有中标麒麟（麒麟软件有限公司旗下的操作系统产品）、华为鸿蒙（HarmonyOS）、深度（deepin）等。研发国产操作系统以"安全"为首要目的，从而将信息产业的安全底座牢牢掌握在自己手里，同时通过建设国内自主开源产业链，实现操作系统领域的突破与重构。在大力发展自主创新的操作系统，从"国产化"走向"全球化"的过程中，需要一代代人的不断努力，在国家对税收减免、人才待遇、住房优惠等方面的政策的支持下，大学生要抓住机遇，学好专业技术本领，为国产操作系统的研发及产业化出力献策，实现个人价值。

三、任务实施

（一）连接计算机外部设备

因为台式计算机屏幕较大，适合长时间办公，且散热更好，所以公司为员工日常办公提供的是台式计算机。正式办公前，米拉需要将鼠标、键盘、显示器与主机相连并通电，具体操作如下。

（1）将鼠标和键盘的连接线插头插入主机中主板对外接口的通用串行总线（Universal Serial Bus，USB）接口中，再将显示器配置的数据线插头插入主机中主板对外接口对应的接口中[这里的显示器数据线使用高清多媒体接口（High Definition Multimedia Interface，HDMI）]，如图1-14所示。

（2）将计算机电源线插头插入主机的电源接口中，并按下电源的开关（"○"表示打开，"—"表示关闭），如图1-15所示。

（3）将显示器包装箱中配置的显示器电源线的一头插入显示器电源接口中，再将显示器数据线的另外一个插头插入显示器后面的接口中，如图1-16所示。

（4）将显示器电源线插头插入插线板中，再将主机电源线插头插入插线板中，如图1-17所示。

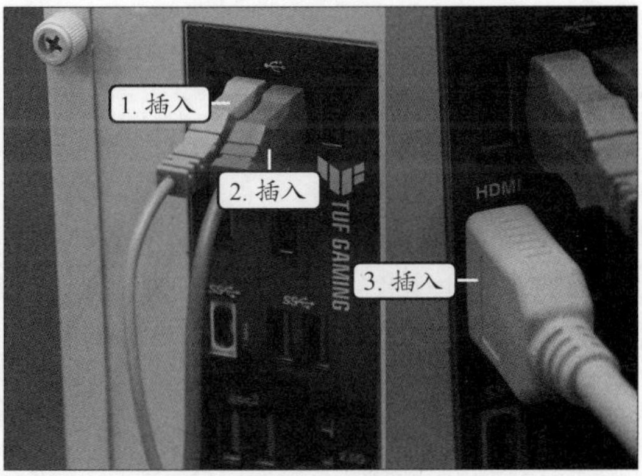

> 微课视频
>
> 连接计算机外部设备

图1-14　连接鼠标、键盘和显示器

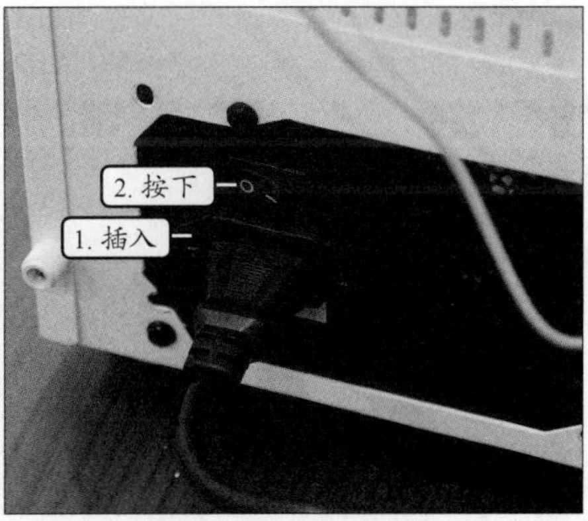

图1-15　连接电源

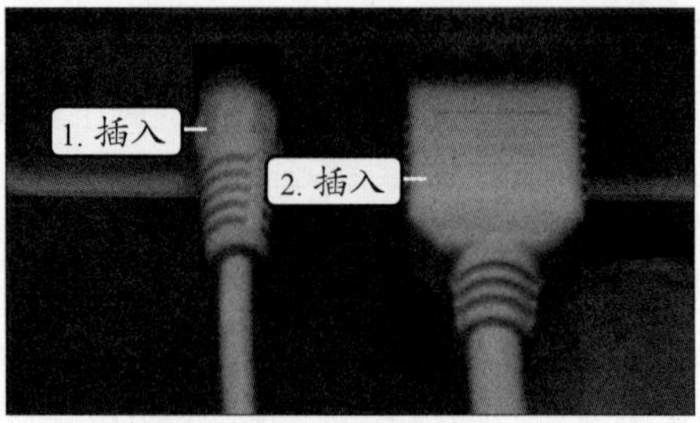

图1-16　连接显示器

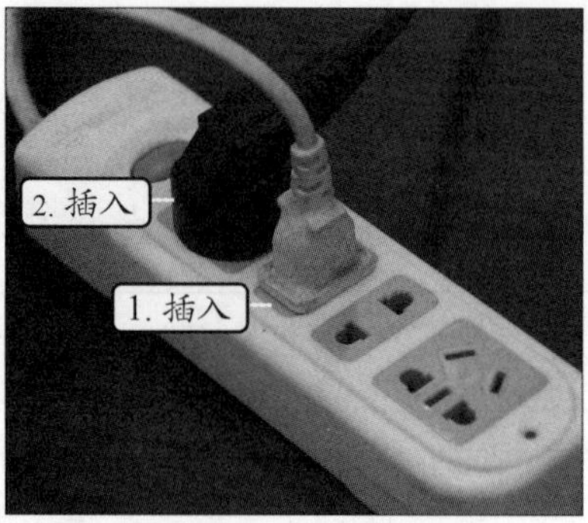

图1-17　为显示器和主机通电

（二）启动和关闭计算机

连接好计算机外部设备后，若要使用计算机进行办公，则需要启动计算机，进入操作系统，并在任务完成后关闭计算机。下面米拉将进行启动和关闭计算机的操作，具体操作如下。

（1）接通电源后，首先按下显示器的电源按钮开启显示器，然后按下主机上的电源按钮启动计算机。

（2）计算机启动后将进入自检状态，待计算机成功启动后将进入系统桌面，如图1-18所示。此时，用户可通过键盘和鼠标操作计算机。

微课视频

启动和关闭计算机

图1-18　启动计算机并进入系统桌面

（3）任务完成后，关闭系统中所有打开的应用，单击系统桌面左下角的"开始"按钮，打开"开始"菜单，单击"电源"按钮，在打开的列表中选择"关机"选项，如图1-19所示，关闭计算机。

多学一招　　　　　　　　　**睡眠与重新启动**

当暂时不使用计算机时，可在"开始"菜单中单击"电源"按钮，在打开的列表中选择"睡眠"选项，计算机将进入睡眠节能状态；当计算机遇到某些故障时，可单击"电源"按钮，在打开的列表中选择"重启"选项，系统将自动修复故障并重新启动计算机。

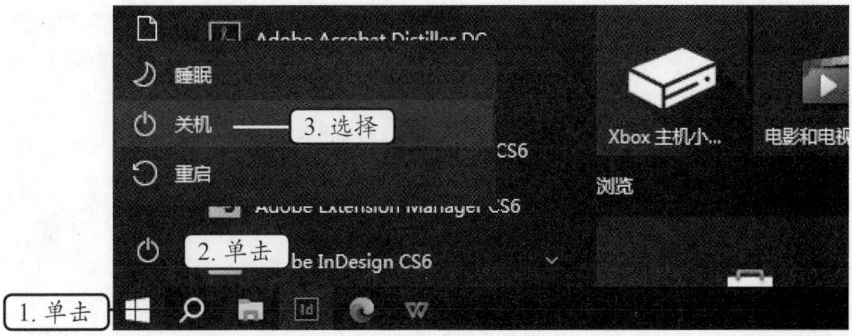

图1-19　关闭计算机

任务二　掌握Windows 10的基本操作

一、任务描述

计算机是实现办公自动化的操作平台，若要使计算机发挥作用，就需要安装操作系统。目前办公自动化领域中的计算机多采用Windows 10操作系统，因此，米拉需要掌握Windows 10的基本操作，包括认识Windows 10系统桌面，以及菜单、窗口和对话框等，并能通过鼠标和键盘完成各项操作，如设置个性化系统桌面环境、管理文件与文件夹等。

二、相关知识

（一）认识并操作 Windows 10 系统桌面

进入计算机后，显示器屏幕上显示的即系统桌面，它是用户操作计算机的入口，主要包括桌面背景、桌面图标和任务栏三大部分，如图1-20所示。

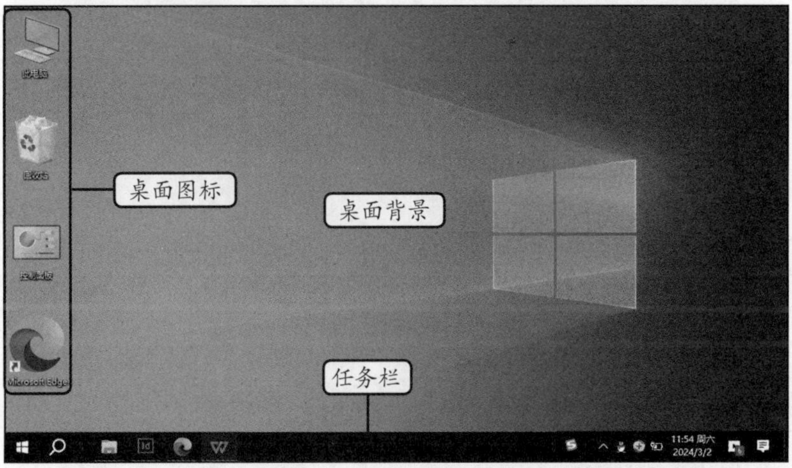

图1-20　Windows 10系统桌面的三大部分

- **桌面背景：**桌面背景是屏幕显示的直观表现。桌面背景可以显示为某种颜色、图案，也可以是一组幻灯片程序，用户可以根据个人喜好进行设置。

- **桌面图标：** 桌面图标是打开某个程序的快捷方式，用户可通过桌面图标快速打开对应的程序。桌面图标既有系统图标，如图1-21所示；又有一些应用程序的快捷方式图标，如图1-22所示；还有单独的文件夹和文件图标，如图1-23所示。

图1-21　系统图标 　　　　　　图1-22　快捷方式图标 　　　　　图1-23　文件夹和文件图标

- **任务栏：** 任务栏默认位于桌面底部，由"开始"按钮▦、任务区、通知区和"显示桌面"按钮▌组成，如图1-24所示。其中，"开始"按钮▦用于打开"开始"菜单；任务区用于显示已打开的程序或文件，用户可以在它们之间进行快速切换；通知区包括时钟及一些告知特定程序和计算机设置状态的图标；单击"显示桌面"按钮▌，将最小化打开的程序和文件窗口，以快速显示桌面。

图1-24　任务栏的组成

（二）使用"开始"菜单

使用"开始"菜单是使用操作系统的"起点"，它主要用于查看、搜索和启动系统中已安装的所有应用程序。Windows 10的"开始"菜单由左侧的按钮区、中间的应用程序列表和右侧的"开始"屏幕组成，如图1-25所示。

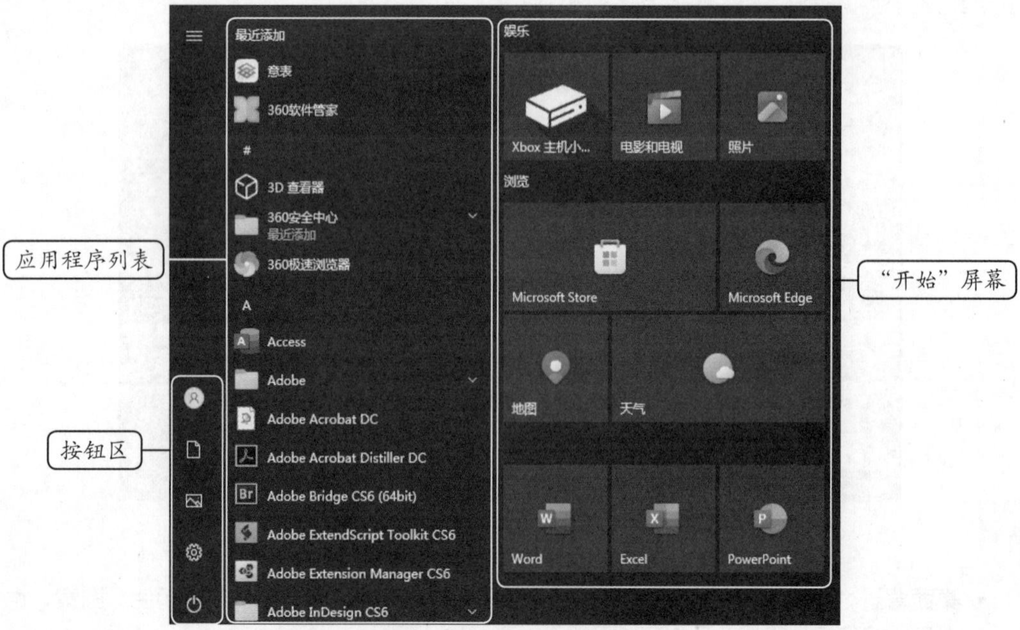

图1-25　"开始"菜单的组成

- **按钮区：**其中，用户账户按钮❷用于设置用户账户信息；"文档"按钮📄用于打开"文档"窗口；"图片"按钮🖼用于打开"图片"窗口；"设置"按钮用于打开"设置"窗口；"电源"按钮⏻用于重启、关闭计算机等。
- **应用程序列表：**该列表显示了计算机中已安装的所有应用程序的启动图标或应用程序文件夹，选择某个选项可启动相应的应用程序或展开相应的文件夹。
- **"开始"屏幕：**在应用程序列表中的目标应用程序上单击鼠标右键，在弹出的快捷菜单中选择"固定到'开始'屏幕"命令，可将应用程序固定到"开始"屏幕中，以便通过"开始"屏幕快速启动应用程序。

（三）认识并操作窗口

窗口是操作系统中常用的界面元素。通过窗口，用户可以方便地管理和组织应用程序、文件，进行系统设置等。

1. 认识窗口的组成

不同的窗口包含的内容不同，但其组成结构基本相同。例如，Windows 10的"此电脑"窗口就是一个典型的窗口，其组成包括标题栏、功能区、地址栏、搜索栏、导航栏、窗口工作区、状态栏等部分，如图1-26所示。

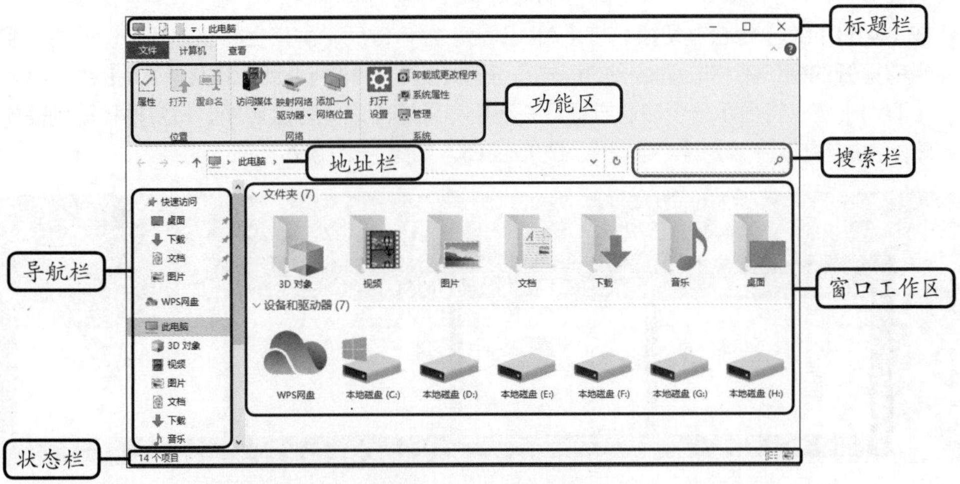

图1-26　"此电脑"窗口

- **标题栏：**标题栏位于窗口顶部，最左侧有一个用于控制窗口大小和关闭窗口的"文件资源管理器"按钮🖥；再往右分别是"属性"按钮☑、"新建文件夹"按钮▨和"自定义快速访问工具栏"按钮▾；最右侧分别是窗口"最小化"按钮－、窗口"最大化"按钮□（若窗口已最大化，则变为"向下还原"按钮🗗）和窗口"关闭"按钮×。
- **功能区：**功能区中有各种操作命令，若要执行功能区中的操作命令，则选择对应的操作命令或单击对应的操作按钮即可。
- **地址栏：**地址栏用于显示当前窗口中的文件在系统中的位置，其左侧包括"返回到"按钮←、"前进"按钮→和"上移到"按钮↑，用于打开最近浏览过的窗口。
- **搜索栏：**搜索栏用于快速搜索计算机中的文件。
- **导航栏：**导航栏列出了所有文件的目录层次结构，用于切换浏览操作系统中不同类型的文件。外接的移动设备、远程连接的共享设备也会显示在导航栏中。

- **窗口工作区：** 窗口工作区用于显示当前窗口中存放的文件夹、设备和驱动器。
- **状态栏：** 状态栏用于显示当前窗口所包含项目的个数和项目的排列方式。

2. 移动窗口

打开窗口后，有些窗口会遮盖屏幕上其他窗口的内容，想要看到被遮盖的部分，可以移动当前窗口的位置。其方法是将鼠标指针移动到窗口标题栏的空白处，按住鼠标左键并拖动窗口到目标位置，然后释放鼠标左键。

3. 调整窗口大小

双击窗口标题栏的空白处或单击"最大化"按钮口，可使窗口最大化，布满除任务栏外的整个计算机屏幕，再次双击标题栏的空白处可还原窗口大小；将鼠标指针移至窗口的外边框，当鼠标指针变为↕或↔形状时，按住鼠标左键，拖动到预想位置后释放鼠标左键，可调整窗口大小；将鼠标指针移至窗口的4个角上，当其变为↖或↘形状时，按住鼠标左键并拖动，同样可调整窗口大小。

4. 切换窗口

无论打开多少个窗口，当前窗口只能有一个，且所有的操作都是针对当前窗口进行的。如果用户要将某个窗口切换成当前窗口，则除了可以通过单击窗口可见处进行切换外，还可采用以下两种方式。

- **通过任务栏切换：** 将鼠标指针移至任务栏中的某个应用程序图标上，此时将显示所有打开的该类型程序的缩略图，单击某个缩略图可切换到对应窗口。
- **按【Alt+Tab】组合键切换：** 按【Alt+Tab】组合键后，屏幕上将出现任务切换栏，系统中当前打开的窗口都将以缩略图的形式在任务切换栏中排列。此时按住【Alt】键，再反复按【Tab】键，将显示一个白色方框，并在所有缩略图之间轮流切换，将方框移动到需要的缩略图上时释放【Alt】键，可切换到对应窗口，如图1-27所示。

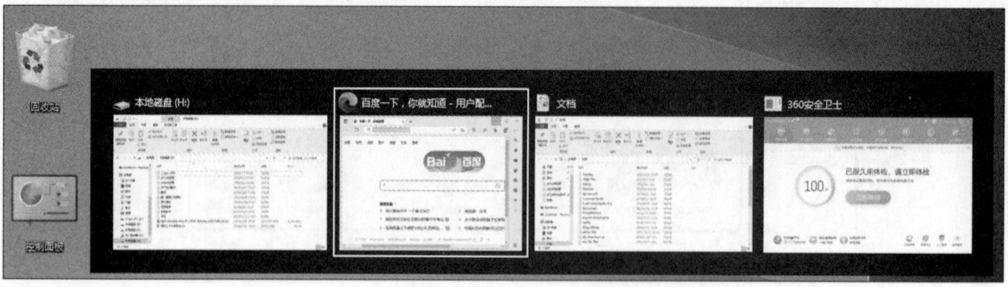

图1-27　按【Alt+Tab】组合键切换窗口

（四）认识并操作对话框

对话框是一种特殊的窗口，在对话框中可以通过选择某个选项或输入数据来设置一定的效果。图1-28所示为Windows 10中的"文件资源管理器选项"对话框。

- **选项卡：** 对话框中一般有多个选项卡，通过单击选项卡可切换到不同的设置页。
- **列表框：** 列表框在对话框中以矩形框显示，其中包含多个选项。
- **下拉列表：** 与列表框类似，只是将选项折叠起来，单击下拉按钮 ，将显示所有选项。
- **单选项：** 选中单选项可以完成某项操作或功能的设置，且选中某个单选项后，其前面的○标记将变为◉。
- **复选框：** 其作用与单选项类似，当选中某个复选框后，复选框前面的□标记将变为☑。
- **按钮：** 单击对话框中的某些按钮可以执行对应的功能，单击某些按钮也可打开相应对话框进行后续设置。

图 1-28　Windows 10 中的"文件资源管理器选项"对话框

三、任务实施

（一）设置个性化系统桌面环境

为了使自己在办公中保持愉悦的心情，提高办公效率，米拉将对自己使用的计算机进行个性化的设置，包括设置桌面背景、添加与排列桌面图标等，具体操作如下。

（1）在Windows 10系统桌面空白处单击鼠标右键（简便起见，图中称为右击），在弹出的快捷菜单中选择"个性化"命令，如图1-29所示。

（2）打开"设置"窗口的"背景"界面，在"选择图片"栏中单击 浏览 按钮，如图1-30所示。

微课视频

设置个性化系统桌面
环境

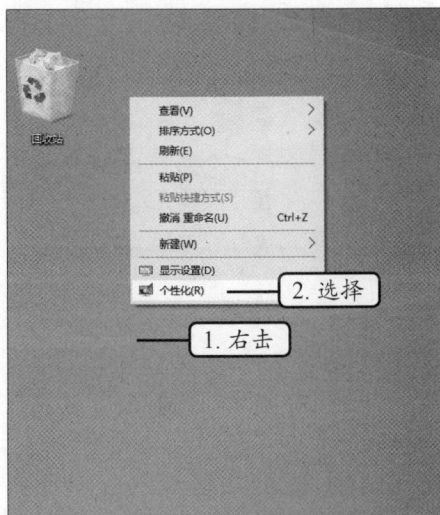

图 1-29　选择"个性化"命令

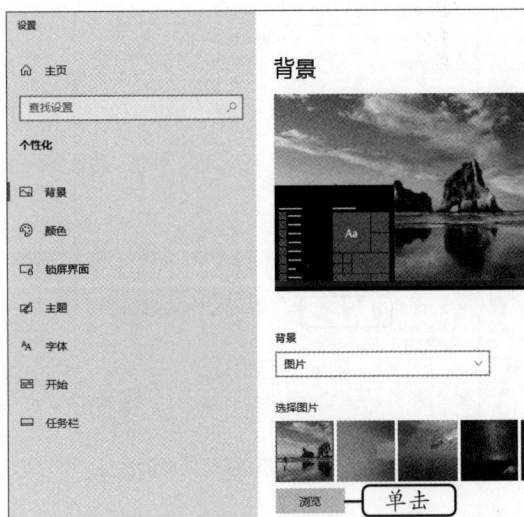

图 1-30　在"选择图片"栏中单击"浏览"按钮

13

（3）打开"打开"对话框，选择文件存放位置，选择"风景.jpg"图片（配套资源:\素材文件\项目一\风景.jpg），单击 选择图片 按钮，如图1-31所示。

（4）在"设置"窗口左侧选择"主题"选项，打开"主题"界面，在"相关的设置"栏中单击"桌面图标设置"超链接，如图1-32所示。

图 1-31　选择背景图片

图 1-32　单击"桌面图标设置"超链接

（5）打开"桌面图标设置"对话框，在"桌面图标"栏中选中"计算机"和"控制面板"复选框（安装Windows 10操作系统后，桌面默认只显示"回收站"系统图标），在下方的列表框中选择"此电脑"选项，然后单击 更改图标(H)... 按钮，如图1-33所示。

（6）打开"更改图标"对话框，在"从以下列表中选择一个图标"列表框中选择图1-34所示的图标后，单击 确定 按钮。

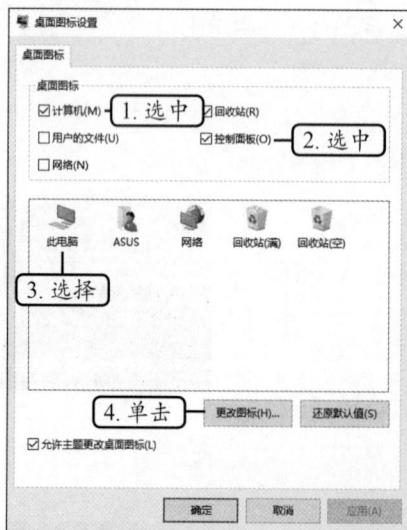

图 1-33　选择需要更改图标的桌面图标

图 1-34　选择的图标

（7）返回"桌面图标设置"对话框，单击 确定 按钮，返回系统桌面，在"开始"菜单的"腾讯QQ"应用程序上单击鼠标右键，在弹出的快捷菜单中选择【更多】/【打开文件位置】命令，如

图1-35所示。

（8）打开的窗口中默认已选择该应用程序的快捷方式，单击鼠标右键，在弹出的快捷菜单中选择【发送到】/【桌面快捷方式】命令，如图1-36所示。继续为其他所需的应用程序添加快捷方式。

图1-35　选择【更多】/【打开文件位置】命令

图1-36　选择【发送到】/【桌面快捷方式】命令

多学一招　　　　　　　　　**将应用程序固定到任务栏**

　　打开"开始"菜单，在应用程序上单击鼠标右键，在弹出的快捷菜单中选择【更多】/【固定到任务栏】命令，可将应用程序固定到任务栏，便于通过单击任务栏中的程序图标快速启动程序，提高操作效率。

（9）在桌面空白处单击鼠标右键，在弹出的快捷菜单中选择【查看】/【大图标】命令，调整图标的显示大小，如图1-37所示。

（10）再次在桌面空白处单击鼠标右键，在弹出的快捷菜单中选择【排序方式】/【名称】命令，设置图标的排序方式，如图1-38所示。

图1-37　调整图标的显示大小

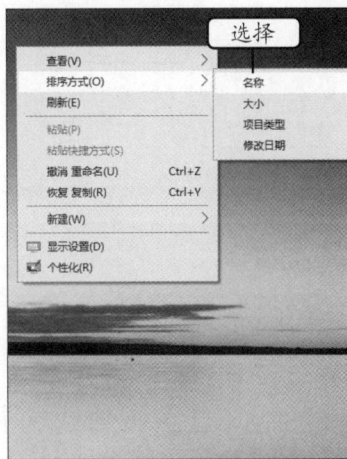

图1-38　设置图标的排序方式

（二）管理文件与文件夹

为方便在计算机中查找、编辑各类办公文件，米拉将在计算机的E盘中新建文件夹，用来分门别类地存放办公文件，具体操作如下。

（1）双击系统桌面上的"此电脑"图标，打开"此电脑"窗口，双击"本地磁盘(E:)"选项，如图1-39所示。

（2）打开"本地磁盘(E:)"窗口，在窗口工作区的空白处单击鼠标右键，在弹出的快捷菜单中选择【新建】/【文件夹】命令，新建文件夹，如图1-40所示。

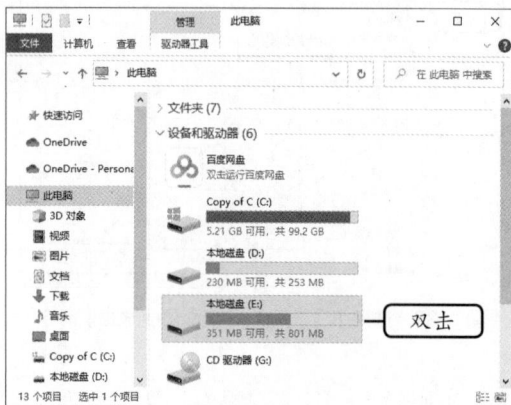

微课视频

管理文件与文件夹

图 1-39　双击"本地磁盘(E:)"选项

图 1-40　新建文件夹

（3）新建文件夹后，文件夹名称将以蓝底白字的方式显示，输入文件夹名称"日常办公"，如图1-41所示，按【Enter】键，完成新建文件夹的操作。

（4）双击新建的文件夹，在打开的"日常办公"文件夹窗口中新建"办公文档"文件夹，然后选择"办公文档"文件夹，单击鼠标右键，在弹出的快捷菜单中选择"复制"命令，或按【Ctrl+C】组合键，复制该空白文件夹，如图1-42所示。

图 1-41　输入文件夹名称"日常办公"

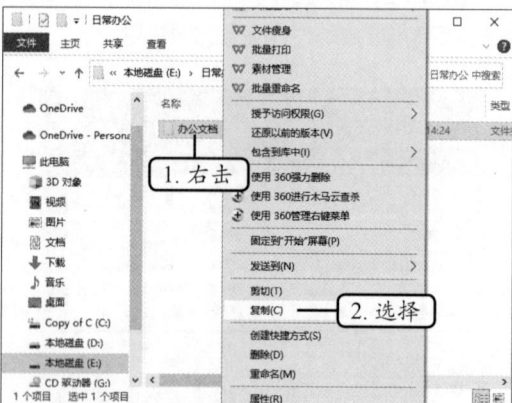

图 1-42　复制空白文件夹

（5）在窗口工作区空白处单击鼠标右键，在弹出的快捷菜单中选择"粘贴"命令，如图1-43所示，执行此操作两次，或按两次【Ctrl+V】组合键，共复制并粘贴两个文件夹，其名称分别为"办公文档 - 副本""办公文档 - 副本（2）"。

（6）选择"办公文档 – 副本"文件夹，单击鼠标右键，在弹出的快捷菜单中选择"重命名"命令，如图1-44所示。文件夹名称将以蓝底白字的方式显示，输入文件夹名称"图片素材"。以相似的方式将"办公文档 – 副本（2）"文件夹的名称修改为"公文资料"。

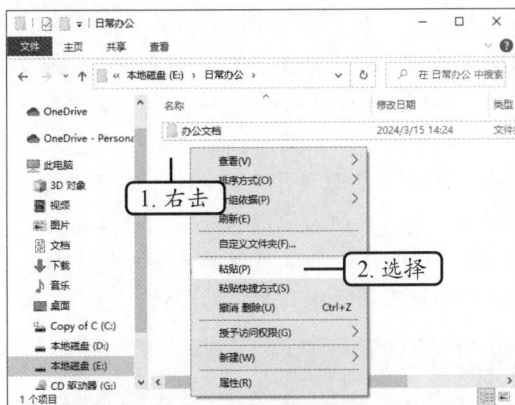

图 1-43　选择"粘贴"命令

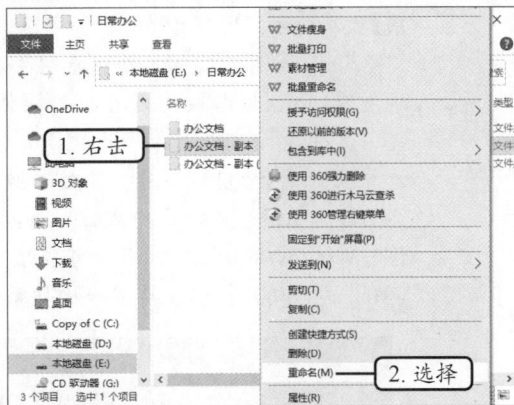

图 1-44　选择"重命名"命令

（7）在"日常办公"文件夹窗口左侧的导航栏中选择"本地磁盘(D:)"选项，打开"本地磁盘(D:)"窗口，按住【Ctrl】键的同时依次选择"工作总结PPT模板.pptx""公司简介.txt""员工考勤表模板.xlsx"文件，如图1-45所示。按【Ctrl+X】组合键剪切文件。

（8）在"本地磁盘(D:)"窗口左侧的导航栏中选择"本地磁盘(E:)"选项，切换到"本地磁盘(E:)"窗口，双击打开"日常办公"文件夹，在该文件夹窗口中选择"办公文档"文件夹，单击鼠标右键，在弹出的快捷菜单中选择"粘贴"命令，如图1-46所示，将剪切的文件移动到该文件夹中。

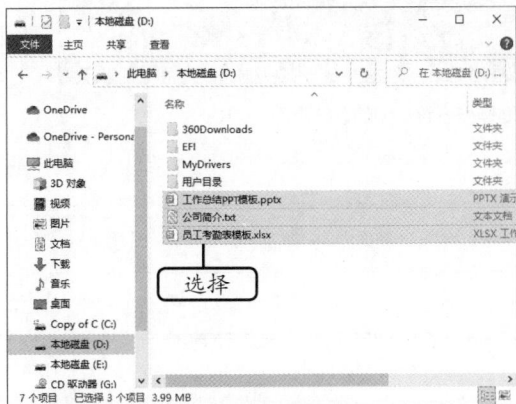

图 1-45　选择文件

图 1-46　粘贴文件夹

知识提示　　　　　　　　　　　**选择文件 / 文件夹**

　　单击文件/文件夹可选择单个文件/文件夹；按【Ctrl+A】组合键可选择窗口中的所有文件和文件夹；按住【Ctrl】键，再依次单击要选择的文件或文件夹，可选择多个位置不连续的文件或文件夹；选择一个文件或文件夹后，按住【Shift】键，再选择另一个文件或文件夹，可选择这两个项目及其中间的所有项目。

素养提升　　　　　　　　　　　**银河麒麟的简介**

　　银河麒麟是具有代表性的国产操作系统之一。银河麒麟最初是在"863计划"和"核高基"国家科技重大专项支持下，由国防科技大学研发的操作系统。之后，国防科技大学将银河麒麟品牌（包括"麒麟""银河麒麟""Kylin"等商标及相关知识产权）授权给了麒麟软件有限公司，由该公司继续研发以Linux为内核的银河麒麟操作系统。银河麒麟现已形成以服务器操作系统、桌面操作系统等为代表的操作系统产品线。其中，桌面操作系统面向个人计算机，截至2024年3月，其最新版本为银河麒麟桌面操作系统V10。银河麒麟桌面操作系统V10的系统桌面如图1-47所示，系统桌面的组成以及系统的基本操作与Windows 10相似，用户可在银河麒麟官方网站下载银河麒麟桌面操作系统V10并进行使用，以支持国产操作系统，培养使用国产操作系统的习惯。

图1-47　银河麒麟桌面操作系统V10的系统桌面

项目实训

实训一　认识常见的办公设备

【实训要求】

　　认识各种办公设备是开展办公自动化的基础，本实训要求学生识别图1-48所示的办公设备的名称，以进一步加深对常见的办公设备的印象。

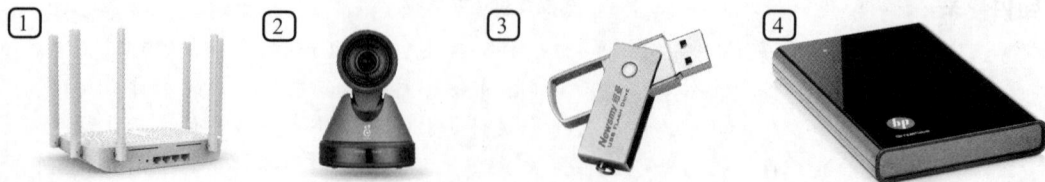

图1-48　办公设备

图 1-48　办公设备（续图）

【实训思路】

首先识别图中的各种办公设备，然后将对应的名称填写到表格中。

【步骤提示】

（1）识别图中的办公设备，如果有不认识的，则可以根据图中设备的细节在网上查询。

（2）将图1-48中设备对应的名称填写到表1-1中。

表 1-1　办公设备识别

图片编号	设备名称	图片编号	设备名称	图片编号	设备名称
1		5		9	
2		6		10	
3		7		11	
4		8		12	

实训二　自定义系统桌面

【实训要求】

本实训要求学生自定义系统桌面，以在办公自动化环境下设置个性化的办公环境。

【实训思路】

首先要将自己喜欢的图片保存在计算机中，再将其设置为桌面背景，然后添加所需的系统图标和应用程序的快捷方式图标，并对桌面图标进行排列。

【步骤提示】

（1）将需设置为桌面背景的图片（如在网上下载的图片）保存在计算机中，然后打开"设置"窗口，在其中将保存的图片设置为桌面背景。

（2）打开"桌面图标设置"对话框，添加所需的系统图标；对于经常使用的应用程序，为其创建桌面快捷方式图标。

（3）按照自己的办公习惯排列桌面图标。

课后练习

练习1：结合应用场景，讨论办公自动化系统的功能

结合自身的理解，讨论生活或工作中的哪些场景属于办公自动化系统的功能的应用，请至少列举两个。例如，现在很多企业使用钉钉等软件在手机上考勤，可以自动关联员工的外出或出差情况，形成自动化考勤报表，这便是办公自动化系统的功能在考勤方面的应用。

练习2：管理办公文件

首先选择除系统盘（系统盘一般是C盘，主要用于存放系统文件，平时最好不要随意将各种文件存入C盘，否则可能导致计算机运行速度变慢）外的磁盘（如D盘、E盘）作为存放办公文件的场所，然后对文件进行分门别类的管理，方便自己快速地查找到所需文件。例如，新建"工作资料""办公文档""图片素材""PPT设计素材"等文件夹，然后将相应文件放入新建的各类文件夹中。另外，根据需要还可在大的分类下设置小的分类，如在"办公文档"文件夹中新建"合同文档""财务表格"等子文件夹以存放相应类别的文件。

技巧提升

1．购买计算机硬件的注意事项

首先要衡量产品的性价比，从实用性的角度考虑所选的硬件能否满足自己的使用需求。其次要考虑硬件之间的兼容性，若兼容性不好，则无法达到较好的使用效果。

2．使用系统自带的功能来优化视觉效果

Windows 10默认的视觉效果包括透明按钮、显示缩略图和显示阴影等，这些视觉效果会耗费大量的系统资源。此时，用户可使用系统自带的功能来优化视觉效果，具体操作方法如下：在系统桌面的"此电脑"图标上单击鼠标右键，在弹出的快捷菜单中选择"属性"命令，打开"系统"窗口的"关于"界面，单击"高级系统设置"超链接，然后在"系统属性"对话框的"高级"选项卡中单击"性能"栏中的 设置(S) 按钮，打开"性能选项"对话框，单击"视觉效果"选项卡，选中"调整为最佳性能"单选项，单击 确定 按钮应用设置。

3．隐藏文件或文件夹

对于计算机中较重要或私密的文件或文件夹，用户可以将其设置为隐藏，当需要查看时再显示。隐藏文件或文件夹的方法如下：选择需要隐藏的文件或文件夹，单击鼠标右键，在弹出的快捷菜单中选择"属性"命令，打开相应的"属性"对话框，选中"隐藏"复选框后，再单击 确定 按钮。当需要显示隐藏的文件或文件夹时，可在文件夹窗口中单击"查看"选项卡，在其中选中"隐藏的项目"复选框。

4．通过"任务管理器"窗口关闭应用程序

当计算机出现应用程序卡顿、鼠标不能操作的情况时，若用户要关闭正在运行的程序，则可按【Ctrl+Alt+Delete】组合键，在打开的窗口中选择"任务管理器"选项，打开"任务管理器"窗口，在"进程"选项卡中选择需关闭的应用程序，然后单击该窗口右下方的 结束任务(E) 按钮。

项目二
制作与编辑Word文档

情景导入

　　米拉在行政助理这个岗位上经常会接触不同类型的办公文档，这份工作看似简单，实则繁杂，但米拉学习和掌握了不少知识及技能。接下来，米拉将根据公司和自身的安排，利用办公软件Word 2016制作"'中华经典诗歌朗诵赛'通知"文档、编辑"实习计划"文档、制作"校园招聘海报"文档、制作"志愿者报名表"文档。

学习目标

- 掌握文档的新建、打开、保存、保护、输出与打印操作。
- 掌握输入、修改、移动、复制、查找与替换文本，以及设置文本与段落格式等操作。
- 掌握在文档中插入与编辑图片、形状、文本框、艺术字、表格等对象。

素质目标

- 培养高尚的道德品质。
- 培养批判性思维。
- 培养能够清晰、准确地传达自己的想法和观点的能力。

案例展示

▲ "'中华经典诗歌朗诵赛'通知"文档（局部）

▲ "校园招聘海报"文档（局部）

任务一 制作"'中华经典诗歌朗诵赛'通知"文档

一、任务描述

　　为推动校园文化建设，丰富校园文化生活，提高学生的文化水平和语言表达能力，学校决定举办以"雅言传承文明，经典浸润人生"为主题的中华经典诗歌朗诵赛。作为校宣传部的干事，米拉负责使用Word 2016制作"'中华经典诗歌朗诵赛'通知"文档，向本校全体学生告知此次比赛的相关事宜。其中主要涉及新建并保存文档、输入文本内容、设置文本格式、设置段落格式、添加项目符号与编号，以及打印文档等操作。

二、相关知识

（一）认识 Word 2016 的文档操作界面

　　Word 2016的文档操作界面主要由快速访问工具栏、标题栏、"文件"菜单、选项卡、功能区、搜索框、文本编辑区、状态栏、视图栏等部分组成，如图2-1所示。

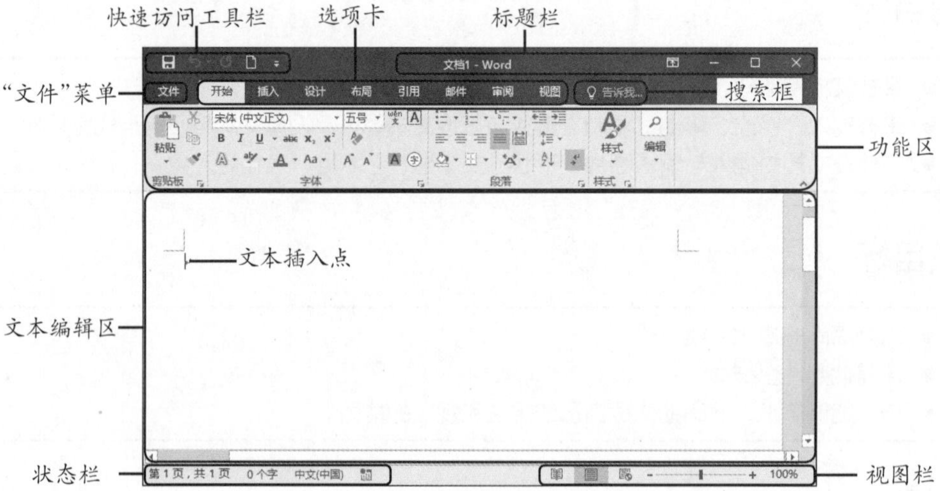

图2-1　Word 2016的文档操作界面的组成

- **快速访问工具栏：** 用于显示常用按钮，单击某个按钮可以快速执行相应操作，默认包括"保存"按钮、"撤销"按钮、"恢复"按钮和"新建"按钮等。
- **标题栏：** 用于显示当前文档的名称和程序名，其右侧还包括"功能区显示选项"按钮、"最小化"按钮、"最大化"按钮和"关闭"按钮，这4个按钮分别用于显示与隐藏功能区、最小化窗口、最大化窗口和关闭文档。
- **"文件"菜单：** 用于显示对文档执行操作的命令。选择"文件"菜单，在打开的菜单中，左侧是命令，右侧是对应的设置界面，用户通过选择命令，可在对应的设置界面中进行相关操作。
- **选项卡与功能区：** Word 2016的文档操作界面中显示了多个选项卡，功能区与选项卡是对应的关系，单击某个选项卡可打开相应的功能区，功能区中有多个按功能分类划分的组（如"开始"选项卡的功能区中包括"剪贴板"组、"字体"组、"段落"组、"样式"组等），且每个组中包含不同的按钮、下拉列表和列表框等。有的组的右下角还有"对话框启动器"按钮 ，单击该按钮可打开相应的对话框。选项卡与功能区如图2-2所示。

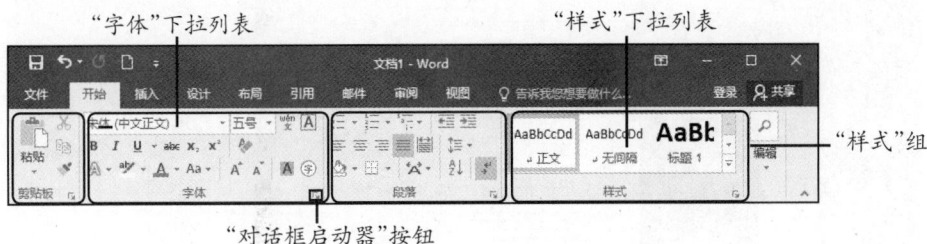

图2-2　选项卡与功能区

- **搜索框：**在搜索框中输入内容后可使用相关功能或获得帮助，如图2-3所示。

图2-3　使用搜索框

- **文本编辑区：**用于输入和编辑文本的区域。文本编辑区中有一个不断闪烁的竖线光标"I"，即文本插入点，用于定位文本的输入位置。在文本编辑区右侧和底部有垂直滚动条及水平滚动条，当窗口缩小或文本编辑区不能完整地显示所有的文档内容时，可拖动滚动条中的滑块或单击滚动条两端的 ▲ 或 ▼ ◀ ▶ 按钮，显示被隐藏的内容。
- **状态栏：**位于文档操作界面底端的左侧，用于显示当前文档的页数、文档总页数、字数、检错结果和语言状态等内容。
- **视图栏：**位于文档操作界面底端的右侧，单击视图栏的视图按钮组 ▤ ▤ ▭ 中的相应按钮，可切换视图模式；单击"显示比例"按钮 100%，可打开"显示比例"对话框，调整页面显示比例；单击 – 按钮、 + 按钮或拖动 ▮ 滑块也可调整页面显示比例，以方便用户查看文档内容。

（二）新建与保存文档

新建与保存文档是文档处理的基本操作，掌握新建与保存文档的方法是利用Word 2016制作与编辑文档的前提条件。

1. 新建文档

在Word 2016中可以通过以下方法新建文档。

- **通过Word 2016的欢迎界面新建文档：**在Windows 10操作系统的"开始"菜单中选择"Word 2016"选项启动Word 2016，在其欢迎界面中选择"空白文档"选项可新建空白文档，选择模板选项可根据模板新建设置好格式和样式的文档。
- **通过组合键新建文档：**在文档操作界面中按【Ctrl+N】组合键，可新建空白文档。
- **通过快速访问工具栏新建文档：**在文档操作界面中单击快速访问工具栏中的"新建"按钮 ，可新建空白文档。
- **通过"文件"菜单新建文档：**在文档操作界面中选择【文件】/【新建】命令，打开"新建"界面。在"新建"界面中选择"空白文档"选项可新建空白文档，选择模板选项可根据模板新建文档；在"新建"界面上方的"搜索联机模板"文本框中输入所需模板的关键字，如输入"论文"，按【Enter】键，搜索结果中会显示与"论文"相关的模板，如图2-4所示，选择相应的模板选项将根据模板新建文档。

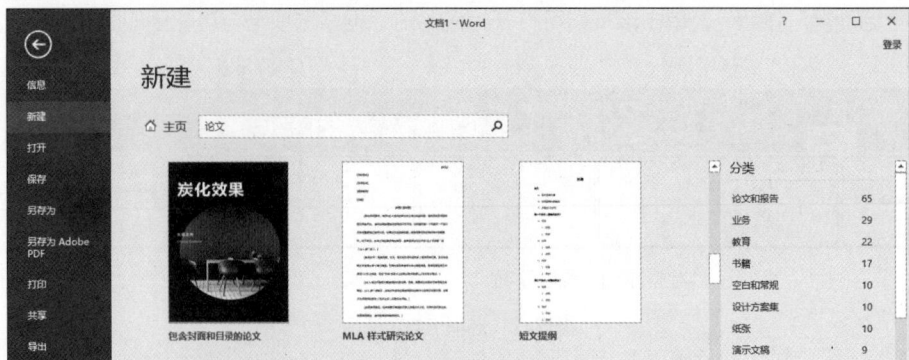

图2-4 在"新建"界面中搜索与"论文"相关的模板

2. 保存文档

保存文档是指将文档保存到计算机中，以防数据丢失，也便于日后对文档进行编辑与处理。保存文档的常用方法有以下3种。

- **通过组合键保存文档：** 在文档操作界面中按【Ctrl+S】组合键。
- **通过快速访问工具栏保存文档：** 在文档操作界面中单击快速访问工具栏中的"保存"按钮 🖫。
- **通过"文件"菜单保存文档：** 在文档操作界面中选择【文件】/【保存】命令。

初次保存文档时，将打开"另存为"界面，在该界面中双击"这台电脑"选项或选择"浏览"选项，打开"另存为"对话框，在"文件名"下拉列表框中输入文档名称，利用左侧的导航栏选择文档的保存位置，在"文件类型"下拉列表框中选择文件类型（Word文档的默认文档格式为.docx），单击 保存(S) 按钮，即可将文档保存到计算机中。

知识扩展 　　　　　　　　　　　　**另存为文档**

对已经保存的文档进行编辑后，再次单击"保存"按钮🖫，或选择【文件】/【保存】命令，或按【Ctrl+S】组合键，将不再打开"另存为"界面，而是直接保存文档。若要将文档另存到其他位置，或以其他名称命名，则可选择【文件】/【另存为】命令，在打开的"另存为"界面中双击"这台电脑"选项或选择"浏览"选项并执行相应的操作。

（三）文本的选择

编辑与处理文档离不开对文本的编辑，而编辑文本通常需要先选择文本。选择文本的方法较多，这里介绍常用的几种，在实际操作时，可以根据需要灵活使用。

- **选择任意文本：** 在目标文本的起始位置按住鼠标左键，拖动鼠标指针至目标文本的末尾位置，当目标文本底色为灰色时表示其处于选中状态，释放鼠标左键即完成文本的选择。
- **选择任意词组：** 在段落中的某个位置双击，可选择离该位置最近的词组。
- **选择一行文本：** 将鼠标指针移至文本左侧，当其变为箭头形状时，单击可选择鼠标指针对应的整行文本。
- **选择多行文本：** 将鼠标指针移至文本左侧，当其变为箭头形状时按住鼠标左键，向上或向下拖动鼠标指针可选择多行文本。
- **选择不连续的文本：** 选择部分文本后，按住【Ctrl】键，利用其他选择文本的方法可选择不连续的文本。

- **选择整个段落**：在段落中单击3次，或按住【Ctrl】键在段落中单击，或者将鼠标指针移至文本左侧，当其变为箭头形状时双击，可选择鼠标指针对应的整个段落。
- **选择所有文本**：按【Ctrl+A】组合键可选择文档中的所有文本。

（四）字体与段落的设置

字体与段落的设置是编辑与处理文档的高频操作。设置字体包括更改文本的字体、字号和颜色、底纹等，通过这些设置可以使文本突出显示，提升文档的可读性。设置段落包括更改段落的对齐方式和行距等，其目的在于使文档结构更加清晰，层次更加分明。

设置字体与段落格式可以通过浮动工具栏、"开始"选项卡中的"字体"组和"段落"组，以及"字体"对话框和"段落"对话框来完成。选择相应的文本或段落后，此时将自动出现浮动工具栏，使用该工具栏可以进行简单的格式设置；若浮动工具栏中没有所需的功能，则可以通过"开始"选项卡中的"字体"组和"段落"组中的相应选项进行快速设置；若"开始"选项卡中的"字体"组和"段落"组中仍然没有合适的功能，或者需要对字体与段落格式进行更加细致的设置，则可以单击"字体"组和"段落"组中的"对话框启动器"按钮，在打开的"字体"对话框和"段落"对话框中进行操作。

（五）文档打印设置

完成文档的编辑操作后，若要进行打印，则可以按【Ctrl+P】组合键或选择【文件】/【打印】命令，打开"打印"界面，在预览打印效果的同时设置打印选项，如图2-5所示。

主要打印选项的说明如下。

- **"打印"按钮**🖶：单击该按钮可直接打印文档。
- **"份数"数值框**：用于设置文档的打印份数。
- **"打印机"下拉列表框**：用于选择执行打印操作的打印机。单击其下方的"打印机属性"超链接，将打开打印机的"属性"对话框，可进行打印参数设置，包括设置打印的色彩、打印纸张类型、打印方向等。
- **"打印范围"下拉列表框**：用于设置打印文档的范围，包括"打印所有页""打印所选内容""打印当前页面"和"自定义打印范围"等选项。选择"打印所有页"选项表示打印整个文档；选择"打印所选内容"表示打印选择的文档内容；选择"打印当前页面"表示打印文档当前显示的页面；选择"自定义打印范围"选项，可在下方的"页数"数值框中设置打印范围，如输入"2"表示打印第2页，输入"1,3"表示打印第1页和第3页，输入"1-3"表示打印第1页至第3页。

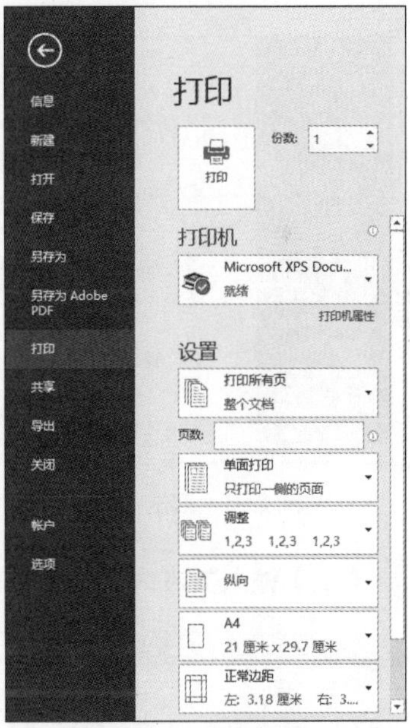

图2-5　设置打印选项

- **"打印方式"下拉列表框**：用于设置打印方式，包括"单面打印"和"手动双面打印"等选项。其中，"单面打印"指只在一页纸的正面打印文档内容；"手动双面打印"指通过手动操作在一页纸的正反面打印文档内容。
- **"打印顺序"下拉列表框**：该下拉列表框包括"调整"和"取消排序"两个选项，选择"调整"选项表示将按文档顺序打印，如打印两份文档时，先打印第一份文档，再打印第二份文档；选择"取消排序"选项表示按页码的顺序打印，如打印两份文档时，将先打印两份文档的第1页，再打印两份文档的第2页，以此类推。

- **"纸张方向"下拉列表框：** 用于设置纸张方向，包括纵向和横向。
- **"纸张类型"下拉列表框：** 用于设置纸张类型，如A4、B5。
- **"页边距"下拉列表框：** 用于设置页边距，即纸张左右两边及上下两头离文字的距离。

三、任务实施

（一）新建并保存文档

启动Word 2016，新建空白文档并将其以"'中华经典诗歌朗诵赛'通知"为名进行保存，具体操作如下。

（1）在Windows 10的系统桌面上单击"开始"按钮￼，打开"开始"菜单，选择"Word 2016"选项，启动Word 2016。

（2）在Word 2016的欢迎界面中选择"空白文档"选项，新建名为"文档1.docx"的空白文档，按【Ctrl+S】组合键。

（3）打开"另存为"界面，双击"这台电脑"选项，如图2-6所示。

（4）打开"另存为"对话框，选择文档的保存位置，在"文件名"下拉列表框中输入文档名称"'中华经典诗歌朗诵赛'通知"，"保存类型"保持默认，单击 保存(S) 按钮保存文档，如图2-7所示。

微课视频

新建并保存文档

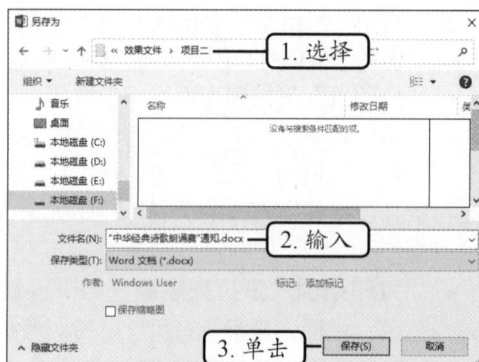

图 2-6　双击"这台电脑"选项

图 2-7　保存文档

（二）输入文本内容

文本是文档的重要组成部分，新建并保存文档后，便可开始在文档中输入文本，输入的文本默认的字体为宋体，文本内容参见素材文件（配套资源:\素材文件\项目二\"中华经典诗歌朗诵赛"通知.txt），具体操作如下。

（1）在默认的文本插入点位置处输入标题文本"中华经典诗歌朗诵赛通知"，按【Enter】键换行另起段落，输入第一个段落的文本"为推动校园文化建设，丰富校园文化生活，提高学生的文化水平和语言表达能力，我校决定举办以'雅言传承文明，经典浸润人生'为主题的中华经典诗歌朗诵赛。现将有关事宜通知如下。"文本内容满一行后自动换行，如图2-8所示。

微课视频

输入文本内容

（2）按【Enter】键换行，继续输入其他内容，完成文本输入后的效果如图2-9所示。

图2-8　输入标题和第一个段落的文本

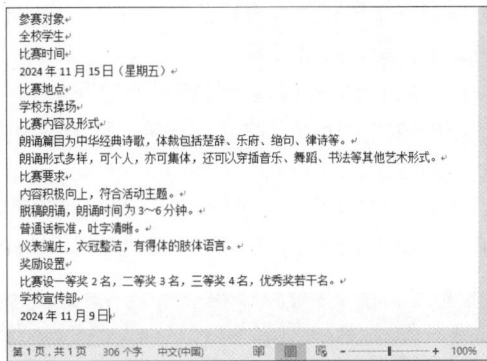

图2-9　完成文本输入后的效果

（三）设置文本格式

输入文档内容后，开始设置字体，将文档标题"中华经典诗歌朗诵赛通知"的字体设置为"方正中雅宋简体"、字号设置为"小一"，并添加阴影效果；将正文小标题"参赛对象""比赛时间""比赛地点""比赛内容及形式""比赛要求""奖励设置"的字体设置为"黑体"并加粗，颜色设置为"深蓝，文字2"，具体操作如下。

微课视频

设置文本格式

（1）选择第一行的标题文本，在【开始】/【字体】组中的"字体"下拉列表框中选择"方正中雅宋简体"选项，在"字号"下拉列表框中选择"小一"选项，然后单击"文本效果和版式"按钮Ａ，在打开的下拉列表中选择所需选项，如图2-10所示。

（2）按住【Ctrl】键，同时选择"参赛对象""比赛时间""比赛地点""比赛内容及形式""比赛要求"和"奖励设置"等小标题，此时鼠标指针右上方将自动出现浮动工具栏，在其中的"字体"下拉列表框中选择"黑体"选项，单击"加粗"按钮B（单击后该按钮变为B样式），单击"字体颜色"按钮A右侧的下拉按钮，在打开的下拉列表中选择"深蓝，文字2"选项，如图2-11所示。

图2-10　在"字体"组中设置标题的文本格式

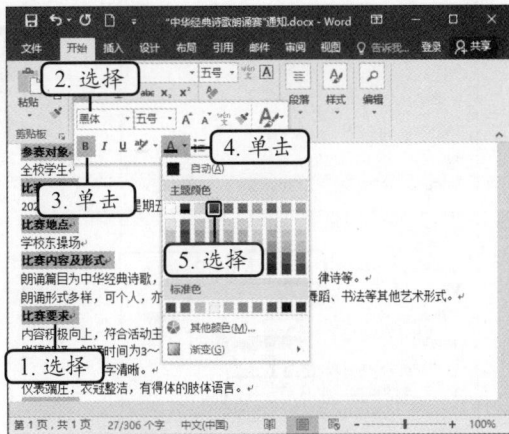

图2-11　通过浮动工具栏设置小标题的文本格式

（四）设置段落格式

设置文本格式后，进行段落格式的设置，包括设置段落对齐方式、调整间距等，具体操作如下。

（1）选择标题段落（包括其后的回车符"↵"），在【开始】/【段落】组中单击"居中"按钮 ≡（单击后该按钮变为 ≡ 样式），使标题居中显示，如图2-12所示。

（2）将文本插入点定位至第一个段落的最前方（"为推动"文本的最前方），按住【Shift】键，单击文档末尾，选择除标题外的所有文本，如图2-13所示。

图2-12　设置标题居中显示

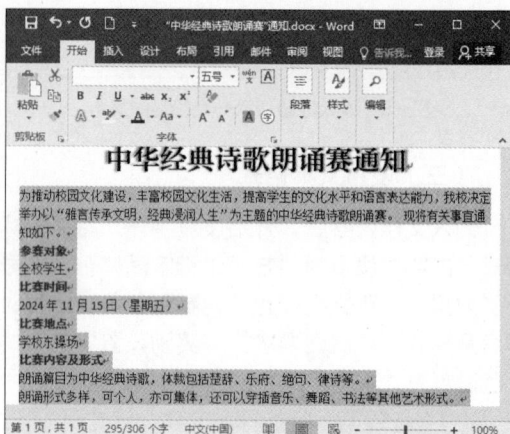

图2-13　选择除标题外的所有文本

（3）单击【开始】/【段落】组中右下角的"对话框启动器"按钮 ，打开"段落"对话框的"缩进和间距"选项卡，在"缩进"栏的"特殊格式"下拉列表框中选择"首行缩进"选项，在其后的"缩进值"数值框中输入"2字符"；在"间距"栏的"行距"下拉列表框中选择"1.5倍行距"选项，单击 确定 按钮，如图2-14所示。

（4）选择文档末尾的署名和日期文本，在【开始】/【段落】组中单击"右对齐"按钮 ≡，设置署名和日期文本右对齐，如图2-15所示。

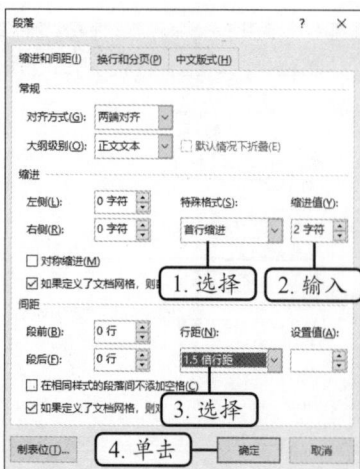

图2-14　设置缩进和间距

图2-15　设置署名和日期文本右对齐

（五）添加项目符号与编号

设置段落格式后，首先为文档中的所有小标题设置编号，然后为小标题下存在多个段落的内容设置项目符号，具体操作如下。

微课视频

添加项目符号与编号

（1）按住【Ctrl】键，选择所有小标题，在【开始】/【段落】组中单击"编号"按钮右侧的下拉按钮，在打开的下拉列表中选择"一、二、三、"样式对应的选项，如图2-16所示。

（2）插入编号后，单击第一个编号文本，此时将自动选择所有编号，单击鼠标右键，在弹出的快捷菜单中选择"调整列表缩进"命令，如图2-17所示。

图2-16 为小标题插入编号

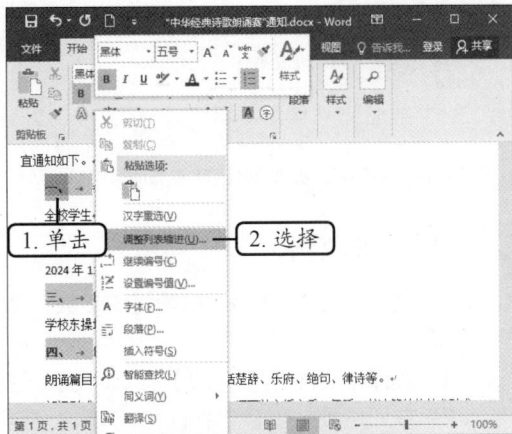

图2-17 选择"调整列表缩进"命令

（3）打开"调整列表缩进量"对话框，在"编号位置"数值框中输入"0厘米"，即编号所在段落不设置缩进，在"编号之后"下拉列表框中选择"不特别标注"选项，即编号与后面的文本之间不用符号（如制表符或空格）分隔，单击 <u>确定</u> 按钮，如图2-18所示。

（4）选择"四、比赛内容及形式"小标题下的所有段落，在【开始】/【段落】组中单击"项目符号"按钮右侧的下拉按钮，在打开的下拉列表中选择"◆"选项，如图2-19所示。

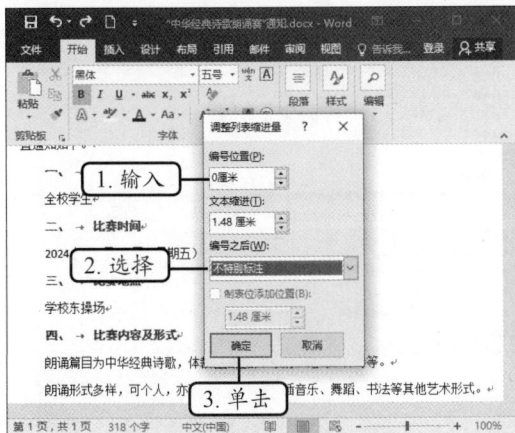

图2-18 设置编号缩进方式

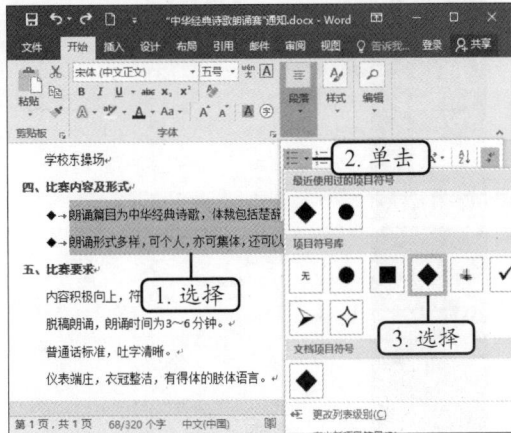

图2-19 添加项目符号

（5）保持添加项目符号的段落的选中状态，在【开始】/【剪贴板】组中单击"格式刷"按钮，然后将鼠标指针移到文本编辑区中，当鼠标指针变为 ▲I 形状后，拖动鼠标指针选择"五、比赛要求"小标题下的所有段落，如图2-20所示，为这些段落添加项目符号"◆"。

图2-20　使用格式刷为其他段落添加项目符号

知识扩展　格式刷的应用

单击"格式刷"按钮 ✔，为目标文本或段落应用格式后，将自动退出格式刷状态。如果需要为文档中的多个文本或段落应用相同格式，则可以双击"格式刷"按钮 ✔，此时将一直处于格式刷状态，再次单击该按钮或按【Esc】键可退出格式刷状态。

（六）打印文档

完成文档的编辑操作后，设置打印参数，预览打印效果后打印10份文档，具体操作如下。

（1）选择【文件】/【打印】命令，打开"打印"界面。

（2）在"份数"数值框中输入"10"，在"打印机"下拉列表中选择连接的打印机，在"页边距"下拉列表中选择"适中"选项将页边距设置为中等边距，如图2-21所示。完成设置后，在界面右侧预览打印效果，确认无误后，单击"打印"按钮 🖨 打印文档。打印文档后，按【Ctrl+S】组合键保存文档（配套资源:\效果文件\项目二\"中华经典诗歌朗诵赛"通知.docx）。

微课视频
打印文档

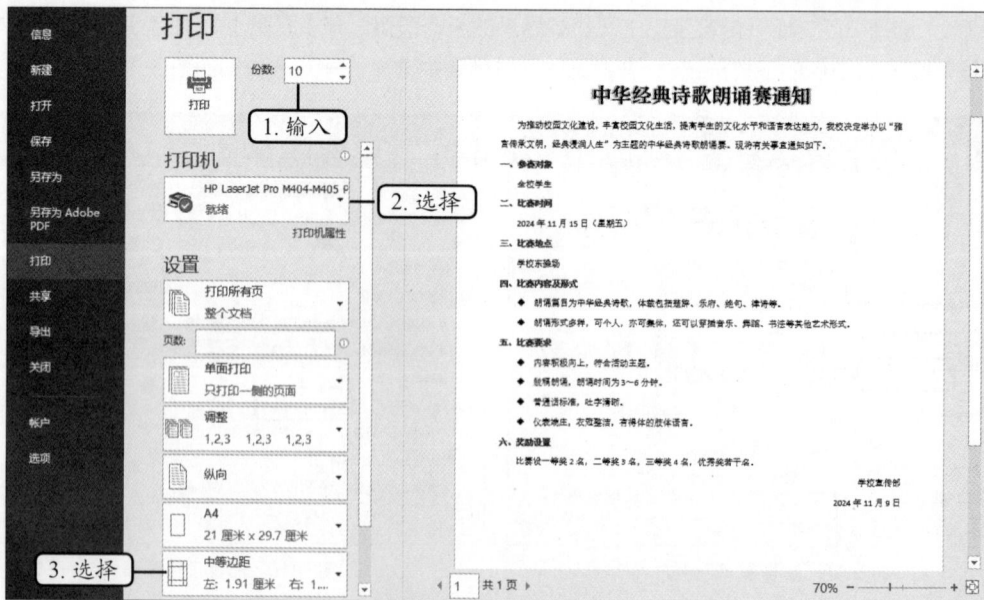

图2-21　设置打印参数

任务二　编辑"实习计划"文档

一、任务描述

在实习伊始，米拉利用Word 2016制订了一份实习计划，希望增强自身实习时的自觉性，以更好地融入工作环境，提高工作能力并实现个人成长。在实习了大约一周的时间后，米拉对自己的工作有了更深入的认识，便决定适当调整"实习计划"文档中的内容，并更正出现的错误，以更好地规划自己的实习工作。本任务主要涉及对文本的修改、移动、复制、替换，以及加密和输出文档等操作。

二、相关知识

（一）打开文档

对于已有的文档，在编辑之前需要先将其打开，可选择以下任意一种方法打开文档。

- **通过双击文档打开文档：** 在计算机中打开文档所在的文件夹，找到并双击该文档，可启动Word 2016并打开该文档。
- **通过Word 2016的欢迎界面打开文档：** 在Word 2016的欢迎界面中单击"打开其他文档"超链接。
- **通过组合键打开文档：** 在文档操作界面中按【Ctrl+O】组合键。
- **通过快速访问工具栏打开文档：** 在文档操作界面的快速访问工具栏中单击 按钮，在打开的下拉列表中选择"打开"选项，将"打开"按钮 添加到快速访问工具栏中，然后单击该按钮。
- **通过"文件"菜单打开文档：** 选择【文件】/【打开】命令。

执行以上除双击文档以外的任意一种操作后，都将打开"打开"界面，在该界面中双击"这台电脑"选项或选择"浏览"选项，打开"打开"对话框，利用该对话框左侧的导航栏打开保存文档的文件夹，在右侧的列表框中选择需要打开的文档，然后单击 打开(O) 按钮，即可打开文档。

多学一招　　　　　　　　　　　**打开最近使用的文档**

启动Word 2016，其欢迎界面的"最近使用的文档"栏中显示了最近使用过的文档，选择某个选项可快速打开该文档；在文档操作界面中选择【文件】/【打开】命令，打开"打开"界面，该界面中也显示了最近使用的文档，选择某个选项便可快速打开该文档。

（二）文本的移动或复制

在编辑与处理文本的过程中，经常需要进行文本的移动或复制。移动或复制文本主要有以下4种方法。

- **通过功能按钮移动或复制文本：** 选择文本，单击【开始】/【剪贴板】组中的 按钮或 按钮，将文本插入点定位到目标位置，在【开始】/【剪贴板】组中单击"粘贴"按钮 。
- **通过快捷菜单移动或复制文本：** 选择文本，单击鼠标右键，在弹出的快捷菜单中选择"剪切"或"复制"命令，将文本插入点定位到目标位置，单击鼠标右键，在弹出的快捷菜单中选择"粘贴"命令。

- **通过组合键移动或复制文本：** 选择文本，按【Ctrl+X】组合键剪切文本或按【Ctrl+C】组合键复制文本，然后将文本插入点定位到目标位置，按【Ctrl+V】组合键粘贴文本。
- **通过拖动文本移动或复制文本：** 选择文本，将鼠标指针移至所选文本上，按住鼠标左键并拖动文本至目标位置后释放鼠标左键可移动文本，按住【Ctrl】键的同时拖动鼠标指针可复制文本。

> **知识扩展**　　　　　　　**灵活执行移动、复制文本操作**
>
> 　　移动、复制文本的操作可以灵活组合使用，例如，利用快捷菜单中的命令剪切文本，利用功能按钮粘贴文本。如何方便、快捷地执行移动、复制文本的操作，应视每个人的操作习惯而定。

（三）文本的查找和替换

"查找和替换"功能适合在文档中修改多个相同的文本内容时使用，其方法如下：在【开始】/【编辑】组中单击 替换 按钮，打开"查找和替换"对话框的"替换"选项卡，在"查找内容"下拉列表中输入原文本，在"替换为"下拉列表中输入替换文本，单击 全部替换(A) 按钮。

（四）文档的保护与输出

为防止他人非法查看文档内容，可以对文档进行加密保护。此外，可将文档输出，主要指的是将文档输出为PDF格式的文档。PDF是一种可移植的文件格式。这种文件格式在Windows、UNIX和macOS等操作系统中可以通用，而且其打印效果较好。这些特点使PDF格式的文档在办公领域中应用广泛。

1. 文档保护

对文档进行加密保护的方法如下：选择【文件】/【信息】命令，打开"信息"界面，单击"保护文档"按钮🔒，在打开的下拉列表中选择"用密码进行加密"选项，在打开的"加密文档"对话框中设置密码。

2. 文档输出

文档输出为PDF文档的方法如下：选择【文件】/【导出】命令，打开"导出"界面，选择"创建PDF/XPS文档"选项，单击"创建PDF/XPS文档"按钮📄，打开"发布为PDF或XPS"对话框，在其中进行文件名、导出范围、密码等设置后导出文档。

三、任务实施

（一）打开文档并修改文本

无论是在输入文本的过程中，还是在检查文档内容的过程中，都可能会出现修改文本的情况。下面打开"实习计划"文档的素材文件，将正文第7段中的"五"修改为"四"，将第10段中的"电脑"修改为"电话"，删除第13段中的文本"5.公司的水、电费缴纳。"，在最后一段的"合同签订"文本后补充内容等，具体操作如下。

> 微课视频
>
> 打开文档并修改文本

（1）打开"实习计划.docx"文档（配套资源:\素材文件\项目二\实习计划.docx），选择正文第7段中的"五"文本，输入"四"，如图2-22所示，所选的文本被输入的新文本替换。

（2）选择第10段中的"电脑"文本，按【Delete】键或【BackSpace】键将其删除，重新

输入"电话"，如图2-23所示。

图2-22　选择文本进行修改

图2-23　删除文本后输入新文本

（3）选择"5. 公司的水、电费缴纳。"段落文本，按【Delete】键或【BackSpace】键删除。删除文本后，修改"（一）日常工作"标题下正文的编号"1.""2."……，使编号连续。

（4）将文本插入点定位到"（二）档案管理"标题下最后一段内容的"合同签订"文本后面，输入"，以及完善公司的各项规章制度等工作"。

（二）移动或复制文本

在编辑文档时，可以通过移动或复制等方式提高编辑效率，下面继续在"实习计划"文档中进行文本的移动或复制，具体操作如下。

（1）选择"6. 打印机、复印机等办公设备的维护和维修。"文本以及其后的回车符"↵"，按住鼠标左键将所选文本拖动至"五、实训要求"标题段首处，如图2-24所示，此时，鼠标指针变为 形状。

（2）释放鼠标左键完成文本的移动，移动文本后的效果如图2-25所示。移动文本后，修改相关的编号，使编号连续。

> 微课视频
>
> 移动或复制文本

图2-24　选择并拖动文本

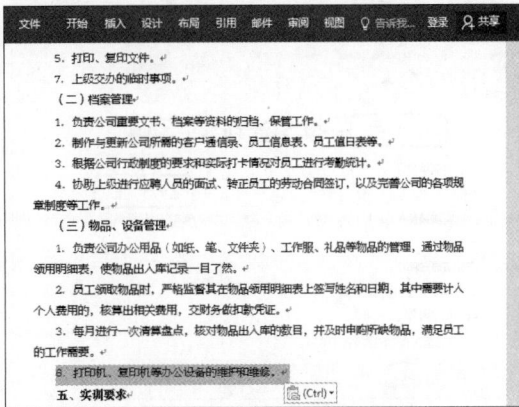

图2-25　移动文本后的效果

（3）选择"六、实训目标"标题下的"熟练掌握"文本，在【开始】/【剪贴板】组中单击"复制"按钮复制文本，如图2-26所示。

（4）将文本插入点定位至"六、实训目标"标题下的正文编号"3.""4.""5."文本的后面，按【Ctrl+V】组合键粘贴文本，如图2-27所示。

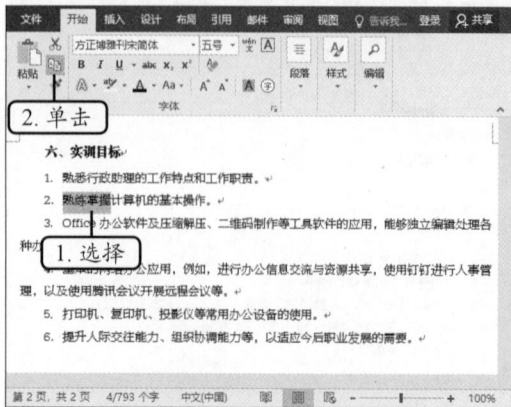

图2-26　复制文本

图2-27　粘贴文本

（三）替换文本

使用Word 2016的"查找和替换"功能可以快速完成文本的替换操作，提高编辑效率。下面利用该功能将"实习计划"文档中的"实训"替换为"实习"，具体操作如下。

（1）在文档的标题文本左侧单击以定位文本插入点，在【开始】/【编辑】组中单击"替换"按钮，如图2-28所示。

（2）打开"查找和替换"对话框的"替换"选项卡，在"查找内容"下拉列表中输入"实训"，在"替换为"下拉列表中输入"实习"，单击 全部替换(A) 按钮，如图2-29所示。

（3）在打开的提示框中单击 确定 按钮，确认替换，然后关闭"查找和替换"对话框。按【Ctrl+S】组合键，保存文档（配套资源:\效果文件\项目二\实习计划.docx）。

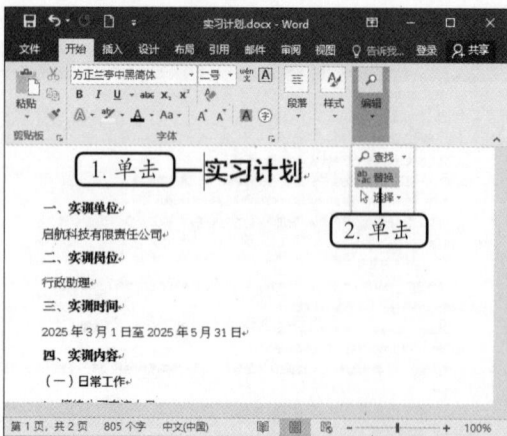

图2-28　单击"替换"按钮

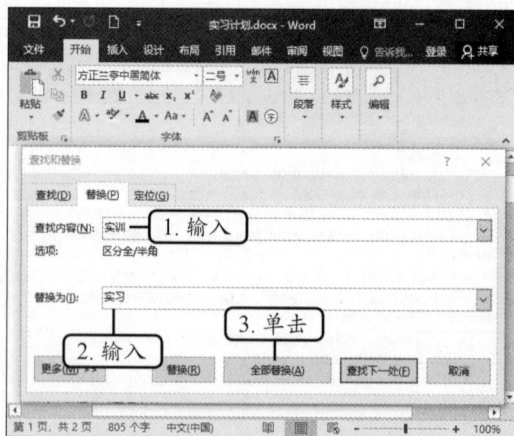

图2-29　将"实训"替换为"实习"

（四）文档加密设置

实习计划是比较私密的文档，可为其设置加密保护，防止他人随意打开和编辑，以有效保护文档，具体操作如下。

（1）选择【文件】/【信息】命令，打开"信息"界面，单击"保护文档"按钮，在打开的下拉列表中选择"用密码进行加密"选项，如图2-30所示。

（2）打开"加密文档"对话框，在"密码"文本框中输入打开文档的密码（如"123456"），单击 确定 按钮，打开"确认密码"对话框，在"重新输入密码"文本框中输入相同密码，单击 确定 按钮，如图2-31所示。

图 2-30　选择"用密码进行加密"选项

图 2-31　设置密码

（五）加密输出 PDF 格式的文档

为便于在其他地方查看文档内容，可将"实习计划"文档输出为PDF格式的文档，并通过加密的方式确保PDF文档的安全，具体操作如下。

（1）选择【文件】/【导出】命令，打开"导出"界面，单击"创建PDF/XPS"按钮，如图2-32所示。

（2）打开"发布为PDF或XPS"对话框，设置输出文件的保存位置和名称，单击 选项(O)... 按钮，如图2-33所示。

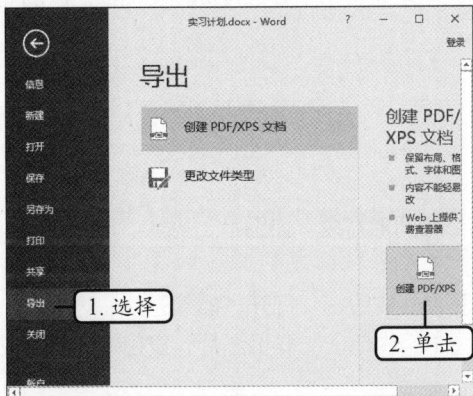

图 2-32　单击"创建 PDF/XPS"按钮

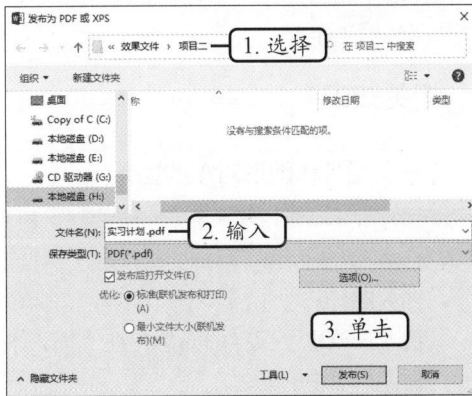

图 2-33　"发布为 PDF 或 XPS"对话框

（3）打开"选项"对话框，选中"使用密码加密文档"复选框，其他设置保持默认，单击 确定 按钮，如图2-34所示。

（4）打开"加密PDF文档"对话框，在"密码"和"重新输入密码"文本框中输入相同密码（如"123456"），单击 [确定] 按钮，如图2-35所示。

（5）返回"发布为PDF或XPS"对话框，单击 [发布(S)] 按钮，输出PDF文档（配套资源:\效果文件\项目二\实习计划.pdf）。打开PDF文档时，提示需输入密码打开文档，输入密码后打开文档的效果如图2-36所示。

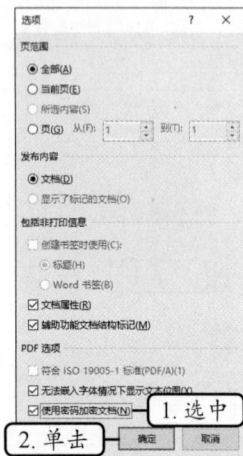

图 2-34 "选项"对话框　　　图 2-35 设置密码　　　图 2-36 输入密码后打开文档的效果

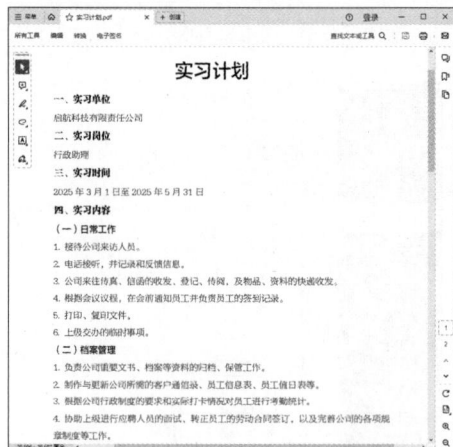

任务三　制作"校园招聘海报"文档

一、任务描述

公司处于快速发展阶段，需要招聘新员工满足业务需要。为此，老洪安排米拉制作"校园招聘海报"文档，面向米拉所在学校招聘3名平面设计师、1名财务会计和6名销售代表。米拉接到工作安排后，决定使用Word 2016制作这个文档，通过图文并茂的文档内容，增强招聘信息的表现力，以期吸引到优秀的人才前来应聘，满足公司的用人需求。其中主要涉及图片和图形对象的插入及编辑美化等操作。

二、相关知识

（一）图片和图形对象的插入

利用Word 2016的"插入"选项卡可以插入图片和图形对象，如图片、形状、SmartArt图形、文本框、艺术字等。各种对象的插入方法如下。

- **插入图片：** 在【插入】/【插图】组中单击"图片"按钮 ，打开"插入图片"对话框，可插入计算机中保存的图片；在【插入】/【插图】组中单击"联机图片"按钮 ，可下载并插入网络中的图片。
- **插入形状：** 在【插入】/【插图】组中单击"形状"按钮 ，在打开的下拉列表中选择某个形状，通过在文档中单击或拖动鼠标指针插入形状。
- **插入SmartArt图形：** 在【插入】/【插图】组中单击"SmartArt"按钮 ，打开"插入SmartArt图形"对话框，选择一种类型的SmartArt图形并插入，编辑SmartArt图形的结构和内容。

- **插入文本框：** 在【插入】/【文本】组中单击"文本框"按钮▣，在打开的下拉列表中选择文本框的类型，通过在文档中单击或拖动鼠标指针插入文本框，然后根据需要在其中输入并设置文本。
- **插入艺术字：** 在【插入】/【文本】组中单击"艺术字"按钮 ◢，在打开的下拉列表中选择某种艺术字样式，然后输入需要的文本内容并进行格式设置等。

（二）图片和图形对象的编辑美化

选择并插入图片和图形对象后，Word 2016会显示相应的工具选项卡，如"图片工具"选项卡、"绘图工具"选项卡等，在其中可以对选择的对象进行格式设置、排列、组合等操作。同时，插入图片和图形对象后，可通过鼠标调整对象的大小、位置和角度，其操作方法分别如下。

- **调整大小：** 选择对象，在对象边框的白色小圆圈上按住鼠标左键，拖动鼠标指针可以调整对象的大小。
- **调整位置：** 选择对象，在对象的边框上按住鼠标左键，拖动鼠标指针可以移动对象。
- **调整角度：** 选择对象，在对象边框的"旋转"标记上按住鼠标左键，拖动鼠标指针可以调整对象的角度。

三、任务实施

（一）插入与编辑图片

打开素材文件，在其中插入素材图片，然后调整图片大小并设置图片格式等，具体操作如下。

（1）打开"校园招聘海报.docx"文档（配套资源:\素材文件\项目二\校园招聘海报.docx），单击【插入】/【插图】组中的"图片"按钮 ▣。

（2）打开"插入图片"对话框，选择"背景.png"和"公司标志.png"素材图片（配套资源:\素材文件\项目二\背景.png、公司标志.png），单击 插入(S) ▾ 按钮，如图2-37所示。

（3）选择"背景.png"，单击【图片工具 格式】/【排列】组中的"环绕文字"按钮 ▣，在打开的下拉列表中选择"衬于文字下方"选项，如图2-38所示。

微课视频

插入与编辑图片

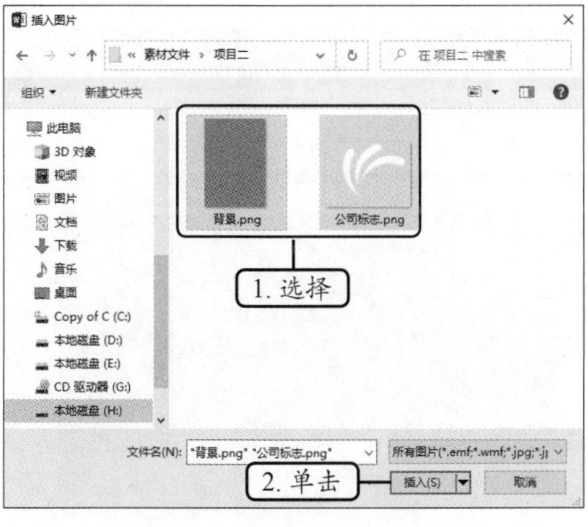

图 2-37 "插入图片"对话框

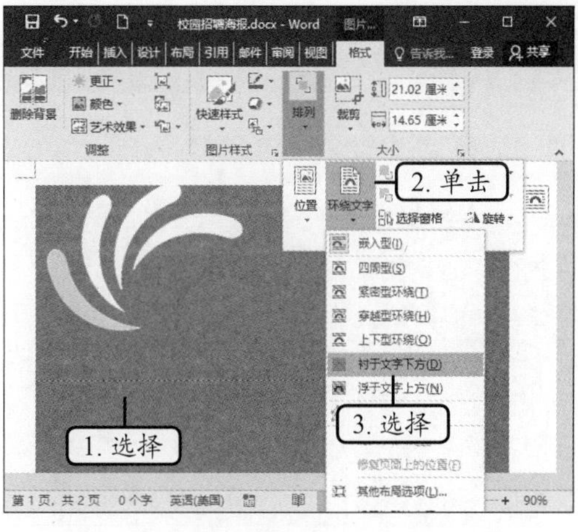

图 2-38 使"背景.png"衬于文字下方

（4）将"背景.png"移至页面左上角，然后将鼠标指针移至图片右下角，当鼠标指针变成↖形状时，向右下角拖动鼠标指针，直至使"背景.png"铺满整个页面，如图2-39所示。

（5）选择"公司标志.png"，首先单击其右侧显示的"布局选项"按钮，在打开的下拉列表中选择"浮于文字上方"选项，然后在【图片工具 格式】/【大小】组中设置其高度为"2.14厘米"、宽度为"2.94厘米"，如图2-40所示。

图 2-39　使"背景.png"铺满整个页面

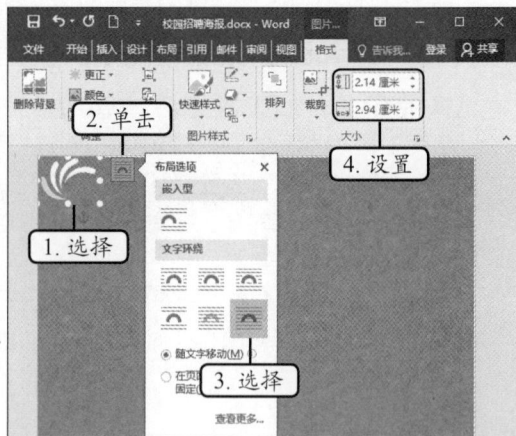

图 2-40　使"公司标志.png"浮于文字上方并设置其大小

（二）插入与编辑文本框

在文档中插入文本框，在文本框中输入公司名称并设置文本的格式，具体操作如下。

（1）在【插入】/【文本】组中单击"文本框"按钮，在打开的下拉列表中选择"绘制文本框"选项，此时鼠标指针变成＋形状，在"公司标志.png"图片右侧按住鼠标左键，向右拖动鼠标指针，绘制横排文本框，如图2-41所示。

微课视频

插入与编辑文本框

（2）释放鼠标左键，完成文本框的绘制，在绘制的文本框中输入公司名称"启航科技有限责任公司"，然后选择输入的文本，设置其字体格式为"方正品尚粗黑简体、小一"，字体颜色为"橙色，个性色6，深色25%"，如图2-42所示。

图 2-41　绘制横排文本框

图 2-42　在绘制的文本框中输入公司名称并设置字体格式

（3）选择文本框，在【绘图工具 格式】/【形状样式】组中单击"形状填充"按钮右侧的下拉按钮，在打开的下拉列表中选择"无填充颜色"选项，取消填充颜色，如图2-43所示。

（4）保持文本框的选中状态，单击【绘图工具 形状格式】/【形状样式】组中"形状轮廓"按钮右侧的下拉按钮，在打开的下拉列表中选择"无轮廓"选项，取消轮廓，如图2-44所示。设置完成后，适当调整文本框的位置，使其靠近"公司标志.png"图片。

图2-43　取消填充颜色

图2-44　取消轮廓

（三）插入与编辑艺术字

在文档中插入艺术字，输入标题"招　聘"，然后设置艺术字的样式，具体操作如下。

（1）单击【插入】/【文本】组中的"艺术字"按钮，在打开的下拉列表中选择"填充-白色，轮廓，着色1；发光，着色1"选项，插入艺术字，如图2-45所示。

（2）将艺术字文本框中的文本修改为"招　聘"，并设置其文本格式为"方正粗圆简体、190、居中"。

（3）调整艺术字文本框的大小，使其中的文本内容显示完整，并将其移至页面上方的中间位置，再选择艺术字文本框，单击【绘图工具 格式】/【艺术字样式】组中的"文本效果"按钮，在打开的下拉列表中选择【阴影】/【偏移：左】选项，设置艺术字的样式，如图2-46所示。

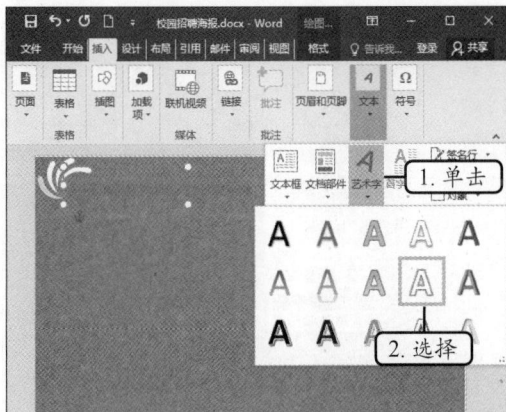

图2-45　插入艺术字

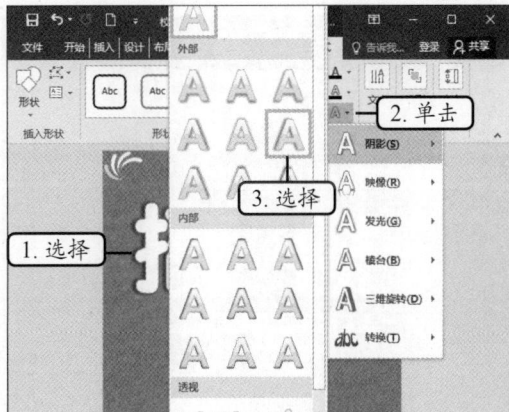

图2-46　设置艺术字的样式

微课视频

插入与编辑艺术字

（四）插入与编辑形状

在文档中插入形状，然后结合文本框在文档中添加招聘文档的主要内容，具体操作如下。

（1）单击【插入】/【插图】组中的"形状"按钮，在打开的下拉列表中选择"圆角矩形"选项，如图2-47所示。

（2）按住鼠标左键，拖动鼠标指针在艺术字文本框下方绘制一个圆角矩形，然后将其高度设置为"1.36厘米"、宽度设置为"16.78厘米"，形状填充颜色设置为"白色，背景1"，形状轮廓为"无轮廓"。绘制圆角矩形并设置格式后的效果如图2-48所示。

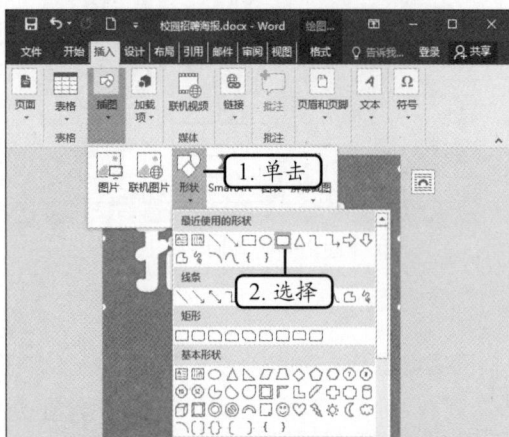

图2-47 选择"圆角矩形"选项

图2-48 绘制圆角矩形并设置格式后的效果

（3）复制公司名称文本框，将其移动至圆角矩形形状里，调整文本框的宽度，使其与圆角矩形左右两端对齐，将公司名称文本框中的文本修改为"寻找有梦想的你，一起共创新精彩"，并设置其文本格式为"方正兰亭粗黑_GBK、一号、分散对齐"，字体颜色为"蓝色，个性色1，深色25%"，复制并修改文本框的效果如图2-49所示。

（4）选择圆角矩形和修改后的文本框，单击【绘图工具 格式】/【排列】组中的组合·按钮，在打开的下拉列表中选择"组合"选项，如图2-50所示。

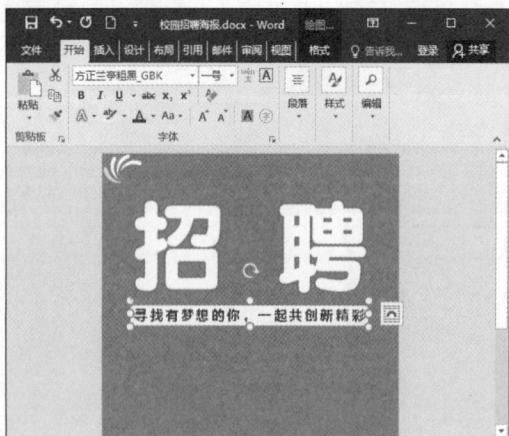

图2-49 复制并修改文本框的效果

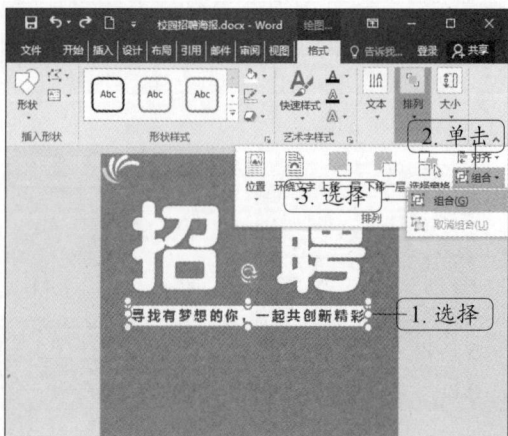

图2-50 组合圆角矩形和修改后的文本框

（5）在组合对象下方绘制一个圆角矩形，然后将其高度设置为"13.45厘米"、宽度设置为"17.82厘米"，形状填充颜色设置为"白色，背景1"，形状轮廓设置为"黑色，文字1，淡色15%"。

（6）选择圆角矩形，将鼠标指针移到上边框左侧黄色的控制点上，当鼠标指针变为▷形状时，拖动鼠标指针向左水平移动，如图2-51所示，缩小圆角矩形圆角的弧度。

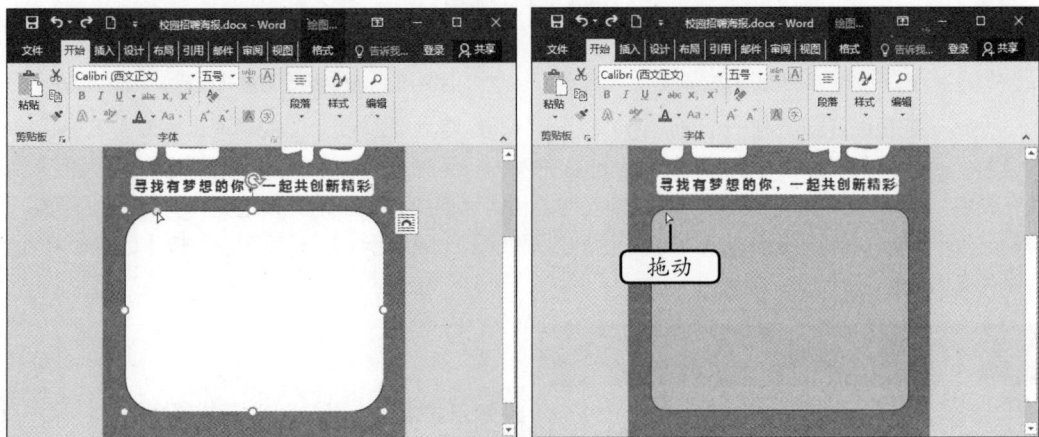

图2-51　拖动鼠标指针向左水平移动

（7）在圆角矩形上边框绘制两个高度为"0.58厘米"、宽度为"0.25厘米"的圆角矩形，然后设置其形状填充颜色为"黑色，文字1，淡色15%"，形状轮廓为"无轮廓"，最后适当调整其弧度。

（8）将组合对象复制粘贴至圆角矩形的上方，并修改文本为"平面设计 3名"，再设置其文本格式为"方正品尚粗黑简体、小一、居中、深蓝，文字2，淡色40%"，最后缩小组合对象的宽度，并将组合对象中圆角矩形的形状轮廓设置为"黑色，文字1，淡色15%"。

（9）在上一步完成的招聘职位圆角矩形左右两侧的边框中间各绘制一个形状填充颜色为"黑色，文字1，淡色15%"、形状轮廓为"无轮廓"的圆形，再在招聘职位圆角矩形下方绘制一个"无轮廓"的文本框，并在其中输入职位要求信息，最后设置其文本格式为"方正仿宋简体、13、加粗、居中、黑色，文字1、固定值25磅"，如图2-52所示。

（10）组合招聘职位与职位要求对象，复制两次组合对象后，调整位置并修改其中的文本，然后选择这3个组合对象，单击【绘图工具 格式】/【排列】组中的 对齐 按钮，在打开的下拉列表中选择"水平居中"选项，如图2-53所示。

图2-52　绘制圆形和文本框

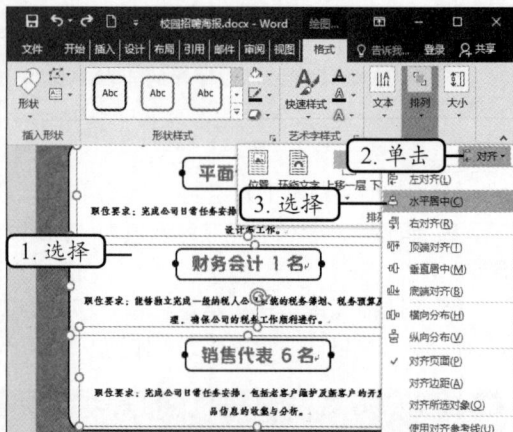

图2-53　复制组合对象并设置水平居中对齐

（11）在页面底部绘制一个高度为"3厘米"、宽度为"21厘米"的矩形，再设置其形状填充颜色为"蓝色，个性色1，深色25%"，形状轮廓为"无轮廓"。绘制两个文本框，并设置其"无填充颜色""无轮廓"，再在文本框中输入地址和电话信息，文本格式设置为"方正粗圆简体、四号、白色，背景1"，矩形和文本框设置后的效果如图2-54所示。完成设置后，按【Ctrl+S】组合键保存文档。

图2-54　矩形和文本框设置后的效果

知识扩展　　保持形状的纵横比不变

绘制形状时，按住【Shift】键，可以保持形状的纵横比不变。例如，绘制直线时，按住【Shift】键，可以绘制一条垂直或水平的直线；绘制圆形时，按住【Shift】键，可以绘制一个正圆形。

任务四　制作"志愿者报名表"文档

一、任务描述

公司与学校合作开展"城市文明宣传"志愿服务活动，要求米拉利用Word 2016为本次活动制作报名表，用于志愿者报名时填写个人基本信息、个人特长或掌握的技能、可参与活动的时间、社会实践经历、所获荣誉证书等信息以及粘贴个人照片，以供公司在筛选符合需要的志愿者时参考使用。本任务涉及在Word 2016中创建表格并输入文本、合并单元格、设置文本字体与对齐方式、调整行高、设置底纹等操作。

二、相关知识

（一）在文档中插入表格

在文档中插入表格时主要采用快速插入表格和使用"插入表格"对话框插入表格这两种方式。

1. 快速插入表格

使用快速插入表格的方式，可以快速插入最多10列8行的表格。其方法如下：将文本插入点定位到需插入表格的位置，在【插入】/【表格】组中单击"表格"按钮▦，在打开的下拉列表中将鼠标指针定位到"插入表格"栏的某个单元格上，此时呈橘色显示的单元格为将要插入的表格，单击可完成插入操作。

2. 使用"插入表格"对话框插入表格

使用"插入表格"对话框插入表格适合在表格行列数较多或需要设置表格布局的情况下使用。其方法如下：在【插入】/【表格】组中单击"表格"按钮▦，在打开的下拉列表中选择"插入表格"选项，打开"插入表格"对话框，在其中设置所需的列数和行数并在"列宽选择"栏中设置表格列宽的调整方式，单击 确定 按钮。

（二）选择表格

选择表格是编辑表格的前提，在Word 2016中选择表格通常包括以下情形。

- **选择单个或多个单元格：** 在某个单元格中单击3次可选择该单元格；将鼠标指针移到某个单元格中，当鼠标指针变为➚形状时，单击可选择该单元格；将文本插入点定位到单元格中，拖动鼠标可选择多个连续的单元格；按住【Ctrl】键的同时选择单元格，可选择多个不连续的单元格。
- **选择整行单元格：** 将鼠标指针移至表格左侧，当其变为⇗形状时，单击可选择整行单元格；如果按住鼠标左键并向上或向下拖动鼠标指针，则可选择多行单元格。
- **选择整列单元格：** 将鼠标指针移至表格上方，当其变为↓形状时，单击可选择整列单元格；如果按住鼠标左键并向左或向右拖动鼠标指针，则可选择多列单元格。
- **选择整张表格：** 将鼠标指针移至表格区域，单击表格左上角出现的"全选"按钮⊞；或者在表格中左上角第一个单元格的位置按住鼠标左键并拖动鼠标指针至表格中右下角最后一个单元格；或者将文本插入点定位到左上角第一个单元格中，按住【Shfit】键，单击右下角最后一个单元格。

（三）编辑和美化表格

创建表格后，可根据实际情况编辑和美化表格。编辑表格主要通过【表格工具 布局】选项卡实现，主要用于调整表格布局和设置数据，包括插入行、列单元格，合并与拆分单元格，调整行高与列宽，设置表格数据的对齐方式等。美化表格主要通过【表格工具 设计】选项卡实现，主要是设置表格样式，既可以使用内置的表格样式，又可以自定义表格底纹和边框，自行设计表格样式。

三、任务实施

（一）创建表格并输入文本

打开素材文件，通过"插入表格"对话框插入5列12行的表格，并在表格中输入数据，具体操作如下。

（1）打开"志愿者报名表.docx"文档（配套资源:\素材文件\项目二\志愿者报名表.docx），保持文本插入点位于文档第二行的位置，在【插入】/【表格】组中单击"表格"按钮，在打开的下拉列表中选择"插入表格"选项。

（2）打开"插入表格"对话框，在"列数""行数"数值框中分别输入"5""12"，单击 确定 按钮，如图2-55所示。插入表格的效果如图2-56所示。

图2-55 "插入表格"对话框

图2-56 插入表格的效果

（3）在创建的表格的第一个单元格中单击，定位文本插入点，输入"姓名"文本，如图2-57所示。

（4）使用相似的方法定位文本插入点，在相应的单元格中输入其他文本内容，输入完成后的效果如图2-58所示。

图2-57 输入"姓名"文本

图2-58 输入完成后的效果

（二）合并单元格

当多个单元格可表示同一个内容时，可使用合并单元格功能将多个相邻的单元格合并为一个单元格，这样既可以在一个单元格中输入更多的内容，又可以起到美化表格、使表格更规整的作用。下面对创建的表格进行合并单元格的操作，具体操作如下。

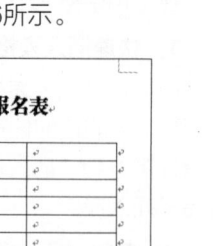

（1）选择表格第5列的前6行单元格，在【表格工具 布局】/【合并】组中单击"合并单元格"按钮▦，如图2-59所示。

（2）在合并后的单元格中输入说明文本"照片粘贴处"。

（3）继续合并表格第4行"身份证号码"单元格右侧的3个单元格；分别合并第7行~第12行的空白单元格，合并单元格后的效果如图2-60所示。

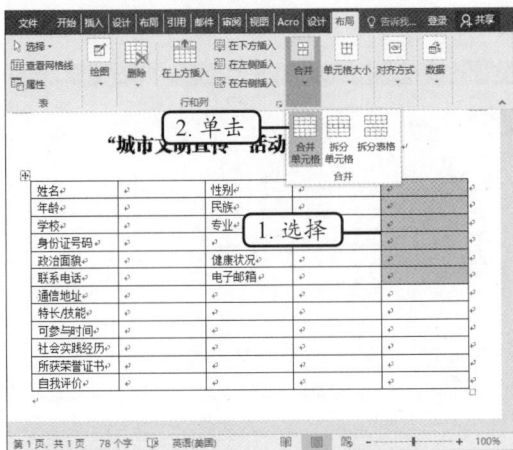

图 2-59　选择单元格并单击"合并单元格"按钮

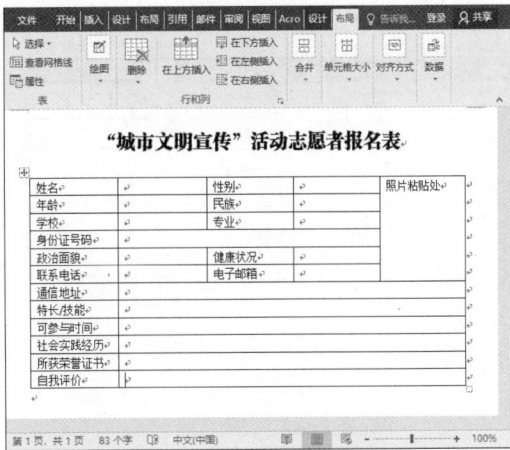

图 2-60　合并单元格后的效果

（三）设置文本字体与对齐方式

下面将表格中的全部文本的字体设置为"方正兰亭宋简体"，并将文本的对齐方式设置为"水平居中"，具体操作如下。

（1）在表格中左上角第一个单元格的位置按住鼠标左键并拖动鼠标指针至表格中右下角的最后一个单元格，选择全部单元格，在【开始】/【字体】组中的"字体"下拉列表中选择"方正兰亭宋简体"选项，如图2-61所示。

（2）在【表格工具 布局】/【对齐方式】组中单击"水平居中"按钮▤，如图2-62所示。

微课视频

设置文本字体与对齐方式

图 2-61　设置表格中全部文本的字体

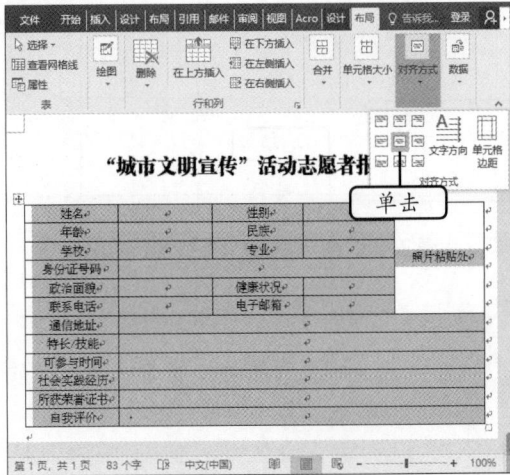

图 2-62　设置表格中全部文本的对齐方式

（四）调整行高

微课视频

调整行高

下面通过调整表格第7行~第12行单元格的行高，以更改表格的整体布局，具体操作如下。

（1）将文本插入点定位到第8行的单元格中，在【表格工具 布局】/【单元格大小】组中的"高度"数值框中输入"2厘米"，如图2-63所示，按【Enter】键。调整行高后的效果如图2-64所示。

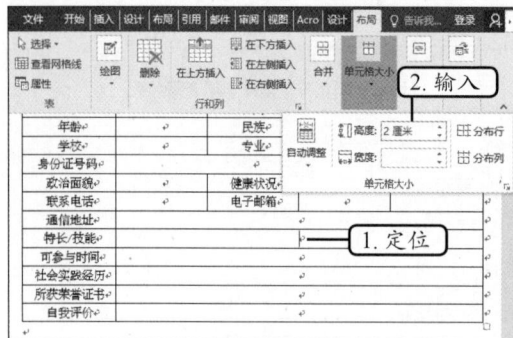

图 2-63　设置行高

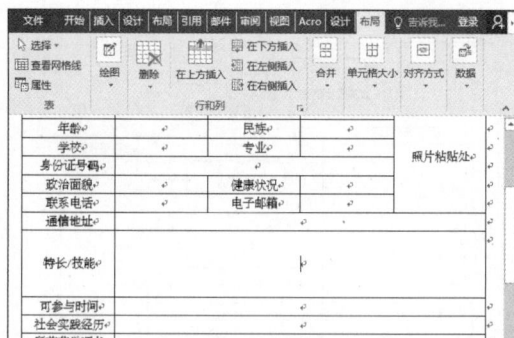

图 2-64　调整行高后的效果

（2）使用步骤（1）的方法将第7行单元格的行高也调整为"2厘米"。

（3）将鼠标指针移到第12行单元格的下边框上，当鼠标指针变为÷形状时，向下拖动鼠标指针至页面下边距，如图2-65所示，释放鼠标左键。

（4）选择第9行~第12行单元格，在【表格工具 布局】/【单元格大小】组中单击"分布行"按钮田，如图2-66所示，平均分配行高。

图 2-65　拖动鼠标指针至页面下边距

图 2-66　选择单元格并单击"分布行"按钮

多学一招　　　　　　　　　　**调整列宽**

调整列宽的方法与调整行高的方法相似，可以将文本插入点定位至目标单元格或选择单元格，在【表格工具 布局】/【单元格大小】组中的"宽度"数值框中输入数值；也可以将鼠标指针移到目标单元格的左/右边框上，当鼠标指针变为╫形状时，拖动鼠标指针，调整列宽。

（五）设置底纹

下面为表格中包含文本内容的单元格设置底纹"白色，背景1，深色25%"，具体操作如下。

（1）选择表格中左上角的第一个单元格，在【表格工具 设计】/【表格样式】组中单击"底纹"按钮下方的下拉按钮▾，在打开的下拉列表中选择"白色，背景1，深色25%"选项，如图2-67所示。

（2）按住【Ctrl】键，依次选择其他包含文本内容的单元格，设置其底纹为"白色，背景1，深色25%"。为所有包含文本内容的单元格设置底纹后的效果如图2-68所示。

（3）按【Ctrl+S】组合键保存文档（配套资源:\效果文件\项目二\志愿者报名表.docx）。

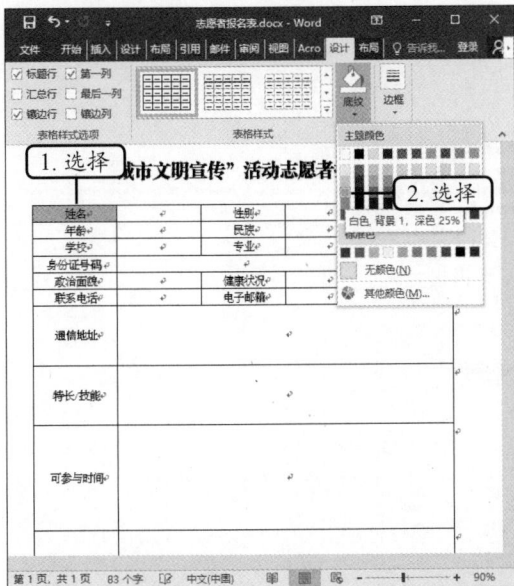

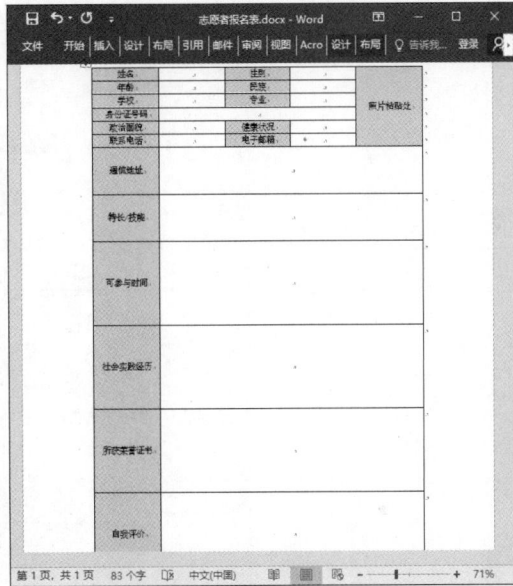

微课视频

设置底纹

图2-67　为表格中左上角的第一个单元格设置底纹

图2-68　为所有包含文本内容的单元格设置底纹后的效果

知识扩展　　　　　　　　　　**添加/删除单元格、行或列**

　　选择某个单元格，单击"表格工具 布局"选项卡中的"在上方插入"按钮，将在所选单元格上方插入一行；单击"在下方插入"按钮，将在所选单元格下方插入一行；单击"在左侧插入"按钮，将在所选单元格左侧插入一列；单击"在右侧插入"按钮，将在所选单元格右侧插入一列。单击"表格工具 布局"选项卡中的"删除"按钮，在打开的下拉列表中选择"单元格"选项，将删除该单元格；选择"列"选项，将删除所选单元格所在的列；选择"行"选项，将删除所选单元格所在的行；选择"表格"选项，将删除整个表格。

项目实训

实训一　制作"爱眼·护眼"海报文档

【实训要求】

眼睛是人类重要的器官之一，不当的用眼习惯会造成眼部疾病，从而导致视力下降、危害身体健康。为提倡人们保护眼睛、关注眼部疾病，现需要制作一份"爱眼·护眼"海报文档，通过合适的图片和文本突出主题，强调正确的用眼方法，提高人们的健康意识和行动力，推广爱眼、护眼的理念，为公众健康保驾护航。本实训制作完成后的文档（配套资源:\效果文件\项目二\爱眼·护眼.docx）的参考效果如图2-69所示。

图2-69　"爱眼·护眼"海报文档的参考效果

【实训思路】

制作海报时，首先要明确海报的受众群体，以便确定海报的设计风格和内容；然后明确海报的主题和目的，以便确定海报的整体方向和焦点；最后收集和整理相关资料。经过一系列的操作后，就可以制作出有吸引力的海报。需要注意的是，在制作海报时，务必遵守相关法律法规，确保素材的合法使用，不侵犯他人的著作权。

【步骤提示】

（1）新建并保存"爱眼·护眼.docx"海报文档。

（2）在【设计】/【页面背景】组中单击"页面颜色"按钮，在打开的下拉列表中选择"其他颜色"选项，打开"颜色"对话框，在"自定义"选项卡中设置"红色（R）""绿色（G）""蓝色（B）"的数值分别为"204""232""207"。

（3）插入“护眼.png”图片（配套资源:\素材文件\项目二\护眼.png），设置其环绕方式为“浮于文字上方”，将其移至页面中央，并调整图片大小。

（4）插入“矩形”形状，设置形状填充颜色为“水绿色，个性色5，淡色40%”，形状轮廓为“无轮廓”，单击鼠标右键，在弹出的快捷菜单中选择“设置形状格式”命令，打开“设置形状格式”对话框，在“颜色与线条”选项卡的“填充”栏中设置形状的“透明度”为“20%”。

（5）复制两个矩形形状，并将其移至合适的位置。

（6）绘制线条形状和插入文本框，在文本框中输入并编辑相应的文本内容，调整各对象的位置与大小，使海报看起来美观、协调。

实训二　制作“应聘登记表”文档

【实训要求】

应聘登记表是求职者在应聘工作时填写的表格，主要用于帮助公司了解求职者的信息。现需要制作一份应聘登记表，用于收集求职者的姓名、性别、民族、毕业学校、学历、专业、政治面貌、健康状况、联系电话、身份证号码等个人基本信息，以及求职者的薪资要求、工作经历、专业技能、荣誉证书和自我评价等信息，以帮助公司判断求职者是否符合职位要求，能否胜任具体工作。本实训制作完成后的文档（配套资源:\效果文件\项目二\应聘登记表.docx）的参考效果如图2-70所示。

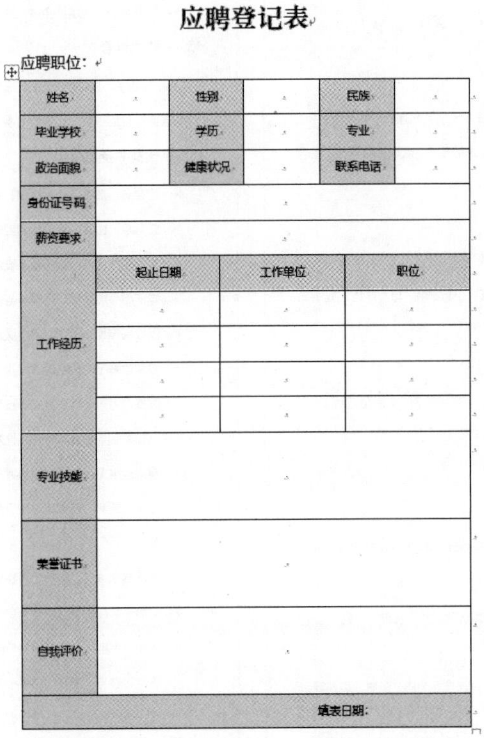

应聘登记表

应聘职位：

<table>
<tr><td>姓名</td><td></td><td>性别</td><td></td><td>民族</td><td></td></tr>
<tr><td>毕业学校</td><td></td><td>学历</td><td></td><td>专业</td><td></td></tr>
<tr><td>政治面貌</td><td></td><td>健康状况</td><td></td><td>联系电话</td><td></td></tr>
<tr><td>身份证号码</td><td colspan="5"></td></tr>
<tr><td>薪资要求</td><td colspan="5"></td></tr>
<tr><td rowspan="5">工作经历</td><td>起止日期</td><td colspan="2">工作单位</td><td colspan="2">职位</td></tr>
<tr><td></td><td colspan="2"></td><td colspan="2"></td></tr>
<tr><td></td><td colspan="2"></td><td colspan="2"></td></tr>
<tr><td></td><td colspan="2"></td><td colspan="2"></td></tr>
<tr><td></td><td colspan="2"></td><td colspan="2"></td></tr>
<tr><td>专业技能</td><td colspan="5"></td></tr>
<tr><td>荣誉证书</td><td colspan="5"></td></tr>
<tr><td>自我评价</td><td colspan="5"></td></tr>
<tr><td colspan="6">填表日期：</td></tr>
</table>

图2-70　“应聘登记表”文档的参考效果

【实训思路】

每个公司对表格的内容和样式有不同的要求，因此制作应聘登记表时，首先要明确公司需要获取求职者的哪些信息，以便确定应聘登记表的内容和框架；其次可在纸上绘制表格的草图，为在Word 2016中制作应聘登记表提供指导；最后通过Word 2016制作应聘登记表。

【步骤提示】

（1）新建并保存“应聘登记表.docx”文档，在文档首行输入标题“应聘登记表”，将文本格式设置为“方正中粗雅宋、小一、居中对齐”，换行输入“应聘职位：”，将字体设置为“方正兰亭黑简体、四号”。

（2）插入6列14行的表格，在表格中输入相应文本内容，将文本格式设置为“方正兰亭黑简体、五号”；将“填表日期：”文本的对齐方式设置为“中部右对齐”，并通过按【Space】键的方式在其右侧留下空白以填写日期，将其他文本的对齐方式设置为“水平居中”。

（3）合并单元格并调整单元格的行高与列宽，使表格布局规整、美观。

（4）为包含文本的单元格设置“白色，背景1，深色15%”底纹。

课后练习

练习1：制作“篮球比赛活动安排”文档

本练习根据素材文件（配套资源:\素材文件\项目二\篮球比赛活动安排.txt）中的文本内容，利用Word 2016制作“篮球比赛活动安排”文档（配套资源:\效果文件\项目二\篮球比赛活动安排.docx），要求层次和结构清晰、易读，其参考效果如图2-71所示。

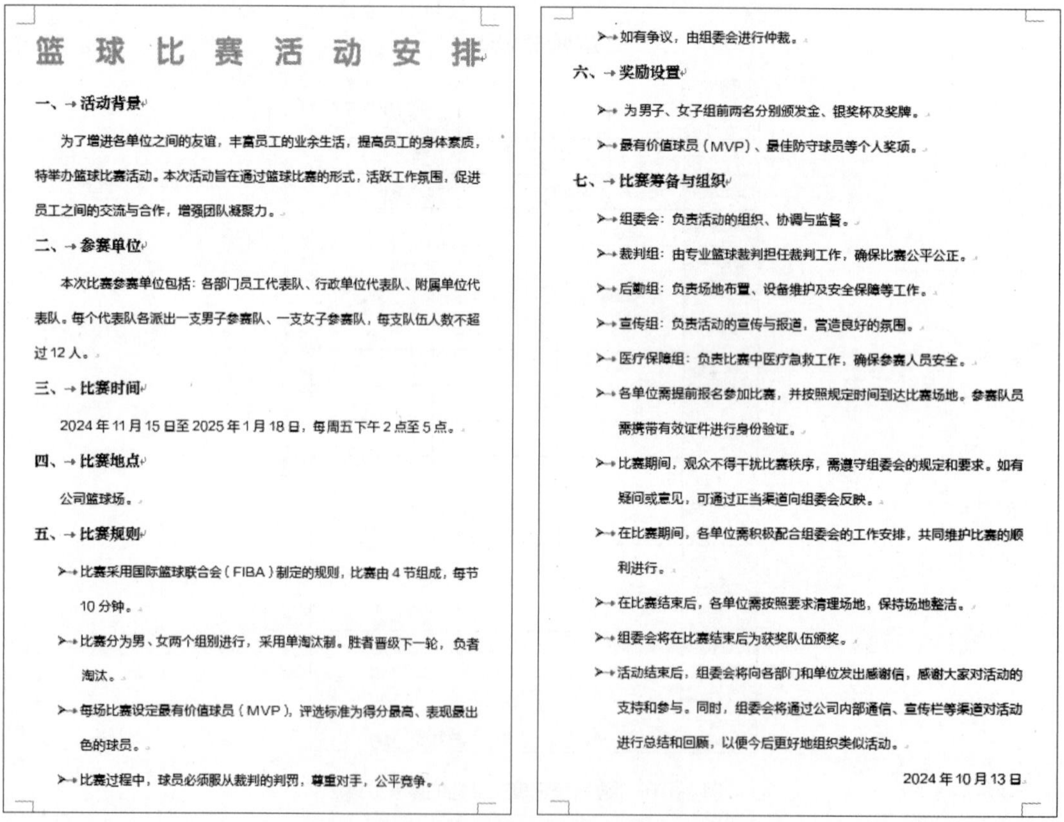

篮 球 比 赛 活 动 安 排

一、活动背景

为了增进各单位之间的友谊，丰富员工的业余生活，提高员工的身体素质，特举办篮球比赛活动。本次活动旨在通过篮球比赛的形式，活跃工作氛围，促进员工之间的交流与合作，增强团队凝聚力。

二、参赛单位

本次比赛参赛单位包括：各部门员工代表队、行政单位代表队、附属单位代表队。每个代表队各派出一支男子参赛队、一支女子参赛队，每支队伍人数不超过12人。

三、比赛时间

2024年11月15日至2025年1月18日，每周五下午2点至5点。

四、比赛地点

公司篮球场。

五、比赛规则

- 比赛采用国际篮球联合会（FIBA）制定的规则，比赛由4节组成，每节10分钟。
- 比赛分为男、女两个组别进行，采用单淘汰制。胜者晋级下一轮，负者淘汰。
- 每场比赛设定最有价值球员（MVP），评选标准为得分最高、表现最出色的球员。
- 比赛过程中，球员必须服从裁判的判罚，尊重对手，公平竞争。
- 如有争议，由组委会进行仲裁。

六、奖励设置

- 为男子、女子组前两名分别颁发金、银奖杯及奖牌。
- 最有价值球员（MVP）、最佳防守球员等个人奖项。

七、比赛筹备与组织

- 组委会：负责活动的组织、协调与监督。
- 裁判组：由专业篮球裁判担任裁判工作，确保比赛公平公正。
- 后勤组：负责场地布置、设备维护及安全保障等工作。
- 宣传组：负责活动的宣传与报道，营造良好的氛围。
- 医疗保障组：负责比赛中医疗急救工作，确保参赛人员安全。
- 各单位需提前报名参加比赛，并按照规定时间到达比赛场地。参赛队员需携带有效证件进行身份验证。
- 比赛期间，观众不得干扰比赛秩序，需遵守组委会的规定和要求。如有疑问或意见，可通过正当渠道向组委会反映。
- 在比赛期间，各单位需积极配合组委会的工作安排，共同维护比赛的顺利进行。
- 在比赛结束后，各单位需按照要求清理场地，保持场地整洁。
- 组委会将在比赛结束后为获奖队伍颁奖。
- 活动结束后，组委会将向各部门和单位发出感谢信，感谢大家对活动的支持和参与。同时，组委会将通过公司内部通信、宣传栏等渠道对活动进行总结和回顾，以便今后更好地组织类似活动。

2024年10月13日

图2-71 “篮球比赛活动安排”文档的参考效果

操作提示如下。

- 新建“篮球比赛活动安排.docx”文档，将素材文件中的文本复制到文档中，分别设置标题文本和正文文本的文本格式及段落格式。

● 为具有同级关系的文本添加项目符号和编号。

练习2：制作"社团招新"文档

本练习通过图片素材（配套资源:\素材文件\项目二\背景1.png、纸飞机.png），使用Word 2016制作"社团招新"文档（配套资源:\效果文件\项目二\社团招新.docx），要求视觉效果强烈，通过装饰性元素为文档增添吸引力，其参考效果如图2-72所示。

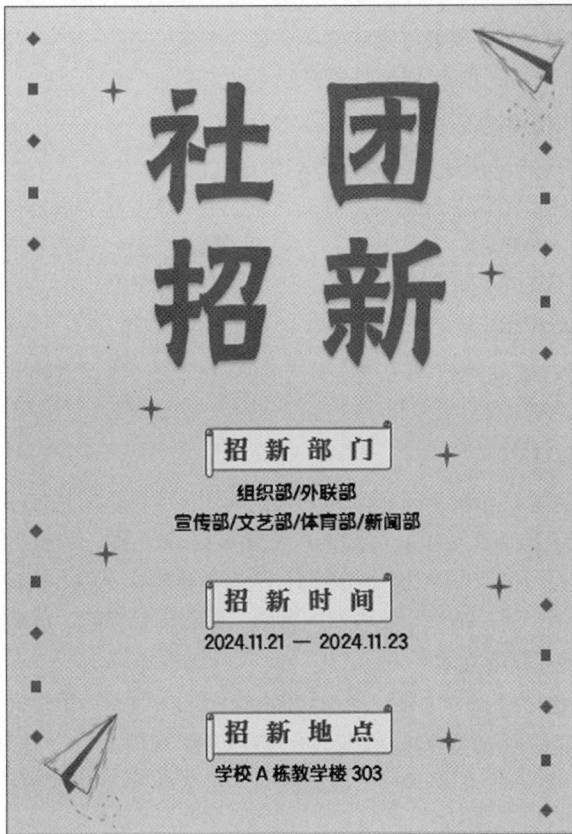

图 2-72 "社团招新"文档的参考效果

操作提示如下。

● 插入"背景1.png"图片，调整图片大小，使其铺满整个页面。

● 在页面两侧添加矩形形状和菱形形状，在页面中间添加多个四角星形状，再为这3种形状设置相同的填充颜色。

● 插入"纸飞机.png"图片，调整图片大小后，重新设置其颜色，并旋转图片，分别使其置于页面左下角和右上角。

● 使用艺术字设置文档标题，再使用水平卷形形状和文本框编辑招新信息。

技巧提升

1. 设置文档的自动保存

为了避免在编辑文档时遇到停电或计算机死机等突发事件造成文档丢失的情况，用户可以为文档设置自动保存，即每隔一段时间后，系统自动保存所编辑的文档。具体方法如下：在Word 2016中选择【文件】/【选项】命令，在打开的"Word 选项"对话框中单击"保存"选项卡，在其右侧选中"保存自动恢复信息时间间隔"复选框，在其后的数值框中输入时间间隔，单击 确定 按钮。需要注意的是，自动保存文档的时间间隔设置得太长容易出现不能及时保存文档的情况，设置得太短又可能会因频繁保存而影响文档编辑，一般以10～15分钟为宜。

2. 修复并打开损坏的文档

在Word 2016中选择【文件】/【打开】命令，在打开的"打开"界面中选择"浏览"选项，在打开的"打开"对话框中选择需要修复的文档，单击 打开(O) 按钮右侧的下拉按钮，在打开的下拉列表中选择"打开并修复"选项，可修复并打开损坏的文档。

3. 快速选择文档中相同格式的文本内容

利用"文本定位"功能可快速选择文档中相同格式的文本内容，"文本定位"能让用户快速找到需要的文本内容，然后对其进行编辑。具体方法如下：在文档中选择目标文本内容，单击【开始】/【编辑】组中的 选择 按钮，在打开的下拉列表中选择"选择所有格式类似的文本"选项，可在整个文档中选择相同格式的文本内容。

4. 清除文本或段落中的格式

选择已设置格式的文本或段落，单击【开始】/【字体】组中的"清除所有格式"按钮，可清除所选择的文本或段落的格式。

5. 快速插入带圈字符

在文档中为重点文字添加带圈字符可以起到强调的作用。具体方法如下：在文档中选择需要添加圈号的文本或者将文本插入点定位到需要插入带圈字符的位置，单击【开始】/【字体】组中的"带圈字符"按钮，打开"带圈字符"对话框，选择需要的样式后，在"圈号"栏中的"文字"文本框中输入需要的文字，在"圈号"列表框中选择需要的圈号样式，单击 确定 按钮。

6. 使用通配符查找和替换文本

通配符是一种用于模糊搜索的符号，常用的通配符是问号（？）和星号"*"。"？"仅代替一个字符，而"*"可以代替一个或多个字符。例如，查找"暴?雨"时，"暴风雨""暴丰雨"等都符合查找条件；查找"暴*雨"时，"暴雨""暴风雨""暴丰雨""暴风骤雨"等都符合查找条件。

7. 设置文档背景

除了将插入的图片作为文档的背景外，还可通过设置文档的背景来美化文档。具体方法如下：单击【设计】/【页面背景】组中的"页面颜色"按钮，在打开的下拉列表中选择"主题颜色"或"标准色"选项，可设置纯色背景；选择"填充效果"选项，打开"填充效果"对话框，可为文档设置"渐变""纹理""图案"或"图片"背景。

8. 删除文档空白页

在制作文档时，经常会遇到明明没有内容，却总是会存在一张空白页的情况，这是空白页上有回车符或分页符等导致的。如果要删除文字后的空白页，则需要先选择空白页，再按【Ctrl+BackSpace】组合键；如果要删除表格后的空白页，则同样需要先选择空白页，再按【Ctrl+D】组合键，打开"字体"对话框，选中"字体"选项卡中"效果"栏中的"隐藏文字"复选框，最后单击 确定 按钮。

项目三

编校与批量制作Word文档

情景导入

　　米拉接触到了越来越多不同类型文档的制作工作，她发现仅掌握基本的编辑操作已不能满足工作的需要。于是，在老洪的帮助和指导下，米拉学习并掌握了更多文档的编辑与处理功能和技巧，如设置页眉和页脚、设置封面、添加目录、添加批注、邮件合并等。接下来，米拉将学以致用，利用办公软件Word 2016编排"毕业论文"文档、审校"创业计划书"文档，并批量制作"艺术节邀请函"文档。

学习目标

● 掌握设置页眉和页脚、目录与封面，应用样式及插入分隔符等长文档的编排操作。

● 掌握审阅与校对文档的操作，如使用文档视图查看文档、拼写与语法检查、统计字数、添加批注和修订等。

● 掌握通过邮件合并功能批量制作主体内容相同的文档的操作。

素质目标

● 培养良好的行为习惯。

● 培养独立思考、分析问题并做出合理判断的能力。

● 培养能够准确理解他人需求的能力。

案例展示

▲批注与修订效果

任务一　编排"毕业论文"文档

一、任务描述

毕业论文的篇幅一般较长，对于较长篇幅的文档，需要进行合理编排，本任务中米拉将在Word 2016中编排"毕业论文"文档，包括设置页面大小、应用样式排版文档、利用分页符控制页面内容，以及设置页眉和页脚、制作目录和封面等。

二、相关知识

（一）认识分隔符

分隔符的作用是控制文档内容在页面中的显示位置。Word 2016提供了若干分隔符，在【布局】/【页面设置】组中单击 分隔符 按钮，在打开的下拉列表中可选择需要的分隔符。

- **分页符：** 插入分页符后，其后的内容将强制显示到下一页。
- **分栏符：** 插入分栏符后，分栏符后的内容将调整至下一栏显示；若未插入分栏符，则分栏符后的内容会在下一页显示。
- **换行符：** 插入换行符可对文档中的文本实现"软回车"的换行效果，插入换行符后，文本虽然会换行显示，但换行后的文本仍然属于上一段，它们具有相同的段落属性。"软回车"也可通过按【Shift+Enter】组合键快速实现。
- **分节符：** 分节符包括"下一页""连续""偶数页""奇数页"等类型，插入相应的分节符后，可使文本或段落分节，同时余下的内容将根据所选分节符类型在下一页、本页、下一个偶数页或下一个奇数页中显示。

（二）页面设置

页面设置主要是指对纸张大小、纸张方向和页边距等进行设置。Word 2016默认的纸张大小为A4（21厘米×29.7厘米），纸张方向为纵向，页边距为普通模式（"上""下"页边距为2.54厘米，"左""右"页边距为3.18厘米）。根据需要，可在【布局】/【页面设置】组中单击相应按钮进行修改。

- **设置纸张大小：** 单击"纸张大小"按钮 ，在打开的下拉列表中可选择预设的页面尺寸，选择"其他页面大小"选项，还可在打开的"页面设置"对话框中自行设置页面的宽度和高度。
- **设置纸张方向：** 单击"纸张方向"按钮 ，在打开的下拉列表中可选择"纵向"或"横向"选项，以调整页面的显示方向。
- **设置页边距：** 单击"页边距"按钮 ，在打开的下拉列表中可选择预设的页边距选项，选择"自定义边距"选项，还可在打开的"页面设置"对话框中自定义上、下、左、右的页边距。

（三）样式应用

样式是预设了一定格式的对象，为文本或段落应用样式可以实现快速设置文档内容。Word 2016提供丰富的内置样式，包括标题、副标题、正文、强调、引用等，用户在制作、编辑文档时可以在【开始】/【样式】组中的"样式"下拉列表中直接选择相应样式进行应用，并且为文本或段落应用内置样式后，还可以更改样式。

（四）页眉和页脚设置

页眉和页脚一般指的是文档上方和下方的区域，在这些区域里可以添加一些辅助内容，如文档名称、页码等，使读者可以更加全面地了解文档情况。

在【页眉和页脚工具】/【页眉】组中单击"页眉"按钮🗋，在打开的下拉列表中可选择内置的页眉样式；在【页眉和页脚工具】/【页脚】组中单击"页脚"按钮🗋，在打开的下拉列表中可选择内置的页脚样式。双击文档上方或下方的空白区域，或在【页眉和页脚工具】/【页眉】组中单击"页眉"按钮🗋，在打开的下拉列表中选择"编辑页眉"选项，或在【页眉和页脚工具】/【页脚】组中单击"页脚"按钮🗋，在打开的下拉列表中选择"编辑页脚"选项，可进入页眉页脚的编辑状态，在页眉页脚区域输入文本或插入图片并进行格式设置。完成编辑后，双击文档区域中间部分，或者在【页眉和页脚工具 设计】/【关闭】组中单击"关闭页眉和页脚"按钮❌，可退出页眉页脚的编辑状态。

（五）目录与封面设置

长文档往往需要插入目录，以方便读者更好地了解和定位文档的内容。封面是文档的第一页，读者打开文档时，会先看到封面，为长文档设置一个体现文档主题的封面可以提高读者的阅读兴趣。

要为文档插入目录，首先要为提取为目录的文本应用样式，一般为标题样式，然后在【引用】/【目录】组中单击"目录"按钮📄，在打开的下拉列表中选择内置的目录样式，或者选择"自定义目录"选项，打开"目录"对话框，如图3-1所示，自定义目录样式。

要在文档中插入封面，可以在【插入】/【页面】组中单击📄封面·按钮，在打开的下拉列表中选择内置的封面样式，根据情况修改默认封面中的内容；也可以通过插入图片、插入文本框、绘制形状等自定义封面。

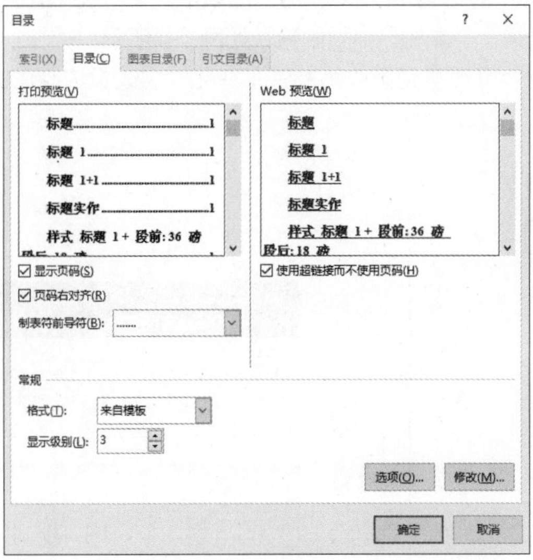

图3-1　"目录"对话框

三、任务实施

（一）设置页面大小

毕业论文通常需要打印出来装订成册，因此可将左侧页边距设置得更大一些，如将默认的

"3.18厘米"更改为"4厘米"，同时将上侧的页边距设置得更大一些，用于突出显示页眉内容，如将默认的"2.54厘米"更改为"3厘米"，具体操作如下。

（1）打开"毕业论文.docx"文档（配套资源:\素材文件\项目三\毕业论文.docx），页面页边距的默认效果如图3-2所示。

（2）在【布局】/【页面设置】组中单击"页边距"按钮，在打开的下拉列表中选择"自定义边距"选项，如图3-3所示。

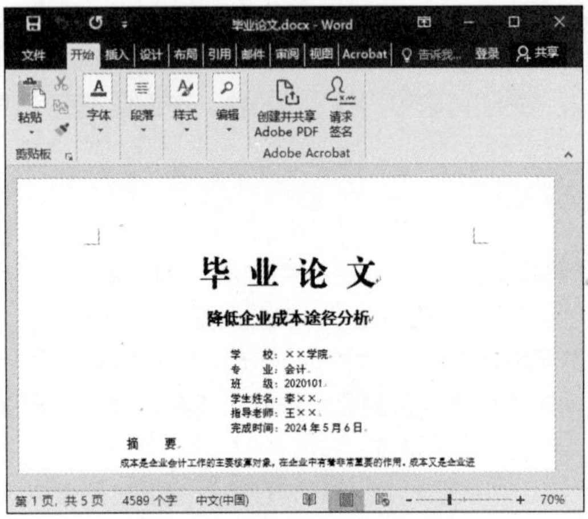

微课视频

设置页面大小

图 3-2　页面页边距的默认效果

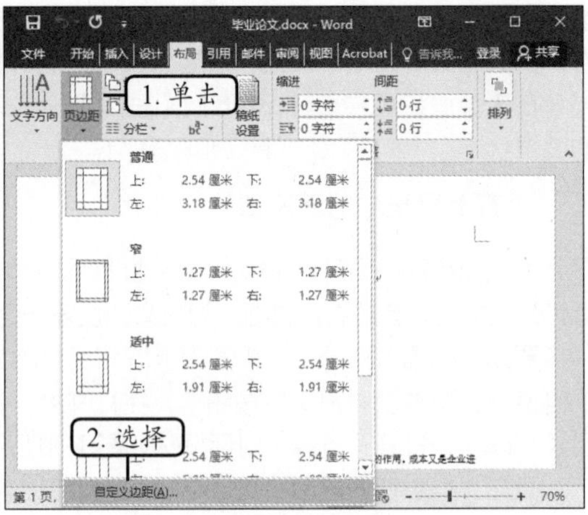

图 3-3　选择"自定义边距"选项

（3）打开"页面设置"对话框的"页边距"选项卡，在"上"数值框中输入"3厘米"，在"左"数值框中输入"4厘米"，单击 确定 按钮，如图3-4所示。

（4）返回文档，此时，可观察到页边距发生了变化，更改页边距后的效果如图3-5所示。

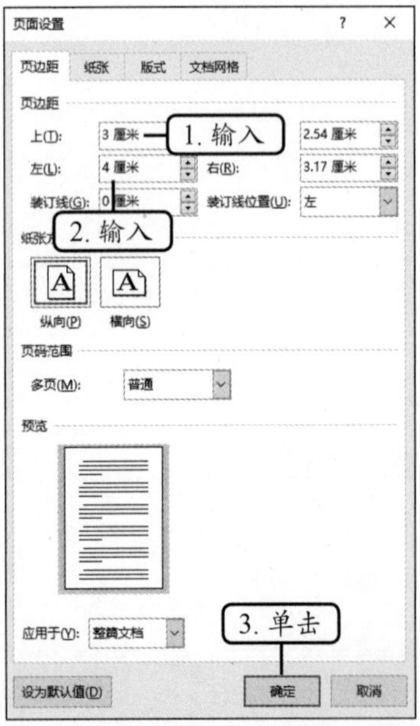

图 3-4　自定义页边距

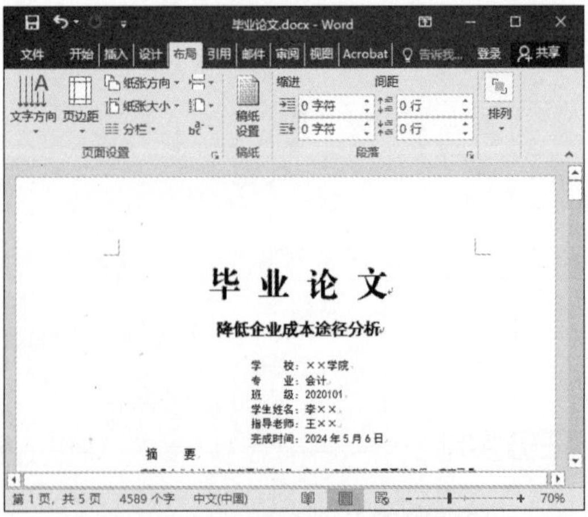

图 3-5　更改页边距后的效果

（二）应用样式排版文档

微课视频

应用样式排版文档

为"毕业论文"文档中的"摘　要""降低企业成本途径分析""参考书目"段落文本应用修改后的"标题1"样式；为"一、加强资金预算管理""二、节约原材料，减少能源消耗""三、强化质量意识，推行全面质量管理工作""四、合理使用机器设备，提高生产设备使用率""五、实行多劳多得的劳动制度，提高劳动生产率"段落文本应用修改后的"标题2"样式，具体操作如下。

（1）选择"毕业论文"文档第1页的"摘　要"段落文本，在【开始】/【样式】组的"样式"下拉列表中选择"标题1"选项，如图3-6所示。

（2）在"标题1"选项上单击鼠标右键，在弹出的快捷菜单中选择"修改"命令，打开"修改样式"对话框，在"字体"下拉列表中选择"方正兰亭中黑简体"选项，在"字号"下拉列表中选择"一号"选项，单击 B 按钮取消文本加粗（单击后该按钮变为 B ），如图3-7所示。

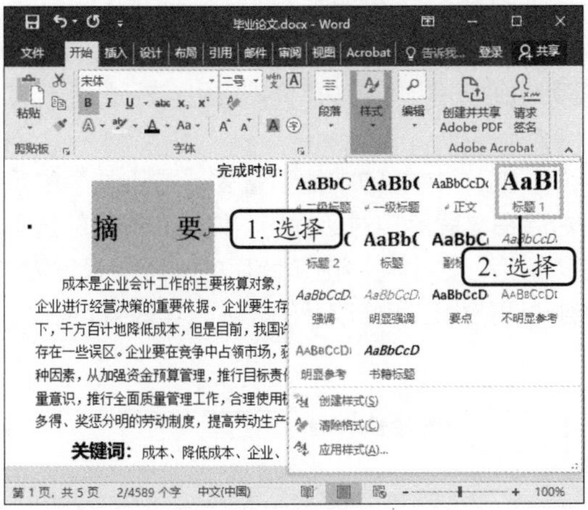

图3-6　选择"标题1"选项

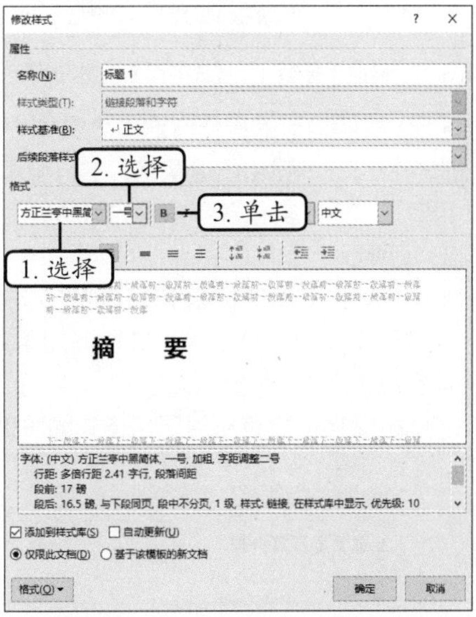

图3-7　修改"标题1"样式的字体格式

> **知识扩展　　　　　　　　　　清除样式**
>
> 　　如果用户在设置样式时进行了误操作，则可将样式清除。其方法如下：在文档中选择应用样式后的文本，然后在"样式"下拉列表中选择"清除格式"选项，即可清除所选内容的所有样式，只保留普通、无格式的文本。

（3）在"修改样式"对话框中单击左下角的 格式(O)▼ 按钮，在打开的下拉列表中选择"段落"选项，打开"段落"对话框的"缩进和间距"选项卡，在"缩进"栏中将首行缩进的缩进值修改为"0.75字符"，在"间距"栏中将段前和段后的间距均设置为"6磅"，单击 确定 按钮，如图3-8所示。返回"修改样式"对话框，单击 确定 按钮，完成"标题1"样式的修改。

（4）在"毕业论文"文档中，"摘　要"文本样式自动更换为修改后的"标题1"样式，然后选择"降低企业成本途径分析""参考书目"段落文本，在【开始】/【样式】组的"样式"下拉列表中选择"标题1"选项，为其应用修改后的"标题1"样式，其效果如图3-9所示。

图 3-8　修改"标题 1"样式的段落缩进和间距　　　　图 3-9　应用修改后的"标题 1"样式的效果

（5）按照相似的操作方法，为文档中的"一、加强资金预算管理""二、节约原材料，减少能源消耗""三、强化质量意识，推行全面质量管理工作""四、合理使用机器设备，提高生产设备使用率""五、实行多劳多得的劳动制度，提高劳动生产率"5个段落文本应用"标题2"样式，如图3-10所示。

（6）按照修改"标题1"样式的方法，将"标题2"样式的字体设置为"方正兰亭中黑简体"，字号设置为"小三"，并取消加粗效果，然后在"段落"对话框的"缩进和间距"选项卡中将首行缩进的缩进值修改为"1.5字符"，在"间距"栏中将段前和段后的间距均设置为"3磅"。此时文档中所有应用了该样式的段落都将自动调整为应用修改后的样式，其效果如图3-11所示。

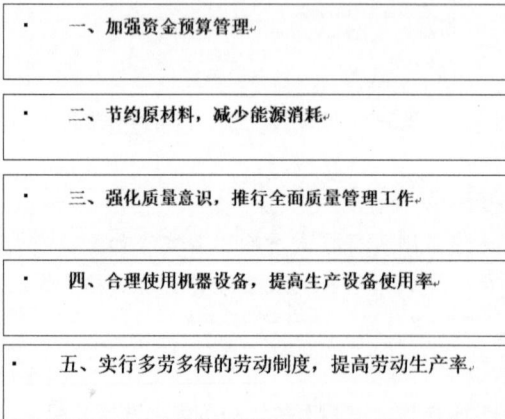

图 3-10　应用"标题 2"样式　　　　图 3-11　应用修改后的"标题 2"样式的效果

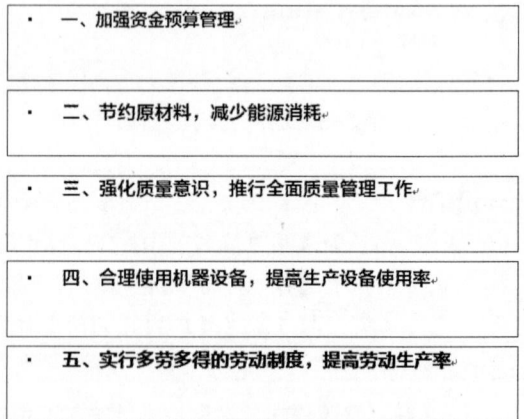

（三）利用分页符控制页面内容

分页符可以用于控制文档内容的分页，从而实现按需求调整页面。下面在"毕业论文"文档中插入分页符，具体操作如下。

（1）将文本插入点定位至"降低企业成本途径分析"文本前，在【布局】/【页面设置】组中单击"分隔符"按钮 ，在打开的下拉列表中选择"分页符"选项，如图3-12所示。

（2）"降低企业成本途径分析"文本自动移至下一页，其上一页末尾将添加分页符，分页效果如图3-13所示。

（3）将文本插入点定位至"参考书目"文本前，然后在【布局】/【页面设置】组中单击"分隔符"按钮 ，在打开的下拉列表中选择"分页符"选项，如图3-14所示。

（4）"参考书目"文本自动移至下一页，其上一页末尾将添加分页符，分页效果如图3-15所示。

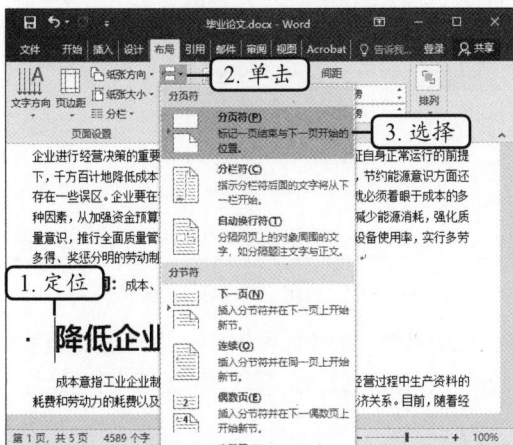

微课视频

利用分页符控制页面内容

图3-12　在"降低企业成本途径分析"文本前插入分页符

图3-13　分页效果（1）

图3-14　在"参考书目"文本前插入分页符

图3-15　分页效果（2）

（四）设置页眉和页脚

利用分页符控制页面内容后，继续为"毕业论文"文档设置页眉和页脚。其中，页眉内容为论文标题"降低企业成本途径分析"，页脚内容为页码，具体操作如下。

（1）双击该文档第1页上方空白区域，进入页眉页脚的编辑状态，文本插入点默认定位于页眉区域，输入论文标题"降低企业成本途径分

微课视频

设置页眉和页脚

析"，将文本字体设置为"方正大标宋简体"、字号设置为"小五"、对齐方式设置为"居中"，效果如图3-16所示。

（2）在【页眉和页脚工具 设计】/【页眉和页脚】组中单击 页脚·按钮，在打开的下拉列表中选择"信号灯"选项，应用"信号灯"页脚样式，如图3-17所示。

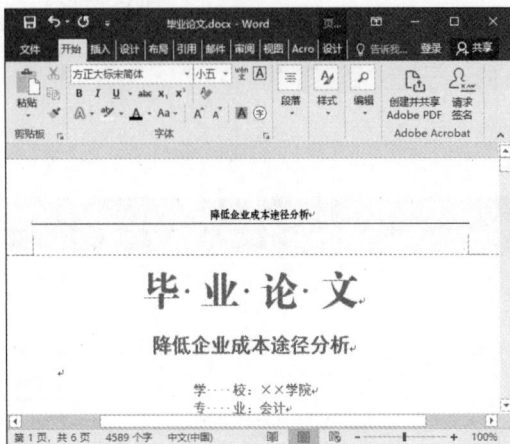

图 3-16　设置页眉后的效果　　　　　　图 3-17　应用"信号灯"页脚样式

（3）选择页脚内容，将文本颜色设置为"黑色，文字1"，效果如图3-18所示。在【页眉和页脚工具 设计】/【关闭】组中单击"关闭页眉和页脚"按钮，退出页眉和页脚的编辑状态。

图 3-18　设置页脚文本颜色后的效果

知识扩展　　　设置页码

在【插入】/【页眉和页脚】组中单击 页码·按钮，在打开的下拉列表中选择相应选项可在页面页眉、页脚、页边距等位置插入页码，并且可以定义起始页码。

（五）制作目录

为"毕业论文"文档制作目录，引用"标题1""标题2"两级标题，具体操作如下。

（1）将文本插入点定位到"摘　要"标题文本前，在【引用】/【目录】组中单击"目录"按钮，在打开的下拉列表中选择"自定义目录"选项，如图3-19所示。

（2）打开"目录"对话框，单击"目录"选项卡，在"显示级别"数值框中输入"2"，其他保持默认设置，单击 确定 按钮，如图3-20所示。

（3）插入目录后，在目录下方复制应用了修改后的"标题1"样式的"摘　要"文本，将其粘贴到目录上方，并将文本内容修改为"目　录"，接着修改目录样式，然后将文本插入点定位到"摘　要"标题文本前并插入分页符，效果如图3-21所示。

微课视频

制作目录

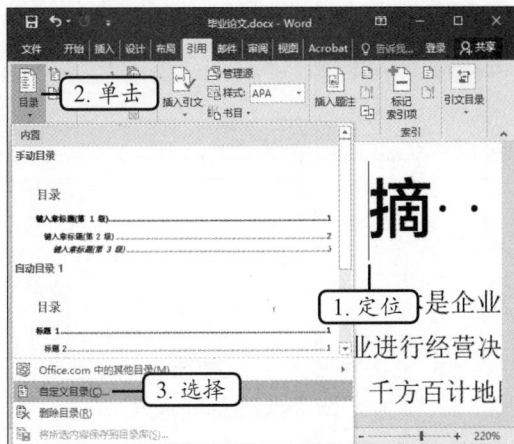

图 3-19　选择"自定义目录"选项

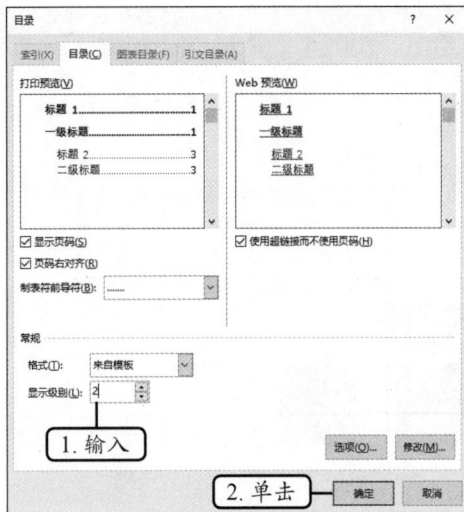

图 3-20　设置目录"显示级别"

（4）由于添加了目录，插入了分页符，原页码发生了变化，需要在【引用】/【目录】组中单击"更新目录"按钮，打开"更新目录"对话框，选中"只更新页码"单选项，单击按钮，更新目录页码，如图3-22所示。

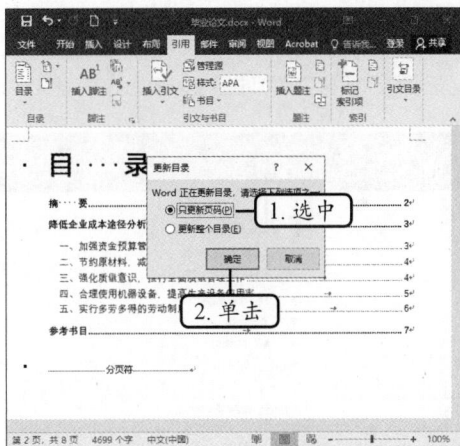

图 3-21　插入分页符后的效果

图 3-22　更新目录页码

（六）制作文档封面

完成文档的目录制作后，最后根据Word 2016内置的封面样式为"毕业论文"文档制作封面，具体操作如下。

（1）在【插入】/【页面】组中单击"封面"按钮，在打开的下拉列表中选择"怀旧"选项，插入"怀旧"封面，如图3-23所示。

（2）插入内置的封面后，页眉位置默认添加一条横线，此时，在封面的页眉处双击，进入页眉页脚的编辑状态，在【开始】/【字体】组中单击"清除所有格式"按钮，删除页眉中的横线，如图3-24所示。

微课视频

制作文档封面

图 3-23　插入"怀旧"封面

图 3-24　删除页眉中的横线

（3）删除页眉中的横线后，退出页眉页脚的编辑状态。封面的标题文本已自动识别为"毕业论文"，将字体设置为"方正兰亭中黑简体"，对齐方式设置为"居中"；在"文档副标题"文本框中输入"降低企业成本途径分析"，将字体设置为"方正兰亭黑简体"，对齐方式设置为"居中"。在副标题下方绘制文本框，将文档中学校、专业、班级、学生姓名、指导老师、完成时间等内容复制到文本框中，字体格式设置为"方正大标宋简体、三号"，效果如图3-25所示。

（4）选择封面底部左下角默认的文本框，按【Delete】键将其删除，封面的最终效果如图3-26所示。完成封面设置后，将文档中与封面内容重合的信息删除，再按【Ctrl+S】组合键保存文档（配套资源:\效果文件\项目三\毕业论文.docx）。

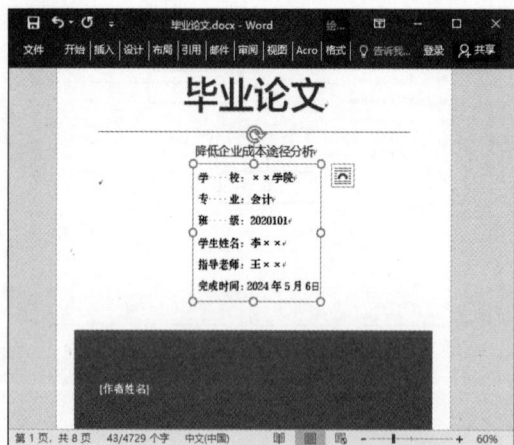

图 3-25　设置封面内容的效果

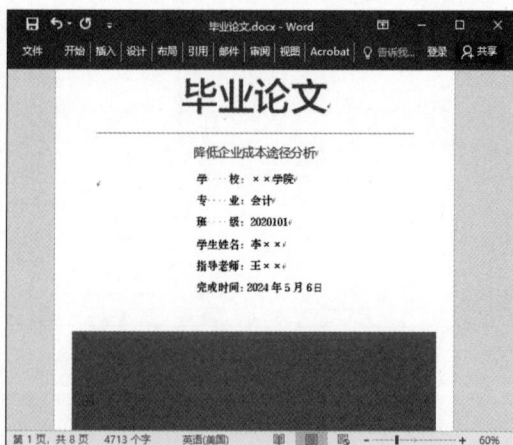

图 3-26　封面的最终效果

素养提升　　　　　　　　撰写毕业论文的注意事项

　　撰写毕业论文不仅是大学生学习成果的体现，还是检验大学生研究能力和学术素养的重要途径。在撰写毕业论文的过程中，要确保所有的内容、分析和结论是自己原创的。引用参考文献时，要按照学术规范标明出处，避免抄袭。同时，还要保证毕业论文有严谨的结构和清晰、准确的语言表达。

任务二　审校"创业计划书"文档

一、任务描述

公司需要对一份创业计划书进行审校，米拉将对该创业计划书进行初审，对其中明显的错误进行修改和调整，对有疑问的地方进行批注，然后交由老洪复审。本任务主要涉及通过大纲视图调整文档结构、添加批注、使用"拼写和语法"功能修订文档等操作。

二、相关知识

（一）认识文档视图

为满足不同用户的文档编辑需求，Word 2016提供多种视图模式供用户使用。在【视图】/【视图】组中单击相应的视图按钮即可在不同视图之间切换，各视图说明如下。

- **页面视图：** 此视图是Word 2016默认的文档视图模式，也是最常用的视图模式之一。其效果最接近于打印效果，便于直观地编辑文档内容。
- **阅读视图：** 此视图采用的是图书翻阅样式，分两屏同时显示文档内容，适合在浏览文档内容时使用。切换到该视图模式后，文档将自动切换为全屏显示。要想退出该视图模式，可按【Esc】键。
- **Web版式视图：** 此视图以网页的形式显示文档内容，如果文档内容是准备发送的电子邮件或网页内容，则可以利用该视图模式来查看文档版式等。
- **大纲视图：** 此视图适用于设置文档标题层级和调整文档结构等，特别是长文档，利用该视图可以更加方便地控制文档内容的层级和排列顺序。
- **草稿：** 此视图主要用于快速输入和修改文本，不需要考虑格式和排版问题。在该视图模式下，文档以最简单的方式显示，通常没有页边距、行间距、段落缩进等格式设置，这使得用户可以专注于内容的创建和修改，适合初稿的创作。

> **多学一招**　　　　　　　　　　**通过状态栏切换文档视图**
>
> 　　文档操作界面的视图栏中包含阅读视图、页面视图和Web版式视图对应的按钮，单击这些按钮也可进行不同视图的切换。

（二）拼写和语法检查

在一定范围内，Word 2016的"拼写和语法"功能能够自动检查文字的拼写和语法错误，便于用户及时纠正。文档中字符下方出现红色或蓝色的波浪线时，表示Word 2016认为这些字符出现了拼写或语法错误，因此，当文档中出现错误标识时，需要及时检查并纠正错误。在文档中进行拼写和语法检查的方法如下：在【审阅】/【校对】组中单击"拼写和语法"按钮 ，若检查出可能存在的错误，则文字内容呈被选中状态，右侧打开的窗格中显示了说明信息，如果确认是错误的，则进行修改，如果确认是正确的，则单击 按钮，继续检查，直至完成对所有可能存在的错误的检查。

（三）使用批注

批注是用户审阅文档时常用的工具。在文档中添加批注，输入具体的批注内容，这样将审阅后的文档转发给他人浏览时，他人能通过批注了解审阅者对该文档的相关意见和建议。在文档中插入批注的方法如下：选择需要添加批注的文本或在段落中单击定位文本插入点，在【审阅】/【批注】组中单击"插入批注"按钮，然后在批注框中输入相应的内容。

当用户查阅含有批注的文档时，可以在【审阅】/【批注】组中单击"下一条"按钮或"上一条"按钮以快速查看批注内容；如果需要答复某条批注，则可在批注框中单击鼠标右键，在弹出的快捷菜单中选择"答复批注"命令，然后对批注进行答复，如图3-27所示；如果需要删除该条批注，则可在【审阅】/【批注】组中单击"删除"按钮；若要删除所有批注，则可在【审阅】/【批注】组中单击"删除"按钮下方的下拉按钮，在打开的下拉列表中选择"删除文档中的所有批注"选项。

图 3-27　答复批注

（四）修订文档

审阅文档时，如果审阅者要直接在文档中修改内容，则一般会在修订状态下进行，因为Word 2016会自动跟踪对文档进行的所有修改，同时可以标记出文档的修改位置。因此，采用这种方法一方面可以方便他人查看审阅者对文档的修改，另一方面可以方便他人拒绝或接受审阅者对文档进行的修改。

在修改文档时，应先进入修订状态，再对文档进行修改。其方法如下：单击【审阅】/【修订】组中的"修订"按钮，进入修订状态，在文档中做相应的修改后，原位置会显示修订结果，并且页面左侧会出现一条竖线，表示该处进行了修订，图3-28所示的第一处修订内容表示将标题文本的字号更改为"小一"，第二处修订内容表示输入新的文本"双方"。修订完成后，再次单击"修订"按钮退出修订状态，否则文档中的任何操作都会被视为修订操作。

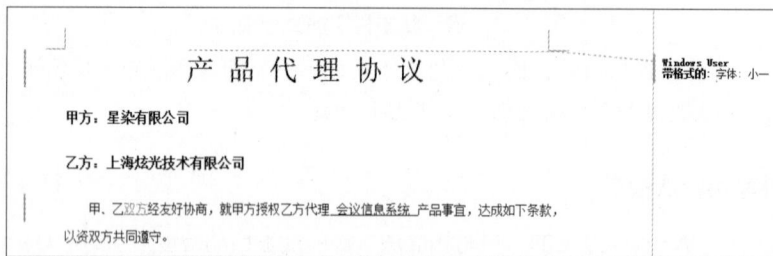

图 3-28　修订内容

单击【审阅】/【更改】组中的"接受"按钮或"拒绝"按钮，可接受或拒绝当前修订；若分别单击这两个按钮下方的下拉按钮，在打开的下拉列表中选择"接受所有修订"选项或"拒绝所有修订"选项，则可接受或拒绝文档中的全部修订。

三、任务实施

（一）通过大纲视图调整文档结构

用户在审阅篇幅较长的文档时，需注意各级标题的级别和文档内容的顺序是否正确。下面通过大纲视图调整"创业计划书"文档的结构，一是将"三、推广"标题级别设置为"1级"，二是调整"八、运营策略"部分在文中的顺序，具体操作如下。

微课视频

通过大纲视图调整
文档结构

（1）打开"创业计划书.docx"文档（配套资源\素材文件\项目三\创业计划书.docx），在【视图】/【视图】组中单击"大纲视图"按钮，切换至大纲视图。

（2）在【大纲】/【大纲工具】组中的"显示级别"下拉列表中选择"1级"选项，如图3-29所示，在显示的1级标题中可发现编号为"三、"的标题没有显示出来，说明该标题的级别设置有误。

（3）重新在"显示级别"下拉列表中选择"所有级别"选项，将文本插入点定位到编号为"三、"的标题段落中，在【大纲】/【大纲工具】组的"大纲级别"下拉列表中显示该标题级别为"2级"，单击"升级"按钮，如图3-30所示，将该标题的级别调整为"1级"。

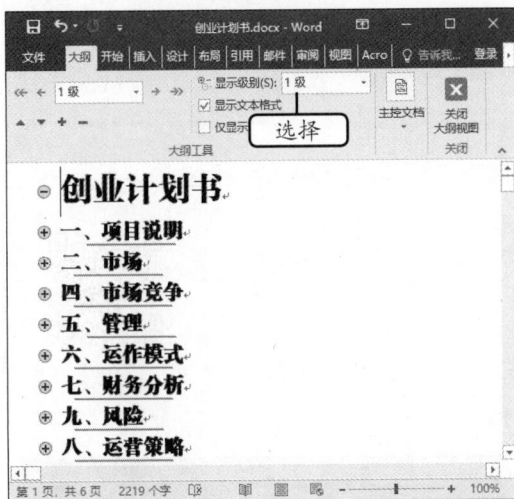

图3-29　选择"1级"选项

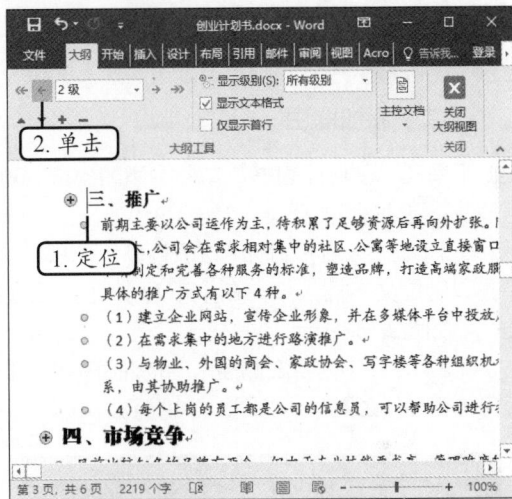

图3-30　调整标题级别

多学一招　　　　　　　　　　**使用导航窗格**

在Word中，导航窗格是浏览、查看和编辑长文档的有效工具，它的内容是文档中各个等级的标题，可用于定位文档页面或调整标题级别等。在【视图】/【显示】组中选中"导航窗格"复选框，在文档操作界面的左侧将打开导航窗格，选择任意一个标题可跳转至相应的标题页面；在标题上单击鼠标右键，在弹出的快捷菜单中选择"升级"或"降级"命令，可调整标题级别；选择标题，按住鼠标左键，拖动鼠标指针可调整标题（包括标题下的正文内容）在文档中的位置。

（4）重新在"显示级别"下拉列表中选择"1级"选项，可以显示1级标题，单击"八、运营策略"标题内容左侧的按钮，选择"八、运营策略"标题内容（包括该标题下的正文内容），然后将鼠标指针移动到按钮上，拖动鼠标指针将其移动到"九、风险"标题上方，如图3-31所示。调整文档结构后的效果如图3-32所示，然后在【大纲】/【关闭】组中单击"关闭大纲视图"按钮，返回页面视图。

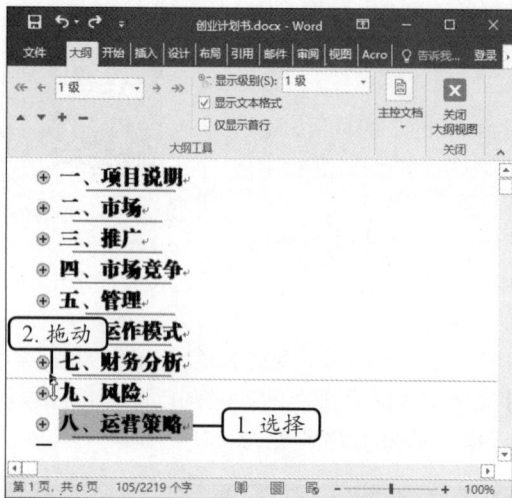

图 3-31　移动标题位置

图 3-32　调整文档结构后的效果

（二）添加批注

　　下面在"创业计划书"文档中添加批注，对需要补充和更改的内容进行批注，具体操作如下。

　　（1）在"2.客户分布"2级标题上方的"（5）其他服务"文本末尾单击以定位文本插入点，在【审阅】/【批注】组中单击"新建批注"按钮，如图3-33所示。

　　（2）在文字内容右侧插入的批注框中输入批注内容"其他服务的具体服务内容是什么？"，如图3-34所示。

微课视频

添加批注

图 3-33　新建批注（1）

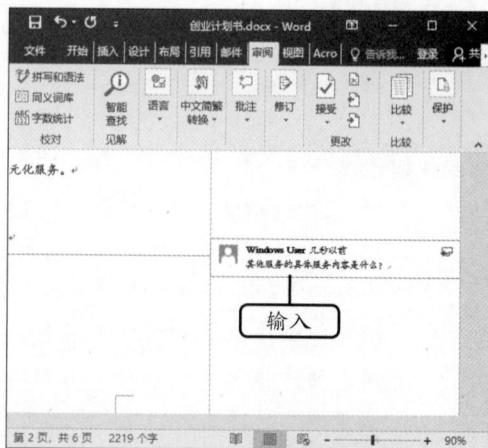

图 3-34　输入批注内容（1）

　　（3）选择"七、财务分析"标题下的"（1）启动资金"部分的文本段落，在【审阅】/【批注】组中单击"新建批注"按钮，如图3-35所示。

　　（4）在文字内容右侧插入的批注框中输入批注内容"数据相加与总计金额不符，请核对。"，如图3-36所示。

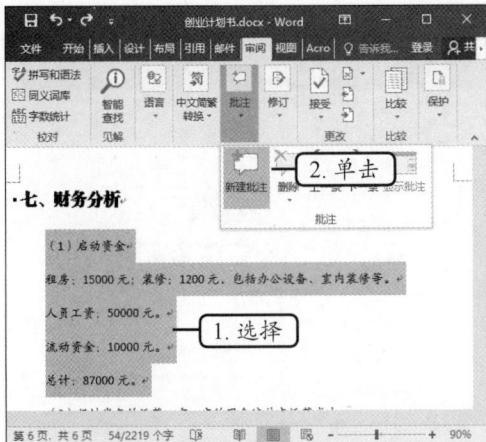

图3-35 新建批注（2）

图3-36 输入批注内容（2）

（三）使用"拼写和语法"功能修订文档

下面在"创业计划书"文档中进入修订状态，使用"拼写和语法"功能检查文档的拼写和语法错误，并对错误进行修改，具体操作如下。

（1）将文本插入点定位到文档标题"创业计划书"前面，在【审阅】/【修订】组中单击"修订"按钮 ，进入修订状态，如图3-37所示。

（2）在【审阅】/【校对】组中单击"拼写和语法"按钮 ，检查出第一处错误"末毕业"，如图3-38所示。

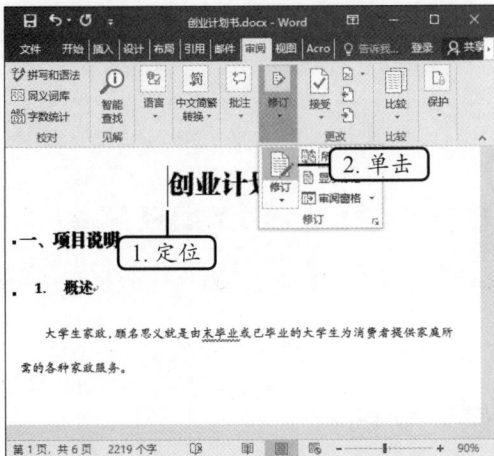

微课视频

使用"拼写和语法"功能修订文档

图3-37 进入修订状态

图3-38 检查出第一处错误

（3）根据右侧"语法"窗格的提示信息选择"末毕业"中的"末"字，将其修改为"未"，如图3-39所示。

（4）修改完成后，继续在【审阅】/【校对】组中单击"拼写和语法"按钮 检查下一处错误，将"擅常"修改为"擅长"，如图3-40所示。

（5）修改完成后，继续在【审阅】/【校对】组中单击"拼写和语法"按钮 检查下一处错误，将"场"修改为"市场"，如图3-41所示。按【Ctrl+S】组合键保存文档（配套资源:\效果文件\项目三\创业计划书.docx）。

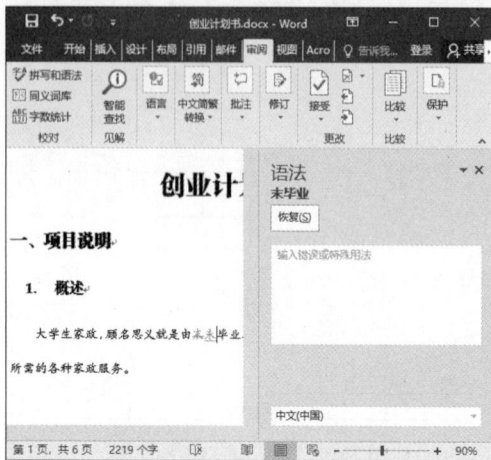

图3-39　将"末"修改为"未"

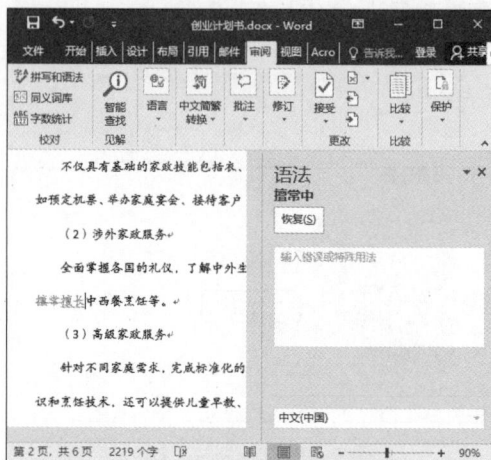

图3-40　将"擅常"修改为"擅长"

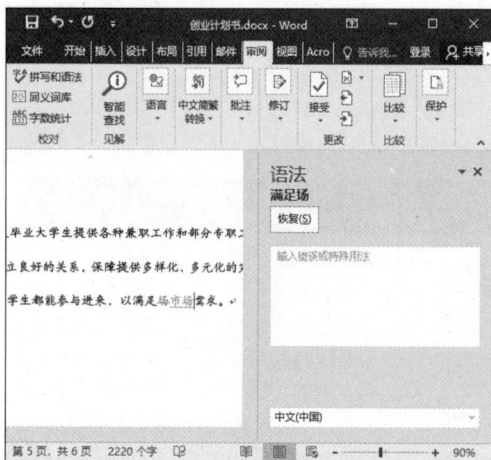

图3-41　将"场"修改为"市场"

知识扩展　启用"拼写和语法"检查功能

如果拼写和语法功能被禁用，无法检查拼写和语法错误，则需要重新启用该功能。具体方法如下：选择【文件】/【选项】命令，打开"Word选项"对话框，单击左侧的"校对"选项卡，在右侧的"在Word中更正拼写和语法时"栏中选中"键入时检查拼写""键入时标记语法错误"复选框，然后单击 确定 按钮。

任务三　批量制作"艺术节邀请函"文档

一、任务描述

为促进员工之间的互动，营造一个多元化和具有包容性的工作环境，以及提升品牌形象、体现公司社会责任感，吸引潜在客户的关注，公司将举办一场艺术节活动。在活动开始之前，需要给来参加艺术节的嘉宾发送邀请函，于是老洪安排米拉根据提供的邀请名单制作相应嘉宾的邀请函。因为这些邀请函的主体内容相同，所以米拉将通过Word 2016的邮件合并功能批量制作邀请函。

二、相关知识

（一）邮件合并方式

简单地说，邮件合并是用于批量制作贺卡、信件、工资条、成绩单等的高级工具。当创建一组除特定元素外内容相同的文档时，可以使用邮件合并功能。例如，制作一组邀请函，邀请函中的内容除姓名和称谓不同外，其他内容都相同，便可以使用邮件合并功能批量制作邀请函。

Word 2016提供多种邮件合并方式，各合并方式的作用如下。

- **合并到新文档：** 将合并内容输出到新文档中，且每条数据单独显示在一页中。
- **合并到打印机：** 将合并内容输出到打印机中进行打印。
- **合并到电子邮件：** 将合并内容通过电子邮件批量发送。

（二）合并域与Next域的区别

在邮件合并文档中既可以插入合并域，又可以插入Next域。其中，插入合并域是指插入收件人列表中的域，也就是收件人列表中的字段，只有插入合并域后，才能将文档中需要变化的内容与收件人列表中的数据关联起来，从而实现批量制作。执行邮件合并操作后，每一条记录都单独显示在一页中，当需要在同一页中显示多条记录时，就需要插入Next域来解决邮件合并中的换页问题，如果一页中要显示n行，则需要插入n–1个Next域。总之，使用邮件合并功能批量制作文档时，可以有Next域，也可以没有Next域，但不能没有合并域。

三、任务实施

（一）导入数据源

"艺术节邀请函"文档的收件人数据可能来自不同的途径。Word 2016支持多种格式的数据源，如Excel电子表格、Access数据库、文本文档等。下面在素材文档中导入Excel电子表格中的数据源，具体操作如下。

（1）打开"艺术节邀请函.docx"文档（配套资源:\素材文件\项目三\艺术节邀请函.docx），在【邮件】/【开始邮件合并】组中单击 选择收件人·按钮，在打开的下拉列表中选择"使用现有列表"选项，如图3-42所示。

（2）打开"选取数据源"对话框，选择"邀请名单.xlsx"选项（配套资源:\素材文件\项目三\邀请名单.xlsx），单击 打开(O) 按钮，如图3-43所示。

图 3-42　选择"使用现有列表"选项

图 3-43　选择数据源文件

多学一招　　　　　　　　　　　　　　新建收件人信息

在【邮件】/【开始邮件合并】组中单击 选择收件人·按钮，在打开的下拉列表中选择"键入新列表"选项，打开"新建地址列表"对话框，在其中可以新建收件人信息。

（3）打开"选择表格"对话框，因为工作簿中只有一张工作表，所以这里可以直接单击 确定 按钮，如图3-44所示。

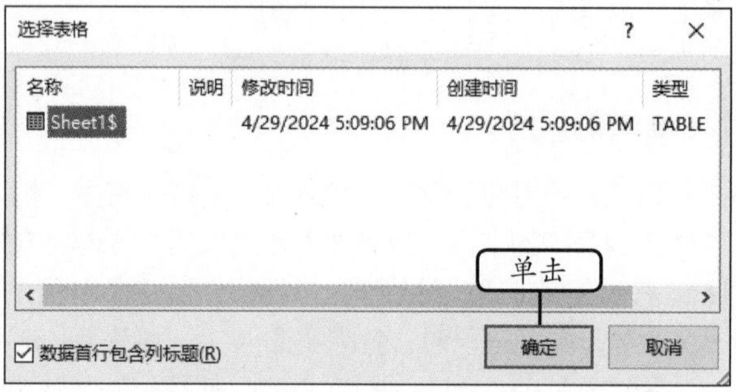

图3-44　"选择表格"对话框

（4）返回文档，可看到"邮件"选项卡中部分按钮被激活，如 编辑收件人列表 按钮、"编写和插入域"组中的按钮等，如图3-45所示，表示成功导入数据源。

图3-45　"邮件"选项卡中部分按钮被激活

多学一招　　　　　　　　　　　　　　选择收件人

在【邮件】/【开始邮件合并】组中单击 编辑收件人列表 按钮，打开"邮件合并收件人"对话框，在收件人列表中可通过取消选中不需要接收邀请函的人员前面的复选框选择收件人。

（二）插入合并域

在文档中导入数据源后，可以通过插入合并域将文档与导入的数据源关联起来，这是批量制作文档的关键，具体操作如下。

（1）在"艺术节邀请函"文档中选择"×××"文本，在【邮件】/【编写和插入域】组中单击"插入合并域"按钮 🔡 右侧的下拉按钮 ▾，在打开的下拉列表中选择"姓名"选项，如图3-46所示。

（2）此时，邀请函中的"×××"文本将变为"《姓名》"文本，将文本插入点定位到"《姓名》"文本后面，使用相似的方法插入"称谓"域，效果如图3-47所示。

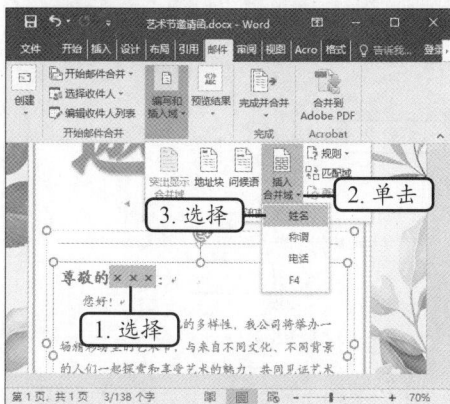

图 3-46 插入合并域

图 3-47 插入"称谓"域后的效果

（三）预览合并效果

插入合并域后，预览合并效果并查看插入合并域的结果是否正确，具体操作如下。

（1）在【邮件】/【预览结果】组中单击"预览结果"按钮 🔍，如图3-48所示，插入的合并域将显示收件人列表中的第一条记录。

（2）在【邮件】/【预览结果】组中单击"下一记录"按钮 ▶，以显示第二条记录，如图3-49所示，然后继续查看收件人列表中的其他记录。确认信息后，按【Ctrl+S】组合键保存文档（配套资源:\效果文件\项目三\艺术节邀请函.docx）。

图3-48 单击"预览结果"按钮

图3-49 显示第二条记录

（四）合并文档

预览完所有邀请函的效果并确认邮件合并的内容无误后，使用"合并到新文档"方式，根据每位收件人生成单独的一页邀请函内容，具体操作如下。

（1）在【邮件】/【完成】组中单击"完成并合并"按钮 ，在打开的下拉列表中选择"编辑单个文档"选项，如图3-50所示。

（2）打开"合并到新文档"对话框，选中"全部"单选项后单击 确定 按钮，如图3-51所示。

微课视频

合并文档

图 3-50　选择"编辑单个文档"选项

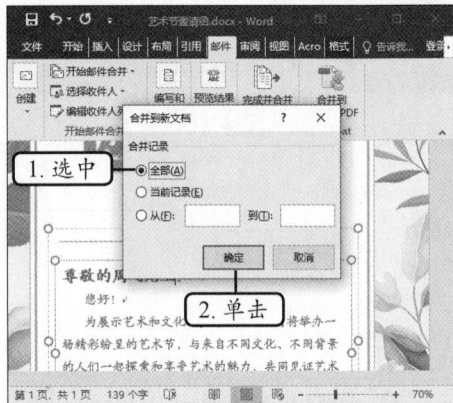

图 3-51　选中"全部"单选项并单击"确定"按钮

（3）此时将生成"信函1"文档，该文档会根据每位收件人生成单独的一页邀请函内容，将该文档另存为"邀请函合并文档.docx"（配套资源:\效果文件\项目三\邀请函合并文档.docx）。

项目实训

实训一　编排与修订"大学生日常行为规范"文档

【实训要求】

在Word 2016中编排与修订"大学生日常行为规范"文档，要求文档的格式统一、层次分明、美观大方，并修订文档的错误内容。本实训制作完成后的文档（配套资源:\效果文件\项目三\大学生日常行为规范.docx）的参考效果（部分）如图3-52所示。

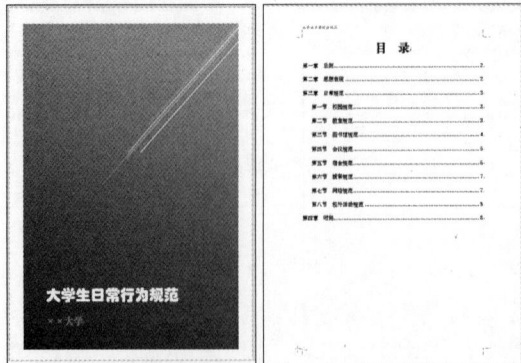

图 3-52　"大学生日常行为规范"文档的参考效果（部分）

【实训思路】

　　首先编辑文本的字体和段落格式，包括设置文档标题的字体格式和正文段落的缩进，为各级标题应用标题样式，为正文添加编号；然后编辑页眉、页脚，插入封面和目录；最后在修订状态下修改文本内容并添加批注。

【步骤提示】

　　（1）打开素材文档（配套资源:\素材文件\项目三\大学生日常行为规范.docx），选择全部文本内容，将字体设置为"方正精品楷体简体、四号"，段落设置为"首行缩进、2字符"。

　　（2）将文档标题"大学生日常行为规范"的字体设置为"方正粗宋简体、一号"，段落设置为"居中"对齐，"无"缩进。

　　（3）为"第一章　总则""第二章　思想表现""第三章　日常规范""第四章　附则"应用"标题1"样式，然后修改"标题1"样式，将字体设置为"方正大标宋简体、二号、取消加粗"，段落设置为"无"缩进，"居中"对齐，段前和段后的间距均为"0.5行"。

　　（4）为"第三章　日常规范"标题下方的"第一节　校园规范""第二节　教室规范""第三节　图书馆规范""第四节　会议规范""第五节　宿舍规范""第六节　就餐规范""第七节　网络规范""第八节　校外活动规范"应用"标题2"样式，然后修改"标题2"样式，将字体设置为"方正兰亭细黑简体、三号、加粗"，段落设置为"无"缩进，"居中"对齐，段前和段后的间距均为"0.3行"。

　　（5）将文本插入点定位到"第一章　总则"下方的第一个段落中，在【开始】/【段落】组中单击"编号"按钮 右侧的下拉按钮，在打开的下拉列表中选择"定义新编号格式"选项，打开"定义新编号格式"对话框，在"编号样式"下拉列表中选择"一，二，三…"选项，将"编号格式"设置为"第一条"，其字体为"方正精品楷体简体、四号、加粗"。自定义编号后，为该段落应用新的"第一条 第二条 第三条"编号样式。

　　（6）利用格式刷为标题外的文本应用"第一条 第二条 第三条"编号样式，然后选择编号，单击鼠标右键，在弹出的快捷菜单中选择"调整列表缩进"命令，打开"调整列表缩进量"对话框，将"编号位置"设置为"0厘米"，将"文本缩进"设置为"2.2厘米"，再将每个标题下段落的编号设置为重新从一开始。

　　（7）编辑页眉，输入"大学生日常行为规范"，将字体设置为"方正精品楷体简体、小五"，段落设置为"左对齐"；插入"边线型"内置页脚样式。

　　（8）插入"切片（深色）"内置封面，在标题文本框中输入"大学生日常行为规范"，将字体设置为"方正琥珀简体、小初"；在"副标题"文本框中输入"××大学"，将字体设置为"方正粗宋简体、二号"。

　　（9）将文本插入点定位至文档标题"大学生日常行为规范"的左侧，插入分页符。

　　（10）将文本插入点定位至第2页，输入"目　录"文本，将字体设置为"方正粗宋简体、一号"，按【Enter】键切换至下一行，然后插入自定义目录，设置"显示级别"为"3"，将目录内容的字体格式设置为"方正大标宋简体、小四"。

　　（11）进入修订状态，通过"拼音和语法"功能检查文档中的拼音和语法错误，并根据实际情况进行修改，包括将"况课"修改为"旷课"，将"真实友好"修改为"诚实友好"。

　　（12）添加批注，批注内容为"'第八节 校外活动规范'第一条内容不完整"。

实训二　批量制作名片

【实训要求】

　　在Word 2016中根据提供的"名片.docx"素材文档和员工名单（配套资源:\素材文件\项目

三\名片.docx、员工名单.txt）批量制作统一样式的名片。本实训制作完成后的文档（配套资源:\效果文件\项目三\名片合并文档.docx）的参考效果如图3-53所示。

图3-53　"名片合并文档"的参考效果

【实训思路】

通过Word 2016的邮件合并功能批量制作文档，首先打开素材文档导入员工名单的数据源，然后在相应的位置插入合并域，预览合并结果后合并并保存文档。

【步骤提示】

（1）打开"名片.docx"文档，导入"员工名单.txt"文档中的员工信息。

（2）检查数据源，删除重复项目。

（3）分别在"姓名""职位""联系电话""邮箱""公司地址"文本所在处插入"姓名""职位""联系电话""邮箱""公司地址"合并域。

（4）预览合并结果，确认无误后通过"合并到新文档"的方式合并文档，然后将合并文档的空白页删除并将文档另存为"名片合并文档.docx"。

课后练习

练习1：审阅"营销策划书"文档并添加目录与封面

本练习在Word 2016中打开素材文档（配套资源:\素材文件\项目三\营销策划书.docx），在大

纲视图中审阅文档，调整文档结构，并为文档添加目录和封面，"营销策划书"文档（配套资源:\
效果文件\项目三\营销策划书.docx）的参考效果（部分）如图3-54所示。

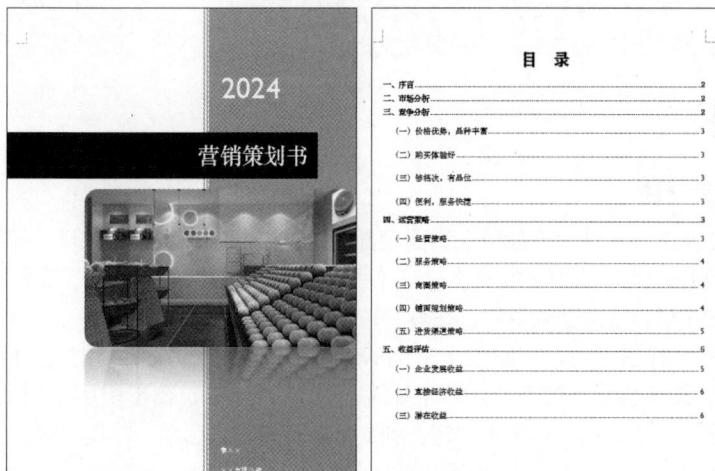

图 3-54 "营销策划书"文档的参考效果（部分）

操作提示如下。

- 打开"营销策划书.docx"文档，切换到大纲视图，将原本为2级标题的文本调整为1级标题，将原本为1级标题的文本调整为2级标题，并根据编号调整文本结构。
- 切换到页面视图，插入内置的"运动型"封面并修改封面内容（配套资源:\素材文件\项目三\封面.jpg）。
- 在第二页中添加目录并使用分页符让目录与正文内容分页显示。

练习2：批量制作"志愿者活动通知"文档

本练习根据提供的素材文档（配套资源:\素材文件\项目三\志愿者活动通知.docx、志愿者资料.txt），在Word 2016中通过邮件合并功能批量制作"志愿者活动通知"文档，"志愿者活动通知"文档（配套资源:\效果文件\项目三\志愿者活动通知.docx）的参考效果如图3-55所示。

图 3-55 "志愿者活动通知"文档的参考效果

操作提示如下。

- 在"志愿者活动通知.docx"素材文档中导入"志愿者资料.txt"数据源。
- 将"姓名""称谓"作为合并域插入文档的相应位置。
- 以"合并到新文档"的方式合并并保存文档。

技巧提升

1. 添加脚注和尾注

为了不影响正文的连续性，一般可在页面底部为需要注解的文本添加注释（即添加脚注），其添加方法如下：选择需要添加脚注的文本，在【引用】/【脚注】组中单击"插入脚注"按钮，文本插入点将自动定位至该页面的底部，在其中输入注释内容即可。

尾注与脚注的形式差不多，一般位于文档的末尾，用于列出引文的出处，通常以"i、ii、iii……"编号标识，其添加方法如下：选择需要添加尾注的文本，在【引用】/【脚注】组中单击"插入尾注"按钮，文本插入点将自动定位到文档所有内容的后面，在其中输入注释内容即可。

2. 比较文档

在Word 2016中，要想快速对比出两个文档之间的差异，并生成比较文档，可以使用比较功能，方法如下：在【审阅】/【比较】组中单击"比较"按钮，在打开的下拉列表中选择"比较"选项，打开"比较文档"对话框，在"原文档"下拉列表中设置原文档，在"修订的文档"下拉列表中设置修改后的文档，单击 更多(M) >> 按钮，展开该对话框，用户在其中可根据需要设置比较内容、显示级别和显示位置，设置完成后单击 确定 按钮。设置完成后，Word 2016将自动新建一个空白文档，并在新建的文档中显示比较结果。

3. 统计文档字数

在编写论文或报告时常常有字数要求，或在制作一些文档时被要求统计当前文档的行数，如果文档很长，则手动统计会非常麻烦，此时可以利用Word 2016提供的字数统计功能统计文档、某一页或某一段的字数和行数。其方法如下：在【审阅】/【校对】组中单击"字数统计"按钮，打开"字数统计"对话框，在其中查看当前文档的页数、字数、字符数（不计空格）、字符数（计空格）、段落数、行数等信息。

项目四

制作与编辑Excel表格

情景导入

　　作为大学生初创企业，通过不断地"招兵买马"，米拉所在公司已入职了很多员工。为了方便管理，老洪安排米拉使用Excel 2016制作一份员工档案表，以后有新入职的员工就及时更新表格内容，以做到信息同步。除了制作员工档案表外，米拉还需要完成编辑"信息技术应用大赛选手信息表"和"图书借阅登记表"的工作任务。

学习目标

　　● 掌握制作表格的基本操作，包括新建并保存工作簿、输入与填充数据、编辑数据、设置字体格式、设置数据类型、设置对齐方式、添加边框和底纹等操作。
　　● 掌握设置数据验证和条件格式的操作，限制单元格中的数据类型或数据范围，使数据突出显示。

素质目标

　　● 培养民族自豪感和社会责任感。
　　● 培养创造性思维。
　　● 培养团队合作精神。

案例展示

员工编号	姓名	性别	身份证号	学历	联系电话	入职时间	部门	职务	基本工资
			员工档案表						
XR-01	余建	男	51102320001221****	本科	130****8524	2024/6/2	技术部	技术员	¥4,500.0
XR-02	刘丽	女	51102320001203****	大专	136****2578	2024/6/2	技术部	技术员	¥4,500.0
XR-03	李霞	女	51102319950521****	高中	132****3644	2024/6/2	技术部	技术员	¥4,500.0
XR-04	王明全	男	51102319920325****	高中	139****2148	2024/6/7	技术部	技术员	¥4,500.0
XR-05	罗小杰	男	51102319981121****	大专	158****7109	2024/6/7	技术部	技术员	¥4,500.0
XR-06	胡菲菲	女	51102319970909****	硕士	135****2356	2024/6/7	技术部	技术员	¥4,500.0
XR-07	刘明洋	男	51102319920712****	本科	199****4033	2024/6/7	主管	主管	¥8,500.0
XR-08	李杰	男	51102320010312****	本科	151****3100	2024/6/12	销售部	业务员	¥3,500.0
XR-09	尹光明	男	51102320020508****	大专	131****4456	2024/6/12	销售部	业务员	¥3,500.0
XR-10	刘凯	男	51102319980726****	大专	138****4451	2024/6/12	销售部	业务员	¥3,500.0
XR-11	卢燕	女	51102319990922****	高中	139****1324	2024/6/12	销售部	业务员	¥3,500.0
XR-12	张小红	女	51102319961122****	大专	132****4465	2024/6/15	销售部	业务员	¥3,500.0
XR-13	周燕	女	51102319950103****	本科	158****1512	2024/6/15	销售部	业务员	¥3,500.0

▲员工档案表（部分）

任务一　制作"员工档案表"

一、任务描述

员工档案表是公司行政人员需要制作的基本表格之一。米拉制作员工档案表时，首先要收集员工的姓名、性别、身份证号、学历、联系电话、入职时间和基本工资等基本信息，然后将这些信息录入Excel表格，并对表格进行基本的编辑与美化设置，最后将表格打印出来。

二、相关知识

（一）认识 Excel 2016 的工作界面

Excel 2016的工作界面与Word 2016的工作界面类似，快速访问工具栏、标题栏、"文件"菜单、选项卡、功能区等部分的功能和操作方法也大致相同，不同的组成部分主要是编辑栏和工作表编辑区，如图4-1所示。下面主要介绍编辑栏和工作表编辑区的作用。

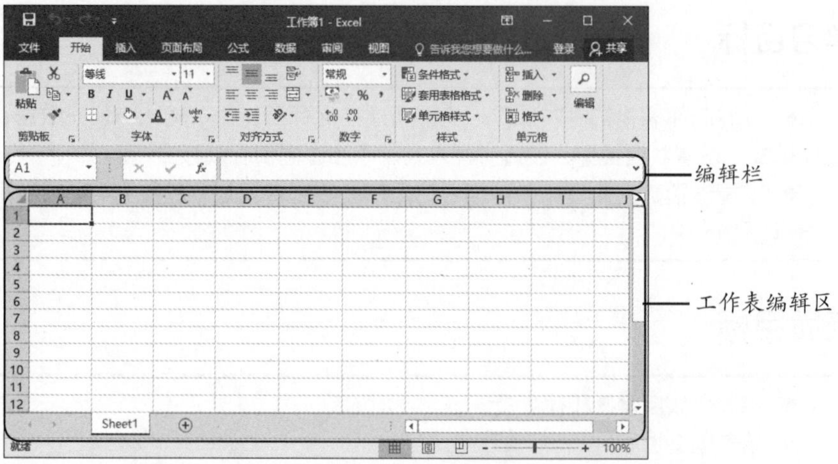

图 4-1　Excel 2016 的编辑栏和工作表编辑区

1. 编辑栏

编辑栏用来显示和编辑当前活动的单元格中的数据或公式。在默认情况下，编辑栏主要包括名称框、"插入函数"按钮 *fx* 和编辑框。在单元格中输入数据或插入公式与函数时，编辑栏中的"取消"按钮 × 和"输入"按钮 ✓ 将被激活。

- **名称框：** 名称框用来显示当前单元格的地址或函数名称。例如，在名称框中输入"A3"后按【Enter】键，会自动选中A3单元格。
- **"插入函数"按钮 *fx*：** 单击该按钮，将快速打开"插入函数"对话框，在其中可选择相应的函数插入表格。
- **编辑框：** 编辑框用于显示在单元格中输入或编辑的内容，也可在选择单元格后通过编辑框输入和编辑内容。
- **"取消"按钮 ×：** 单击该按钮表示取消输入的内容。
- **"输入"按钮 ✓：** 单击该按钮表示确定并完成输入。

2. 工作表编辑区

工作表编辑区是编辑数据的主要场所，它主要由单元格、行号与列标、单元格地址、工作表标签和"新工作表"按钮⊕等组成。

- **单元格：** 单元格是表格中行与列的交叉部分，它是组成表格和存储数据的最小单位，可以在其中输入数据或公式等。
- **行号与列标、单元格地址：** 行号用1、2、3等阿拉伯数字标识，位于工作表编辑区左侧，列标用A、B、C等大写英文字母标识，位于工作表编辑区上方。一般情况下，单元格地址表示为"列标+行号"。例如，位于A列第1行的单元格可表示为A1单元格。
- **工作表标签：** 其用来显示工作表的名称，在Excel 2016中新建的空白工作簿默认只包含一张工作表，默认名称为"Sheet1"。
- **"新工作表"按钮⊕：** 单击该按钮可插入新工作表。

（二）工作簿的基本操作

工作簿是用于存储和处理表格数据的文件，它是一张或多张工作表的集合。用户只有在掌握工作簿的基本操作后，才能顺利地对工作表及其中的单元格进行管理。工作簿的基本操作主要包括新建、打开、保存、关闭等，与Word文档的操作基本相同。

- **新建工作簿：** 在Excel 2016的欢迎界面中选择"空白工作簿"选项，或在Excel 2016的工作界面中按【Ctrl+N】组合键，或在Excel 2016的"新建"界面中选择"空白工作簿"选项，可新建空白工作簿。在Excel 2016的欢迎界面或Excel 2016的"新建"界面中选择模板，也可根据模板新建工作簿。
- **打开工作簿：** 在文件夹中双击工作簿可启动Excel 2016并打开该工作簿；在Excel 2016的欢迎界面或Excel 2016的"打开"界面中可选择最近使用的工作簿并将其打开；在Excel 2016的"打开"对话框中可选择工作簿并将其打开。
- **保存工作簿：** 在Excel 2016的"另存为"对话框中可设置工作簿的名称、保存位置和保存类型，并进行保存。
- **关闭工作簿：** 按【Alt+F4】组合键，或单击"关闭"按钮██，可关闭当前打开的工作簿。

（三）录入数据

录入数据是制作表格的基础，其方式主要有两种，一是直接输入数据，二是填充数据。直接输入数据的方法很简单，选择单元格后输入数据或在编辑框中输入数据，按【Enter】键即可。填充数据是利用Excel 2016的数据填充功能快速填充相同或有规律的数据，主要有以下2种方法。

- **利用填充柄填充：** 在起始单元格中输入数据，然后将鼠标指针移至该单元格右下角的填充柄■上，当鼠标指针变为➕形状时，按住鼠标左键拖动填充柄至目标单元格，此时，系统将通过自动填充的方式进行数据填充。单击目标单元格右下角的"自动填充选项"按钮▦，在打开的下拉列表中选中"复制单元格"单选项即可完成相同数据的填充操作。
- **利用鼠标右键填充：** 在起始单元格中输入数据，将鼠标指针移至该单元格右下角的填充柄上，当鼠标指针变为➕形状时，按住鼠标右键并拖动填充柄至目标单元格，弹出的快捷菜单中会显示多种填充方式，根据实际需要选择所需的填充方式。
- **利用"序列"对话框填充：** 选择单元格区域，在【开始】/【编辑】组中单击▣填充·按钮，在打开的下拉列表中选择"序列"选项，在打开的"序列"对话框中设置填充类型、步长值、终止值等参数，在所选单元格区域实现数据填充。

（四）选择单元格

要在表格中输入和编辑数据，应先选择需输入和编辑数据的单元格。在工作表中选择单元格的方法有以下6种。

- **选择单个单元格：** 单击单元格，或在名称框中输入单元格的行号和列标后按【Enter】键即可选择所需的单元格。
- **选择所有单元格：** 单击行号和列标交叉处的"全选"按钮◢，或按【Ctrl+A】组合键即可选择工作表中的所有单元格。
- **选择相邻的多个单元格：** 选择起始单元格后，按住鼠标左键，拖动鼠标指针到目标单元格，或在按住【Shift】键的同时单击目标单元格，即可选择相邻的多个单元格。
- **选择不相邻的多个单元格：** 在按住【Ctrl】键的同时依次单击需要选择的单元格，即可选择不相邻的多个单元格。
- **选择整行单元格：** 将鼠标指针移动到需要选择的行的行号上，当鼠标指针变成➡形状时单击，即可选择整行单元格。
- **选择整列单元格：** 将鼠标指针移动到需要选择的列的列标上，当鼠标指针变成⬇形状时单击，即可选择整列单元格。

（五）打印设置

工作表制作完成后可以将其打印出来，在打印之前，用户可根据需要设置工作表的打印区域。具体方法如下：选择要打印的任意单元格区域，在【页面布局】/【页面设置】组中单击"打印区域"按钮🖫，在打开的下拉列表中选择"设置打印区域"选项，所选择的单元格区域将被指定为打印区域，打印区域为虚线框选的部分。当进行完全打印时，如果存在多的行或列，无法用一页纸打印，那么可选择【文件】/【打印】命令，打开工作簿的"打印"界面，在"打印缩放"下拉列表中选择对应选项。其中，"将工作表调整为一页"选项适用于存在过多的列或行无法打印在一个页面中的情况；"将所有列调整为一页"选项适用于存在过多的列无法打印在一个页面中的情况；"将所有行调整为一页"选项适用于存在过多的行无法打印在一个页面中的情况。

在"打印"界面中还可以选择打印机、纸张类型，以及设置打印方向、打印方式、打印份数、打印顺序等，设置完成后可在右侧预览打印效果，确认后单击"打印"按钮🖨即可打印工作表。

三、任务实施

（一）新建并保存工作簿

启动Excel 2016，新建空白工作簿，然后将该工作簿以"员工档案表.xlsx"为名保存在计算机中，具体操作如下。

（1）在Windows 10操作系统的"开始"菜单中选择"Excel 2016"选项，启动Excel 2016，在欢迎界面中选择"空白工作簿"选项。

（2）在新建的空白工作簿中按【Ctrl+S】组合键，打开"另存为"界面，双击"这台电脑"选项，如图4-2所示。

（3）打开"另存为"对话框，在地址栏中选择工作簿的保存位置，在"文件名"下拉列表中输入"员工档案表.xlsx"，单击 保存(S) 按钮，如图4-3所示。

微课视频

新建并保存工作簿

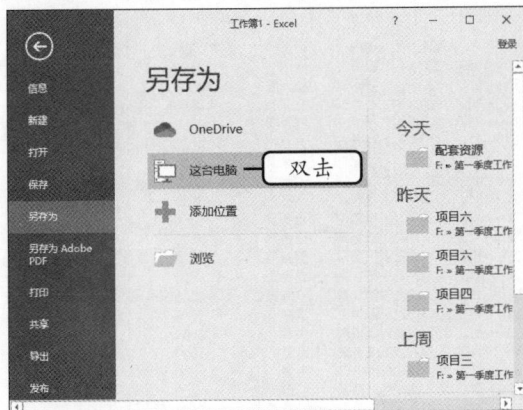

图 4-2　双击"这台电脑"选项

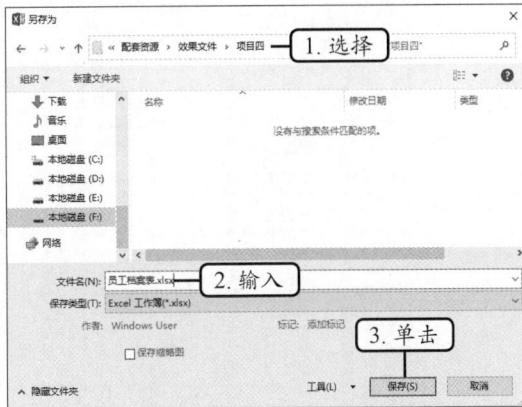

图 4-3　选择工作簿的保存位置并输入文件名

（二）输入与填充数据

新建并保存"员工档案表.xlsx"工作簿后，在工作簿中输入员工的相关信息，具体操作如下。

（1）选择A1单元格，输入"员工档案表"文本，按【Enter】键确认。

（2）在A2:J2单元格区域中分别输入"员工编号""姓名""性别""身份证号""学历""联系电话""入职时间""部门""职务""基本工资"等文本。

（3）在A3 单元格中输入"XR-01"文本，然后将鼠标指针移至该单元格右下角，当鼠标指针变为╋形状时，按住鼠标左键并拖动至A22 单元格，如图4-4所示。

微课视频

输入与填充数据

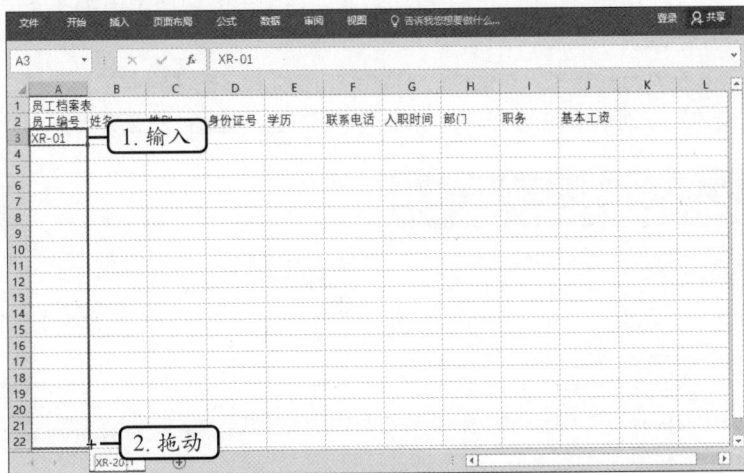

图 4-4　按动鼠标左键并拖动至 A22 单元格

（4）分别在B3:B22单元格区域、C3:C22单元格区域、D3:D22单元格区域、E3:E22单元格区域、F3:F22单元格区域中输入员工的姓名、性别、身份证号、学历、联系电话。

（5）分别在G3:G22单元格区域、H3:H22单元格区域、I3:I22单元格区域、J3:J22单元格区域中输入员工的入职时间、部门、职务、基本工资，在相邻的单元格中输入相同内容时，可利用鼠标右键填充数据。完成数据输入后的效果如图4-5所示。

图 4-5　完成数据输入后的效果

（三）设置单元格格式

在单元格中输入长度超过11位的数字时，系统会默认将其以科学记数法的格式显示。"员工档案表.xlsx"工作簿中输入的身份证号的长度超过了11位，因此单元格中的身份证号会以科学记数法的格式显示。若想让输入的身份号码正确显示，则需将单元格的数字格式设置为"数值"或"文本"类型。下面在"员工档案表.xlsx"工作簿中设置单元格格式，包括设置数字格式、字体格式、对齐方式及合并单元格等，具体操作如下。

（1）选择D3:D22单元格区域，单击鼠标右键，在弹出的快捷菜单中选择"设置单元格格式"命令，如图4-6所示。

（2）打开"设置单元格格式"对话框的"数字"选项卡，在"分类"列表框中选择"数值"选项，在"小数位数"数值框中输入"0"，单击 确定 按钮，如图4-7所示。

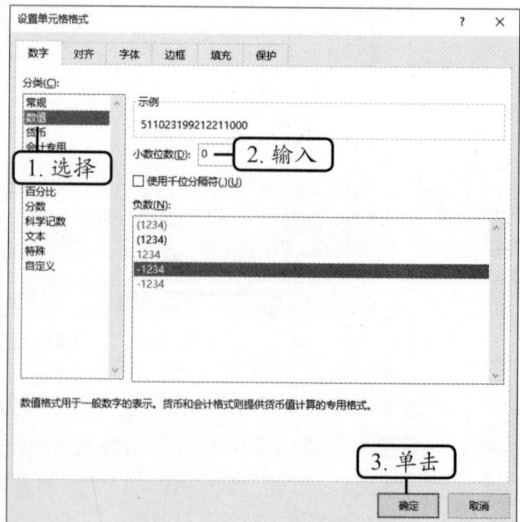

图 4-6　选择"设置单元格格式"命令

图 4-7　设置数字格式

多学一招   **输入身份证号的其他方法**

输入身份证号时，首先要选择目标单元格，将其数字格式设置为"文本"类型，然后在单元格中直接输入身份证号；或者在输入身份证号前先输入英文单引号"'"，系统可以将输入的身份证号自动识别为文本。

（3）选择员工基本工资所在列的J3:J22单元格区域，打开"设置单元格格式"对话框的"数字"选项卡，在"分类"列表框中选择"货币"选项，在"小数位数"数值框中输入"1"，在"货币符号(国家/地区)"下拉列表中选择人民币符号￥，单击 确定 按钮，如图4-8所示。

（4）选择A2:J22单元格区域，将其字体格式设置为"方正楷体简体、14"，对齐方式设置为"居中"，如图4-9所示。

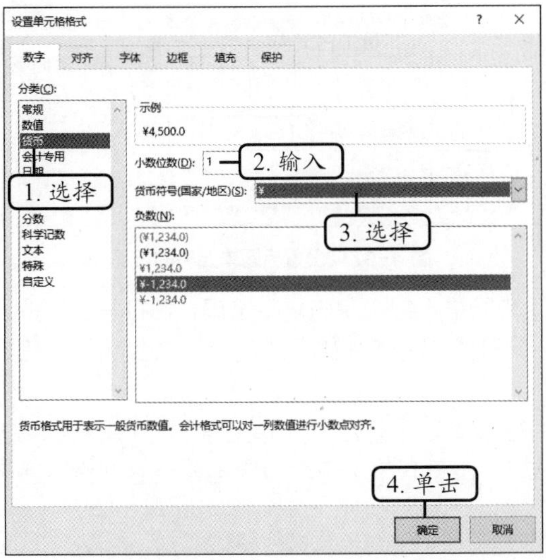

图4-8 设置货币格式

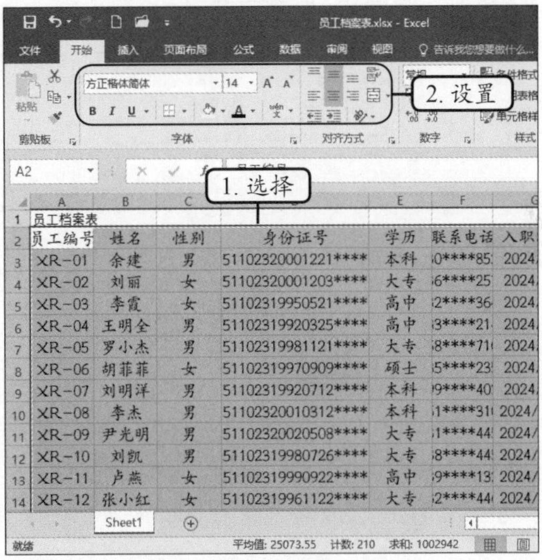

图4-9 设置字体格式与对齐方式

（5）选择A1:J1单元格区域，在【开始】/【对齐方式】组中单击"合并后居中"按钮，如图4-10所示。

（6）保持合并的单元格的选中状态，将其字体格式设置为"方正大标宋简体、22"，如图4-11所示。

图4-10 合并单元格

图4-11 设置表格标题的字体格式

（四）调整行高与列宽

默认状态下，单元格的行高与列宽是固定不变的，但是当单元格中的数据太多而不能完整地显示内容时，就需要调整单元格的行高与列宽，使单元格能够完整地显示其中的内容。下面在"员工档案表.xlsx"工作簿中使用不同的方法调整行高与列宽，具体操作如下。

微课视频

调整行高与列宽

（1）选择合并后的A1单元格，在【开始】/【单元格】组中单击 格式· 按钮，在打开的下拉列表中选择"行高"选项，如图4-12所示。

（2）打开"行高"对话框，在"行高"数值框中输入"40"，单击 确定 按钮，如图4-13所示。

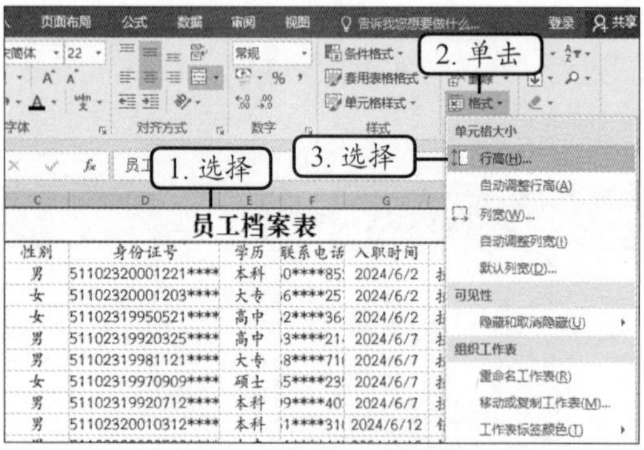

图4-12 选择"行高"选项

图4-13 设置标题单元格的行高

（3）选择A2:J22单元格区域，在【开始】/【单元格】组中单击 格式· 按钮，在打开的下拉列表中选择"行高"选项，打开"行高"对话框，在"行高"数值框中输入"26"，单击 确定 按钮，如图4-14所示。

（4）选择D2:D22单元格区域和F2:F22单元格区域，在【开始】/【单元格】组中单击 格式· 按钮，在打开的下拉列表中选择"自动调整列宽"选项，如图4-15所示，实现自动调整列宽以适应单元格中内容的长度。

图4-14 设置其他单元格的行高

图4-15 选择"自动调整列宽"选项

多学一招　　　　　　　　**拖动鼠标指针调整行高与列宽**

　　通过拖动鼠标指针可以快速调整单元格的行高与列宽，其方法如下：将鼠标指针移至行号或列标的分割线上，当鼠标指针变为 ＋ 或 ＋ 形状时，按住鼠标左键并拖动，此时鼠标指针附近将显示具体的行高或列宽值，拖动至合适位置处释放鼠标左键即可。

（五）设置底纹和边框

制作好"员工档案表.xlsx"工作簿的基本内容后，下面通过设置单元格底纹和边框的方式来美化表格，具体操作如下。

（1）选择A2:J2单元格区域，在【开始】/【字体】组中单击"填充颜色"按钮 🖌 右侧的下拉按钮 ，在打开的下拉列表中选择"灰色-25%，背景2，深色90%"选项，设置单元格的填充颜色，如图4-16所示。

（2）在【开始】/【字体】组中单击"字体颜色"按钮 **A** 右侧的下拉按钮 ，在打开的下拉列表中选择"白色，背景1"选项，设置单元格的字体颜色，如图4-17所示。

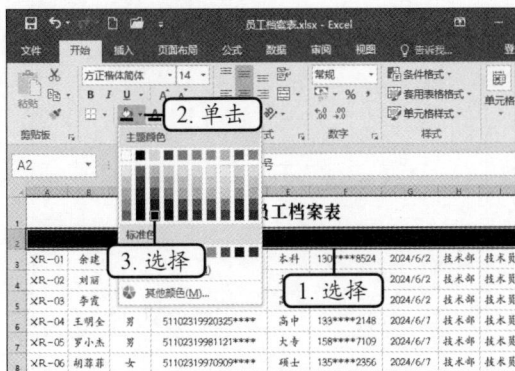

图4-16　设置单元格的填充颜色

图4-17　设置单元格的字体颜色

（3）选择A2:J22单元格区域，在【开始】/【字体】组中单击"无框线"按钮 ⊞ 右侧的下拉按钮 ，在打开的下拉列表中选择"所有框线"选项，如图4-18所示。

（4）返回工作表后，可查看设置底纹和边框的效果，如图4-19所示。

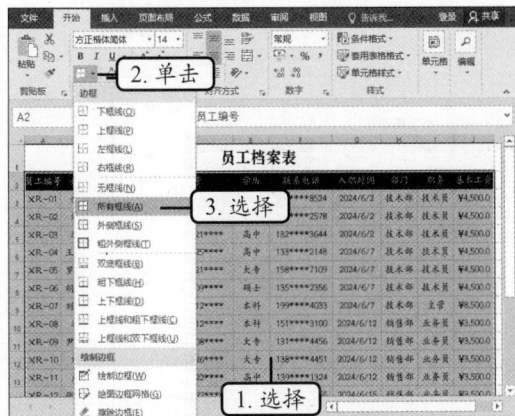

图4-18　选择"所有框线"选项

图4-19　设置底纹和边框的效果

（六）打印表格

完成"员工档案表.xlsx"工作簿的编辑操作后，将表格进行横向、居中打印，打印份数为2，具体操作如下。

（1）选择【文件】/【打印】命令，打开"打印"界面，单击"页面设置"超链接，打开"页面设置"对话框，在"页面"选项卡的"方向"

栏中选中"横向"单选项，设置页面方向，如图4-20所示。

（2）在"页面设置"对话框中单击"页边距"选项卡，在"居中方式"栏中选中"水平"复选框，单击 **确定** 按钮，设置居中方式，如图4-21所示。

（3）返回"打印"界面，表格在页面中水平居中显示，然后在"份数"数值框中输入"2"，在"打印机"下拉列表中选择计算机连接的打印机，在"打印缩放"下拉列表中选择"将所有行调整为一页"选项，单击"打印"按钮 🖶，设置打印选项，如图4-22所示。打印后，按【Ctrl+S】组合键保存工作簿（配套资源:\效果文件\项目四\员工档案表.xlsx）。

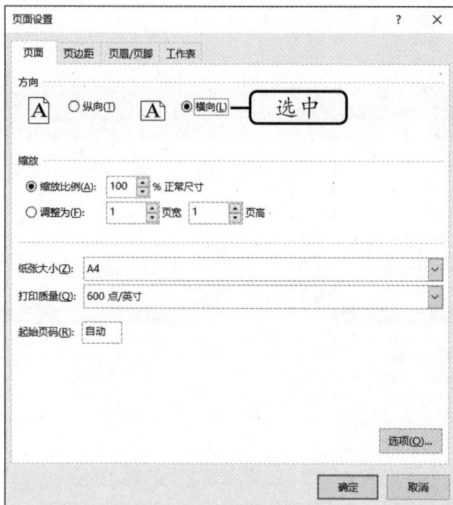

图4-20　设置页面方向

图4-21　设置居中方式

图4-22　设置打印选项

任务二　编辑"信息技术应用大赛选手信息表"

一、任务描述

公司联合同行业的其他公司在本省举办"信息技术应用大赛"，本次比赛分为个人赛和团体赛，米拉所在学校的计算机应用专业的两个班报名参加此次比赛的个人赛，其中，1班有11人参赛，2班有13人参赛。本任务中，米拉将在Excel 2016中打开"信息技术应用大赛选手信息表.xlsx"工作簿，根据计算机应用1班的参赛选手信息编辑计算机应用2班的参赛选手信息。本任务主要涉及工作表的复制与重命名，数据的替换、修改、添加，以及工作簿的保护等操作。

二、相关知识

（一）工作表的基本操作

工作表是存储和管理数据信息的场所，用户只有熟悉工作表的各种基本操作，才能更好地使用Excel 2016制作电子表格。工作表的基本操作包括工作表的插入、选择、移动或复制、重命名、删除等。

1. 工作表的插入

用户可根据需要在工作簿中插入新的工作表。插入工作表的方法有以下4种。

- **通过组合键插入：** 在打开的工作簿中按【Shift+F11】组合键，可在当前工作表的左侧插入一张空白工作表。
- **通过工作表标签右侧的按钮插入：** 单击工作表标签右侧的"新工作表"按钮⊕，可在当前工作表的右侧插入一张空白工作表。
- **通过功能区插入：** 在【开始】/【单元格】组中单击 按钮右侧的下拉按钮，在打开的下拉列表中选择"插入工作表"选项，可在当前工作表的左侧插入一张空白工作表。
- **通过单击鼠标右键插入：** 在工作表标签上单击鼠标右键，在弹出的快捷菜单中选择"插入"命令，打开"插入"对话框，在"常用"选项卡中选择"工作表"选项，单击 按钮，可在当前工作表的左侧插入一张空白的工作表；在"电子表格方案"选项卡中选择相应选项，可在当前工作表的左侧插入根据所选方案新建的工作表。

2. 工作表的选择

当工作簿中存在多张工作表时，就会涉及工作表的选择操作，选择工作表的方法如下。

- **选择单张工作表：** 单击相应的工作表标签即可选择对应的工作表。
- **选择多张不相邻的工作表：** 选择第1张工作表后，按住【Ctrl】键，单击其他工作表标签，可同时选择多张不相邻的工作表。
- **选择连续的工作表：** 选择第1张工作表后，按住【Shift】键，单击任意一个工作表标签，可同时选择这两张工作表及它们之间的所有工作表。
- **选择所有工作表：** 在任意一个工作表标签上单击鼠标右键，在弹出的快捷菜单中选择"选定全部工作表"命令，可选择当前工作簿中的所有工作表。

3. 工作表的移动或复制

工作表在工作簿中的位置并不是固定不变的，通过移动或复制工作表等操作，可以有效提高电子表格的编制效率。在工作簿中移动或复制工作表的方法如下。

- **通过拖动鼠标指针移动或复制工作表：** 在工作表标签上按住鼠标左键，水平拖动鼠标指针，当出现下三角形标记▼时释放鼠标左键，即可将工作表移动到该标记所在的位置。如果在拖动鼠标指针的同时按住【Ctrl】键，则可实现工作表的复制。

- **通过对话框移动或复制工作表：** 在工作簿中选择要移动或复制的工作表后，在【开始】/【单元格】组中单击 图格式·按钮，在打开的下拉列表中选择"移动或复制工作表"选项；或者在要移动或复制的工作表标签上单击鼠标右键，在弹出的快捷菜单中选择"移动或复制"命令，打开"移动或复制工作表"对话框，在"工作簿"下拉列表中选择当前打开的任意一个目标工作簿，在"下列选定工作表之前"列表框中确定工作表移动或复制的位置，选中"建立副本"复选框表示复制工作表，取消选中该复选框表示移动工作表，然后单击 确定 按钮完成操作。

4．工作表的重命名

工作表的名称默认为"Sheet1""Sheet2"等。为了便于查询，可重命名工作表。重命名工作表的方法如下：双击工作表标签，或在工作表标签上单击鼠标右键，在弹出的快捷菜单中选择"重命名"命令，此时被选中的工作表标签呈可编辑状态，输入新名称后按【Enter】键即可。

5．工作表的删除

对于不需要的工作表，可及时将其从工作簿中删除，其方法有以下两种。

- **通过功能区删除：** 在工作簿中选择需要删除的工作表，在【开始】/【单元格】组中单击 删除 按钮右侧的下拉按钮·，在打开的下拉列表中选择"删除工作表"选项。
- **通过单击鼠标右键删除：** 在工作簿中需要删除的工作表的工作表标签上单击鼠标右键，在弹出的快捷菜单中选择"删除"命令。如果要删除的工作表中包含数据内容，则选择"删除"命令后会打开提示对话框，单击 确定 按钮即可删除该工作表。

（二）数据的编辑

在Excel 2016中，编辑数据的基本操作包括移动或复制数据、添加数据、删除数据，以及数据的查找和替换等。

1．移动或复制数据

在Excel 2016中，移动或复制数据可通过以下3种方法实现。

- **通过组合键移动或复制数据：** 选择单元格后按【Ctrl+X】组合键，选择目标单元格后，按【Ctrl+V】组合键可实现移动数据操作；选择单元格后按【Ctrl+C】组合键，选择目标单元格后按【Ctrl+V】组合键可实现复制数据操作。
- **通过拖动鼠标指针移动或复制数据：** 选择单元格后，将鼠标指针定位至该单元格的边框上并按住鼠标左键，将鼠标指针拖动至其他单元格，释放鼠标左键即可快速实现移动数据操作。在拖动鼠标指针的过程中按住【Ctrl】键，可实现复制数据操作。
- **通过【开始】/【剪贴板】组移动或复制数据：** 选择单元格后，在【开始】/【剪贴板】组中单击"剪切"按钮 ✕，选择目标单元格后单击"粘贴"按钮 可实现移动数据操作；选择单元格后，在【开始】/【剪贴板】组中单击"复制"按钮 ，选择目标单元格后单击"粘贴"按钮 可实现复制数据操作。

2．添加数据

在编辑数据时，若出现遗漏数据的情况，则可在已有表格的所需位置插入新的单元格，并在其中输入新的数据。插入单元格的方法如下：选择单元格，在【开始】/【单元格】组中单击 插入 按钮下方的下拉按钮·，在打开的下拉列表中选择"插入单元格"选项；或者单击鼠标右键，在弹出的快捷菜单中选择"插入"命令，打开"插入"对话框，如图4-23所示，执行相应操作。其中，选中"活动单元格右移"或"活动单元格下移"单选项，表示在所选单元格的左侧或上方插入单元格；选中"整行"或"整列"单选项，表示在所选单元格上方插入整行单元格或在所选单元格左侧插入整列单元格。另外，在【开始】/【单元格】组中单击 插入 按钮右侧的下拉按钮 ，在打开的下拉列表中选择"插入工作表行"或"插入工作表列"选项，可在所选单元格的上方或左侧插入整行或整列单元格。

3. 删除数据

选择单元格后，按【BackSpace】键或【Delete】键可删除数据而保留单元格。如果要同时删除数据和单元格，那么需要在选择单元格后，单击【开始】/【单元格】组中的 删除 按钮右侧的下拉按钮 ，在打开的下拉列表中选择"删除单元格"选项，或者单击鼠标右键，在弹出的快捷菜单中选择"删除"命令，打开"删除"对话框，如图4-24所示，执行相应操作。其中，选中"右侧单元格左移"或"下方单元格上移"单选项，表示用右侧或下方的单元格代替所选单元格；选中"整行"或"整列"单选项，表示删除所选单元格所在的整行或整列单元格。另外，在【开始】/【单元格】组中单击 删除 按钮右侧的下拉按钮 ，在打开的下拉列表中选择"删除工作表行"或"删除工作表列"选项，可删除所选单元格所在的整行或整列单元格。

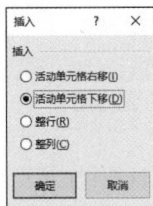

图 4-23 "插入"对话框   图 4-24 "删除"对话框

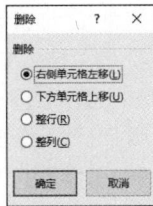

4. 数据的查找和替换

在Excel 2016中使用查找和替换功能查找和替换数据，与在Word 2016中查找和替换文本的操作相似。其方法如下：按【Ctrl+F】组合键或在【开始】/【编辑】组中单击"查找和替换"按钮 ，打开"查找和替换"对话框，单击"替换"选项卡，在"查找内容"文本框中输入要替换的数据内容，单击 查找下一个 按钮，可查找数据的所在位置，单击 查找全部 按钮，可查找出符合输入内容的所有数据；在"替换为"文本框中输入作为替换的数据内容，单击 替换 按钮，可替换当前查找的某处数据，单击 全部替换 按钮，可替换符合输入内容的全部数据。

（三）工作簿与工作表的保护

为避免电子表格中的重要数据被人为修改或破坏，Excel 2016提供全面的数据保护功能，包括工作簿的保护、工作表的保护等功能。

1. 工作簿的保护

为防止他人查看和编辑工作簿，可对工作簿进行加密保护。其方法如下：打开要保护的工作簿，选择【文件】/【信息】命令，打开"信息"界面，单击"保护工作簿"按钮 ，在打开的下拉列表中选择"用密码进行加密"选项，再在打开的"加密文档"对话框中设置密码。

2. 工作表的保护

工作表的保护实质上就是为工作表设置一些限制条件，从而起到保护其内容的作用。其方法如下：选择要保护的工作表，在【审阅】/【更改】组中单击"保护工作表"按钮 ，打开"保护工作表"对话框，选中"保护工作表及锁定的单元格内容"复选框，在"取消工作表保护时使用的密码"文本框中输入密码，并在"允许此工作表的所有用户进行"列表框中选中允许用户进行操作的对应的复选框。

素养提升　　　　　　　　　　　**增强保护信息的意识**

以互联网、数字媒体、大数据、AI等为代表的信息技术蓬勃发展，深刻改变着人类的生活和工作方式，但同时带来了信息泄露的安全风险。因此，我们需要增强保护信息的意识，合法地使用网络，养成良好的保护重要的个人或公司信息的习惯，防止信息被泄露或被窃取。

三、任务实施

（一）复制并重命名工作表

在"信息技术应用大赛选手信息表.xlsx"工作簿中将"计算机应用1班"工作表复制到右侧，并将复制的工作表的名称更改为"计算机应用2班"，具体操作如下。

微课视频

复制并重命名工作表

（1）打开"信息技术应用大赛选手信息表.xlsx"工作簿（配套资源:\素材文件\项目四\信息技术应用大赛选手信息表.xlsx），将鼠标指针移到"计算机应用1班"工作表标签上方，按住【Ctrl】键的同时拖动鼠标指针，将"计算机应用1班"工作表复制到右侧，如图4-25所示。

（2）双击复制的工作表的工作表标签进入可编辑状态，输入"计算机应用2班"，重命名工作表，如图4-26所示，按【Enter】键确认输入。

图 4-25　复制工作表　　　　　　　　　　　图 4-26　重命名工作表

（二）替换数据

在"信息技术应用大赛选手信息表.xlsx"工作簿中利用查找和替换功能将"计算机应用2班"工作表中的"1班"替换为"2班"，具体操作如下。

微课视频

替换数据

（1）在"计算机应用2班"工作表中选择任意单元格，按【Ctrl+F】组合键，打开"查找和替换"对话框，单击"替换"选项卡，在"查找内容"下拉列表中输入"1班"，在"替换为"下拉列表中输入"2班"，单击 全部替换(A) 按钮，替换数据，如图4-27所示。

（2）完成数据替换后，在打开的提示对话框中单击 **确定** 按钮，如图4-28所示，再在"查找和替换"对话框中单击 **关闭** 按钮，关闭该对话框。

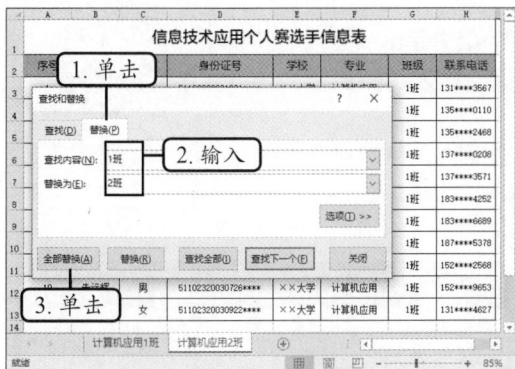

图4-27 替换数据

图4-28 完成数据替换

（三）修改数据

在"信息技术应用大赛选手信息表.xlsx"工作簿的"计算机应用2班"工作表中，修改参赛选手的姓名、性别、身份证号、联系电话，具体操作如下。

（1）在B3:B13单元格区域中重新输入计算机应用2班学生的姓名，选择C3:C13单元格区域，按【Delete】键删除数据内容，再选择C3:C5单元格区域和C11:C13单元格区域，在编辑框中输入"男"，如图4-29所示。

（2）按【Ctrl+Enter】组合键在所选单元格中输入"男"，利用相同方法在C列其他单元格中输入"女"。

（3）继续修改D3:D13单元格区域的身份证号数据、H3:H13单元格区域的联系电话数据，如图4-30所示。

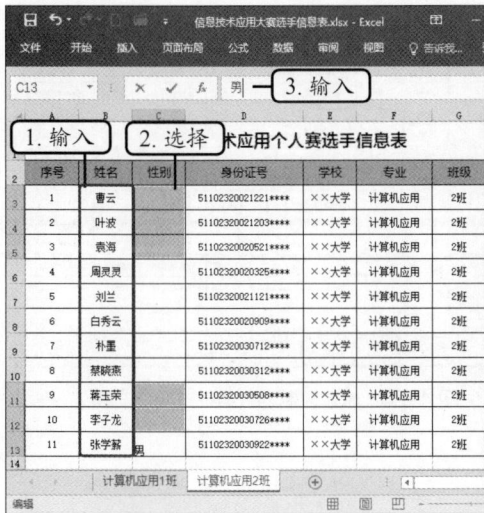

微课视频

修改数据

图4-29 修改姓名和性别

图4-30 修改身份证号和联系电话

（四）添加数据

在"计算机应用2班"工作表的第12行单元格上方插入两行单元格，在其中添加新的数据内容，具体操作如下。

（1）选择A12单元格，在【开始】/【单元格】组中单击"插入"按钮下方的下拉按钮，在打开的下拉列表中选择"插入工作表行"选项，如图4-31所示，再次执行此操作。

（2）在A12单元格上方插入两行单元格后，选择B11:H11单元格区域，按【Ctrl+C】组合键复制单元格，如图4-32所示。

微课视频

添加数据

图4-31　插入工作表行

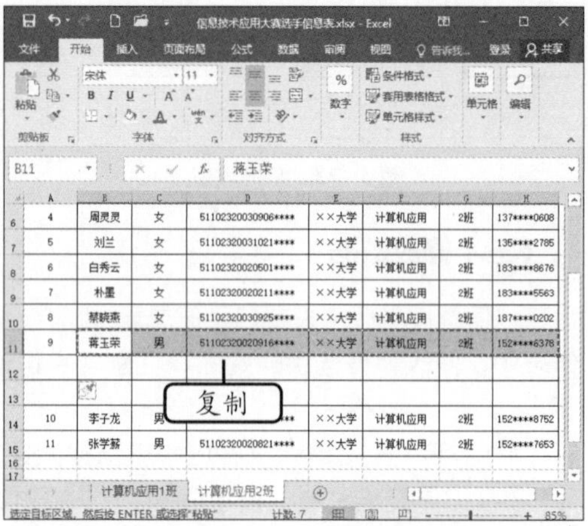

图4-32　复制单元格

（3）选择B12: H13单元格区域，按【Ctrl+V】组合键粘贴单元格，如图4-33所示。

（4）在B12:H13单元格区域中修改复制的数据，选择A1单元格，将鼠标指针移至该单元格右下角，将填充柄向下拖动至A15单元格，重新填充数据后，单击A15单元格右下角的"自动填充选项"按钮，在打开的下拉列表中选中"填充序列"单选项，如图4-34所示。按【Ctrl+S】组合键保存工作簿（配套资源：\效果文件\项目四\信息技术应用大赛选手信息表.xlsx）。

图4-33　粘贴单元格

图4-34　修改复制的数据并重新填充序列

（五）设置密码保护工作簿

在"信息技术应用大赛选手信息表.xlsx"工作簿中设置密码保护工作簿，具体操作如下。

（1）选择【文件】/【信息】命令，打开"信息"界面，单击"保护工作簿"按钮🔒，在打开的下拉列表中选择"用密码进行加密"选项，如图4-35所示。

（2）打开"加密文档"对话框，在"密码"文本框中输入密码（如"123456"），单击 确定 按钮，打开"确认密码"对话框，在"重新输入密码"文本框中再次输入相同的密码，单击 确定 按钮，如图4-36所示。

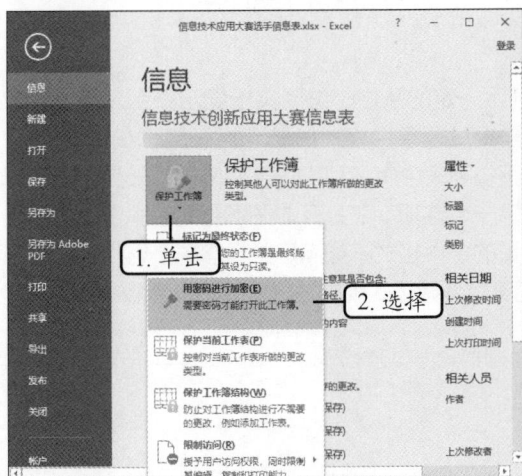

微课视频
设置密码保护工作簿

图 4-35　选择"用密码进行加密"选项

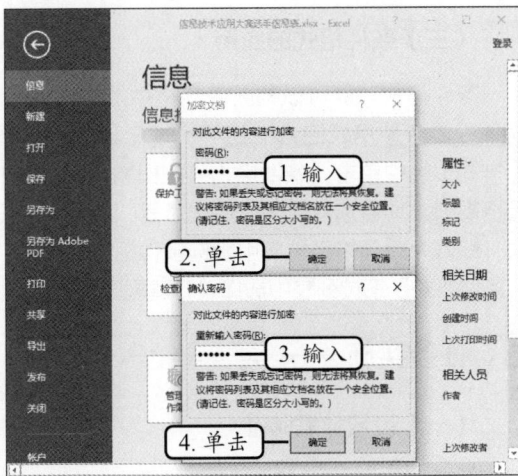

图 4-36　设置密码

任务三　编辑"图书借阅登记表"

一、任务描述

为了帮助员工学习、获取知识和缓解压力，公司专门设立了一间图书室，并由米拉兼任图书管理员。截至当前的登记时间（2024年9月25日），已有8人借阅图书。公司规定，某年度借阅的图书，最迟归还图书的日期不得超过当年的12月31日。为便于后续管理，老洪让米拉编辑已有的"图书借阅登记表"，记录图书借还明细，并将"是否归还""是否逾期""图书是否完好"等数据突出显示，以对员工的借阅行为进行跟踪和管理，确保图书得到合理利用，并且能及时追溯。本任务主要涉及设置数据验证、设置单元格样式、设置条件格式等操作。

二、相关知识

（一）数据验证的应用

数据验证即数据有效性，是指对单元格中录入的数据设置一定的限制条件。设置数据验证后，可保证输入的数据在指定的范围内，从而减少出错率并提高输入效率。设置数据验证的方法如下：选择要设置数据验证的单元格区域，然后在【数据】/【数据工具】组中单击"数据验证"按钮，打开"数据验证"对话框。在"设置"选项卡的"允许"下拉列表中选择允许输入的数据类型，如整数、小数等；在"数据"下拉列表中选择数据有效性的条件选项，如介于、大于、小于等，再根据数据有效性的条件选项设置数据有效性的范围。另外，设置数据有效性条件后，在"输入信息"选项卡中可设置选择设置了数据验证的单元格后，弹出的提示信息；在"出错警告"选项卡中可设置在设置了数据验证的单元格中输入无效数据后，弹出的出错警告信息，帮助用户输入有效的数据。

（二）单元格样式的应用

单元格样式是一种用于定义单元格外观和格式的属性集合，通过设置单元格样式，可以改变单元格中文本的字体、背景颜色、边框线条、对齐方式等，以美化和定制单元格的外观。

（三）条件格式的应用

条件格式功能可以判断单元格中的数据是否满足一定的条件，进而突出显示符合该条件的数据。设置条件格式的方法如下：在工作表中选择需要设置条件格式的单元格区域，在【开始】/【样式】组中单击"条件格式"按钮；在打开的下拉列表中有多种内置条件格式，如突出显示单元格规则、项目选取规则、数据条等，选择其中任意一个选项，在打开的子下拉列表中选择对应选项，即可为单元格区域应用所选条件格式。如果内置的条件格式不能满足制作需求，则用户可以在"条件格式"下拉列表中选择"新建规则"选项，打开"新建格式规则"对话框，新建格式规则。

三、任务实施

（一）设置数据验证

为"图书借阅登记表.xlsx"工作簿的H列（"拟归还日期"数据列）设置数据验证，限制输入日期为2024/1/1—2024/12/31，具体操作如下。

（1）打开"图书借阅登记表.xlsx"工作簿（配套资源:\素材文件\项目四\图书借阅登记表.xlsx），选择H列单元格，在【数据】/【数据工具】组中单击"数据验证"按钮，如图4-37所示。

（2）打开"数据验证"对话框，在"设置"选项卡的"允许"下拉列表中选择"日期"选项，在"数据"下拉列表中选择"介于"选项，在"开始日期"和"结束日期"文本框中分别输入"2024/1/1""2024/12/31"，如图4-38所示。

图4-37 设置数据验证

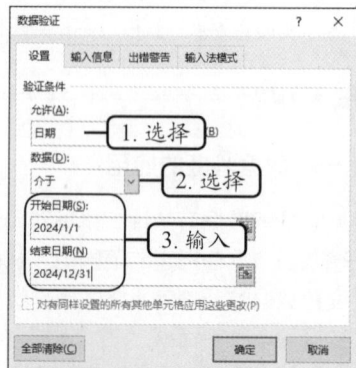

图4-38 设置数据验证条件

（3）单击"输入信息"选项卡，在"标题"文本框中输入"注意"文本，在"输入信息"文本框中输入"请输入2024年度内的日期。"文本，设置提示信息，如图4-39所示。

（4）单击"出错警告"选项卡，在"标题"文本框中输入"警告"文本，在"错误信息"文本框中输入"输入的日期不在正确范围内，请重新输入！"文本，单击 确定 按钮，设置出错警告信息，如图4-40所示。

图 4-39　设置提示信息　　　　　　图 4-40　设置出错警告信息

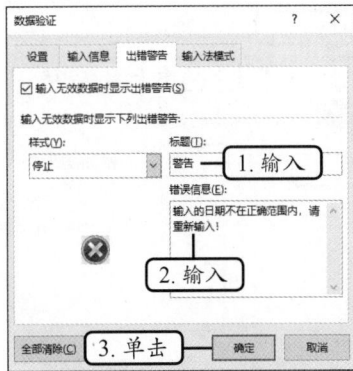

（二）设置单元格样式

下面在"图书借阅登记表.xlsx"工作簿中新建单元格样式，并将样式应用于该工作簿表格的表头单元格区域，具体操作如下。

（1）选择A2:N3单元格区域，在【开始】/【样式】组中单击"单元格样式"按钮 ，在打开的下拉列表中选择"新建单元格样式"选项，如图4-41所示。

（2）打开"样式"对话框，在"样式名"文本框中输入"表头样式"文本后，单击 格式(O) 按钮，如图4-42所示。

微 课 视 频

设置单元格样式

图 4-41　选择"新建单元格样式"选项　　　　图 4-42　"样式"对话框

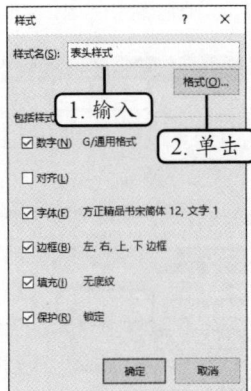

（3）打开"设置单元格格式"对话框，单击"字体"选项卡，在"字体"列表框中选择"方正兰亭细黑简体"选项，在"字形"列表框中选择"加粗"选项，在"颜色"下拉列表中选择"黑

色，文字1，淡色5%"选项，如图4-43所示。

（4）单击"填充"选项卡，在"背景色"栏中选择最后一列的第4个颜色选项，单击 确定 按钮，如图4-44所示。

图 4-43　设置样式的字体格式

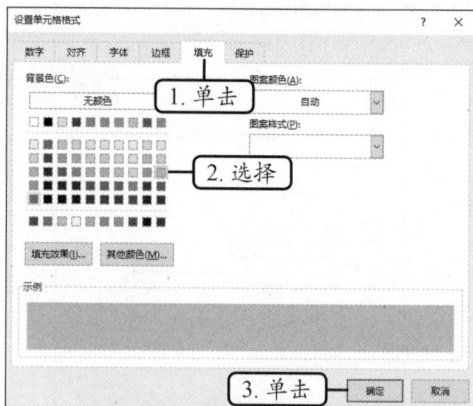

图 4-44　设置样式的填充颜色

（5）返回"样式"对话框，单击 确定 按钮，返回工作表，在【开始】/【样式】组中单击"单元格样式"按钮，在打开的下拉列表中选择"表头样式"选项，为所选单元格区域应用自定义的单元格样式。

（三）设置条件格式

在"图书借阅登记表.xlsx"工作簿中，为I列、K列、M列单元格设置条件格式，使其中符合条件的数据内容突出显示，具体操作如下。

（1）选择I列，在【开始】/【样式】组中单击"条件格式"按钮，在打开的下拉列表中选择【突出显示单元格规则】/【等于】选项，如图4-45所示。

（2）打开"等于"对话框，在"为等于以下值的单元格设置格式"文本框中输入"否"文本，在"设置为"下拉列表中选择"黄填充色深黄色文本"选项，单击 确定 按钮，如图4-46所示。

图4-45　选择【突出显示单元格规则】/【等于】选项

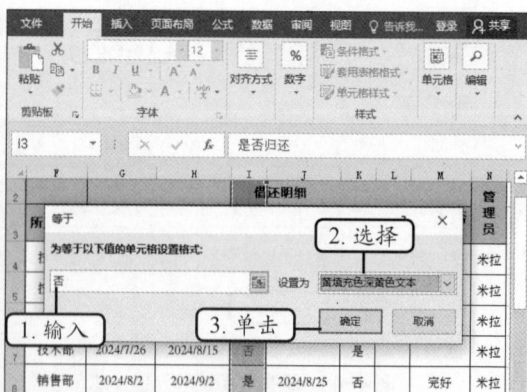

图4-46　设置条件格式

（3）使用同样的方法将K列中文本为"是"的单元格设置为"绿填充色深绿色文本"。

（4）选择M列，在【开始】/【样式】组中单击"条件格式"按钮 🔳，在打开的下拉列表中选择"新建规则"选项。

（5）打开"新建格式规则"对话框，在"选择规则类型"列表框中选择"只为包含以下内容的单元格设置格式"选项，在"编辑规则说明"栏中的第一个下拉列表中选择"特定文本"选项，在右侧的文本框中输入"损坏"文本，单击 格式(F)... 按钮，如图4-47所示。

（6）打开"设置单元格格式"对话框，单击"字体"选项卡，在"颜色"下拉列表中选择"红色"选项，然后单击 确定 按钮，如图4-48所示。

图4-47 "新建格式规则"对话框

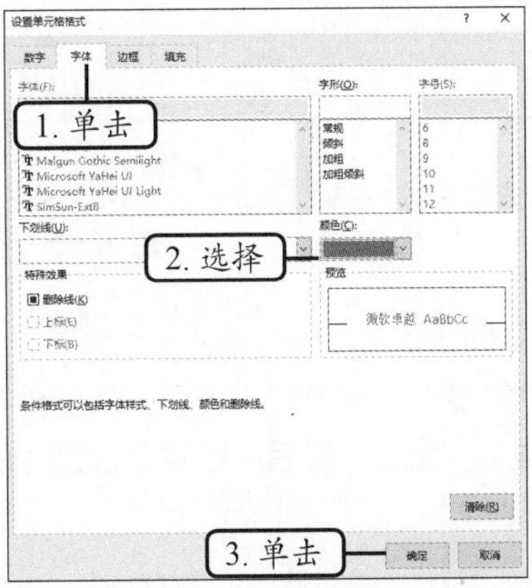

图4-48 "设置单元格格式"对话框

（7）返回"新建格式规则"对话框，单击 确定 按钮，完成条件格式的设置，其效果如图4-49所示。按【Ctrl+S】组合键保存工作簿（配套资源:\效果文件\项目四\图书借阅登记表.xlsx）。

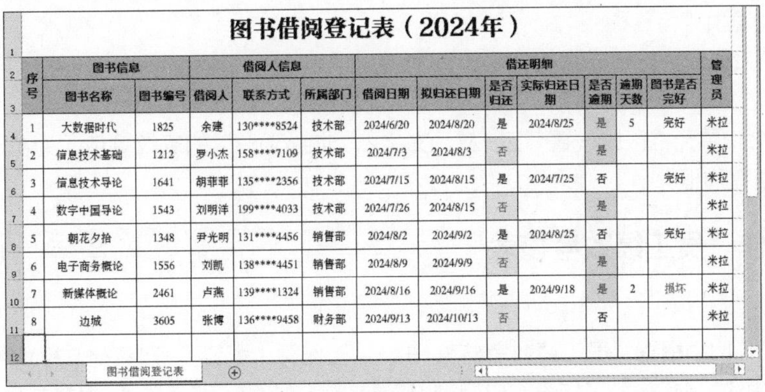

图4-49 "图书借阅登记表"的效果

项目实训

实训一 制作"企业客户一览表"

【实训要求】

在Excel 2016中根据提供的企业客户信息素材（配套资源:\素材文件\项目四\企业客户信

息.txt）制作“企业客户一览表.xlsx”工作簿，记录企业客户的企业名称、联系人、联系电话、传真号码、地址、账号、合作性质及建立合作关系时间等信息，要求表格格式规整、美观大方。本实训制作完成后的表格（配套资源:\效果文件\项目四\企业客户一览表.xlsx）的参考效果如图4-50所示。

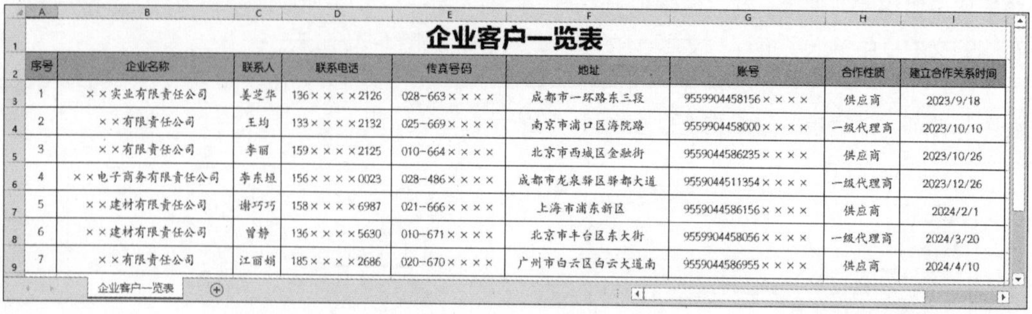

企业客户一览表

序号	企业名称	联系人	联系电话	传真号码	地址	账号	合作性质	建立合作关系时间
1	××实业有限责任公司	姜芝华	136×××2126	028-663××××	成都市一环路东三段	9559904458156××××	供应商	2023/9/18
2	××有限责任公司	王均	133×××2132	025-669××××	南京市浦口区海院路	9559904458000××××	一级代理商	2023/10/10
3	××有限责任公司	李丽	159×××2125	010-664××××	北京市西城区金融街	9559044586235××××	供应商	2023/10/26
4	××电子商务有限责任公司	李东垣	156×××0023	028-486××××	成都市龙泉驿区驿都大道	9559044511354××××	一级代理商	2023/12/26
5	××建材有限责任公司	谢巧巧	158×××6987	021-666××××	上海市浦东新区	9559044586156××××	供应商	2024/2/1
6	××建材有限责任公司	曾静	136×××5630	010-671××××	北京市丰台区东大街	9559904458056××××	一级代理商	2024/3/20
7	××有限责任公司	江丽娟	185×××2686	020-670××××	广州市白云区白云大道南	9559044586955××××	供应商	2024/4/10

图 4-50 “企业客户一览表”的参考效果

【实训思路】

首先新建工作簿并输入数据；然后合并标题单元格，设置单元格格式，包括设置字体、对齐方式、行高与列宽等；最后设置底纹和边框，对表格进行美化。

【步骤提示】

（1）新建“企业客户一览表.xlsx”工作簿，将默认的“Sheet1”工作表名称修改为“企业客户一览表”。

（2）根据素材文件输入数据，在输入数据的过程中填充序号，针对同列单元格中包含相同内容的情况，可在通过填充或复制的方式输入数据后再进行修改。

（3）合并A1:I1单元格区域，标题文本居中显示，将字体格式设置为“方正兰亭大黑简体、28”；将表头单元格格式设置为“方正准圆简体、12、居中”；将其他单元格格式设置为“方正楷体简体、13、居中”。

（4）将第2行~第9行单元格的行高设置为“30”，将所有数据列（A列~I列）的列宽设置为“自动调整列宽”。

（5）为A2:I2单元格区域设置“蓝-灰，文字2，淡色60%”的底纹颜色，为A2:I9添加边框，边框样式为“所有边框”。

实训二　制作“员工绩效考核表”

【实训要求】

在Excel 2016中根据“员工绩效考核表.xlsx”工作簿（配套资源:\素材文件\项目四\员工绩效考核表.xlsx）中的“4月份”工作表，以及5月份绩效考核成绩（配套资源:\素材文件\项目四\5月份员工绩效考核成绩.txt），制作“5月份”工作表，记录员工5月份的绩效考核数据，并通过设置条件格式突出显示销售额达成率高于平均值、总分大于“90”的数据。本实训制作完成后的表格（配套资源:\效果文件\项目四\员工绩效考核表.xlsx）的参考效果如图4-51所示。

【实训思路】

首先在“员工绩效考核表.xlsx”工作簿中复制“4月份”工作表并修改其中的数据，然后为“总分”列设置条件格式。

【步骤提示】

（1）打开素材文件“员工绩效考核表.xlsx”工作簿，复制“4月份”工作表，将复制后的工作表名称修改为“5月份”。

（2）在“5月份”工作表中将标题修改为“5月份员工绩效考核表”，然后打开素材文件“5月份员工绩效考核成绩.txt”，根据其中的数据修改“5月份”工作表中员工的数据。

（3）选择F4:F18单元格区域，设置条件格式，使销售额达成率高于平均值的单元格显示为“浅红填充色深红色文本”。

（4）选择J4:J18单元格区域，设置条件格式，自定义规则，使总分大于“90”的单元格字体加粗，填充色为“金色，个性色4”。

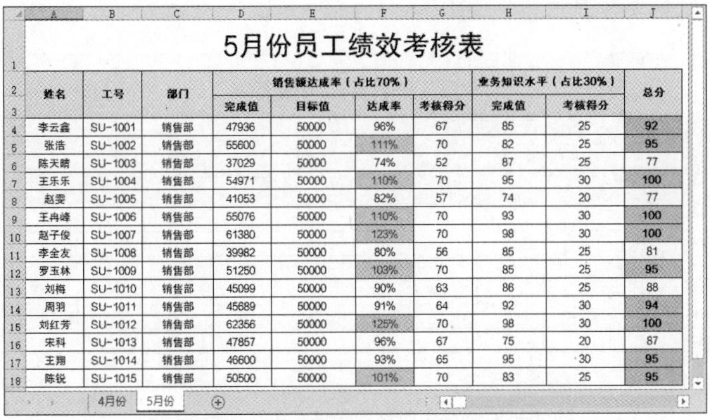

5月份员工绩效考核表

姓名	工号	部门	销售额达成率（占比70%）				业务知识水平（占比30%）		总分
			完成值	目标值	达成率	考核得分	完成值	考核得分	
李云鑫	SU-1001	销售部	47936	50000	96%	67	85	25	92
张浩	SU-1002	销售部	55600	50000	111%	70	82	25	95
陈天晴	SU-1003	销售部	37029	50000	74%	52	87	25	77
王乐乐	SU-1004	销售部	54971	50000	110%	70	95	30	100
赵雯	SU-1005	销售部	41053	50000	82%	57	74	20	77
王冉峰	SU-1006	销售部	55076	50000	110%	70	93	30	100
赵子俊	SU-1007	销售部	61380	50000	123%	70	98	30	100
李全友	SU-1008	销售部	39982	50000	80%	56	85	25	81
罗玉林	SU-1009	销售部	51250	50000	103%	70	85	25	95
刘梅	SU-1010	销售部	45099	50000	90%	63	86	25	88
周羽	SU-1011	销售部	45689	50000	91%	64	92	30	94
刘红芳	SU-1012	销售部	62356	50000	125%	70	98	30	100
宋科	SU-1013	销售部	47857	50000	96%	67	75	20	87
王翔	SU-1014	销售部	46600	50000	93%	65	95	30	95
陈锐	SU-1015	销售部	50500	50000	101%	70	83	25	95

图 4-51 “5 月份”工作表的参考效果

课后练习

练习1：制作“办公用品采购表”

本练习根据提供的素材文件（配套资源:\素材文件\项目四\办公用品采购信息.txt）制作“办公用品采购表”（配套资源:\效果文件\项目四\办公用品采购表.xlsx），要求表格结构规则、美观，并突出显示金额超过100元的内容，其参考效果如图4-52所示，制作完成后为其设置密码保护。

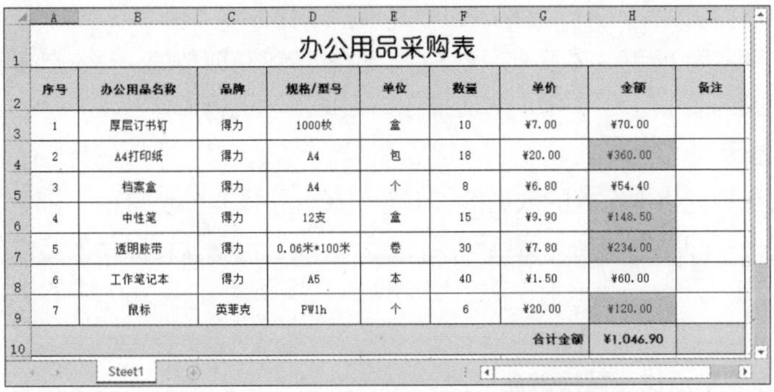

办公用品采购表

序号	办公用品名称	品牌	规格/型号	单位	数量	单价	金额	备注
1	厚层订书钉	得力	1000枚	盒	10	¥7.00	¥70.00	
2	A4打印纸	得力	A4	包	18	¥20.00	¥360.00	
3	档案盒	得力	A4	个	8	¥6.80	¥54.40	
4	中性笔	得力	12支	盒	15	¥9.90	¥148.50	
5	透明胶带	得力	0.06米*100米	卷	30	¥7.80	¥234.00	
6	工作笔记本	得力	A5	本	40	¥1.50	¥60.00	
7	鼠标	英菲克	PW1h	个	6	¥20.00	¥120.00	
						合计金额	¥1,046.90	

图 4-52 “办公用品采购表”的参考效果

操作提示如下。

- 新建工作簿，输入数据，进行合并单元格，设置单元格字体、对齐方式、数字类型，以及设置底纹和边框等操作。
- 为“金额”列中的数据设置条件格式，使金额超过100的内容突出显示。

- 通过"用密码进行加密"选项设置密码以保护工作簿。

练习2：编辑"员工职称评级考核表"

本练习根据提供的素材文件（配套资源:\素材文件\项目四\职称评级考核信息.txt），在"员工职称评级考核表.xlsx"工作簿（配套资源:\素材文件\项目四\员工职称评级考核表.xlsx）中输入各员工的考核成绩，完善数据内容，要求输入考核成绩前设置数据验证以防止输入错误（各考核项目最高分为5分，共11个考核项目，总分最高为55分），使合计分数大于45的数据突出显示（合计分数大于45即职称评级考核成功），本练习制作完成的表格（配套资源:\效果文件\项目四\员工职称评级考核表.xlsx）的参考效果如图4-53所示。

图4-53 "员工职称评级考核表"的参考效果

操作提示如下。

- 为D5:N10单元格区域设置数据验证，数值超过"5"时提示输入错误；为O5:O10单元格区域设置数据验证，数值超过"55"时提示输入错误。
- 为O5:O10单元格区域设置条件格式，突出显示合计分数大于45的数据。

技巧提升

1. 导入外部数据

在Excel 2016中可以导入外部数据，以提高表格制作效率。Excel 2016支持从Access、文本文档（如文件扩展名为.txt的文本文档）、SQL Server等获取数据。导入外部数据的方法如下：在【数据】/【获取外部数据】组中单击对应按钮，根据提示进行操作。

2. 自动换行显示

默认情况下，当单元格中输入的数据的长度超过单元格本身的宽度时，部分文字将无法显示，此时可以设置单元格中的数据根据列宽自动换行显示。设置自动换行显示的方法如下：选择单元格或单元格区域，单击"开始"选项卡中的"自动换行"按钮 ，单元格中的文本将自动根据列宽换行显示。

3. 在多张工作表中查找或替换数据

在多张工作表中查找或替换数据的方法如下：按住【Shift】键或【Ctrl】键选择工作簿中多张相邻或不相邻的工作表，打开"查找和替换"对话框，在其中进行查找或替换数据的操作。

4. 打印网格线

打印表格时，默认不会打印网格线，如果表格没有边框，那么在打印表格时，可以选择打印网格线，以便区分行与行、列与列。打印网格线的方法如下：先在【页面布局】/【工作表选项】组的"网格线"栏中选中"打印"复选框，再执行打印操作。

项目五

计算与分析Excel表格数据

情景导入

　　每月10日是公司的工资发放日，月初举行总结会议后，老洪让米拉及时制作员工工资表以统计公司员工的应发工资，然后制作成工资条发放给员工，以便员工核对。另外，米拉需要通过制作图表分析公司日常办公费用分布情况，通过排序、筛选、分类汇总功能，以及数据透视表与数据透视图统计分析产品销售情况。

学习目标

- 掌握使用公式和函数计算表格数据的方法。
- 掌握创建与编辑图表、数据透视表和数据透视图的方法。
- 掌握排序、筛选、分类汇总数据的方法。

素质目标

- 培养勇于探索未知领域的能力。
- 培养团队协作和资源整合能力。
- 培养提出问题和解决问题的能力。

案例展示

员工姓名	部门	职位	基本工资	职位补贴	工龄工资	提成工资	全勤奖	应发工资	考勤扣款	社保代扣	个人所得税代扣	应扣工资	实发工资
余建	技术部	技术员	¥4,500.0	¥400.0	¥100.0	¥2,160.4	¥0.0	¥7,160.4	¥60.0	¥468.0	¥49.0	¥577.0	¥6,583.4
刘丽	技术部	技术员	¥4,500.0	¥400.0	¥100.0	¥1,323.2	¥100.0	¥6,423.2	¥0.0	¥468.0	¥28.7	¥496.7	¥5,926.5
李霞	技术部	技术员	¥4,500.0	¥400.0	¥100.0	¥958.7	¥0.0	¥6,058.7	¥0.0	¥468.0	¥17.7	¥485.7	¥5,573.0
王明金	技术部	技术员	¥4,500.0	¥400.0	¥100.0	¥5,429.5	¥0.0	¥10,429.5	¥20.0	¥468.0	¥284.2	¥772.2	¥9,657.4
罗小杰	技术部	技术员	¥4,500.0	¥400.0	¥100.0	¥1,212.7	¥100.0	¥6,312.7	¥0.0	¥468.0	¥25.3	¥493.3	¥5,819.3
胡菲菲	技术部	技术员	¥4,500.0	¥400.0	¥100.0	¥735.0	¥0.0	¥5,735.0	¥20.0	¥468.0	¥7.4	¥495.4	¥5,239.6
刘鹏洋	技术部	主管	¥6,500.0	¥400.0	¥100.0	¥16,288.6	¥0.0	¥25,688.6	¥40.0	¥884.0	¥2,542.9	¥3,466.9	¥22,221.6
李杰	销售部	业务员	¥3,500.0	¥400.0	¥100.0	¥2,464.4	¥100.0	¥6,564.4	¥0.0	¥364.0	¥36.0	¥400.0	¥6,164.4
尹光明	销售部	业务员	¥3,500.0	¥400.0	¥100.0	¥1,364.0	¥0.0	¥5,364.0	¥60.0	¥364.0	¥0.0	¥424.0	¥4,940.0
刘飘	销售部	业务员	¥3,500.0	¥400.0	¥100.0	¥2,701.7	¥100.0	¥6,801.7	¥0.0	¥364.0	¥43.1	¥407.1	¥6,394.5
卢惠	销售部	业务员	¥3,500.0	¥400.0	¥100.0	¥1,435.1	¥100.0	¥5,535.1	¥0.0	¥364.0	¥5.1	¥369.1	¥5,165.9
张小红	销售部	业务员	¥3,500.0	¥400.0	¥100.0	¥1,209.8	¥0.0	¥5,209.8	¥60.0	¥364.0	¥0.0	¥424.0	¥4,785.8
周康	销售部	业务员	¥3,500.0	¥400.0	¥100.0	¥2,262.0	¥0.0	¥6,262.0	¥20.0	¥364.0	¥26.3	¥410.3	¥5,851.6
蓝天民	销售部	业务员	¥3,500.0	¥400.0	¥100.0	¥1,482.2	¥100.0	¥5,582.2	¥0.0	¥364.0	¥6.5	¥370.5	¥5,211.7
李红	销售部	主管	¥6,500.0	¥800.0	¥100.0	¥9,876.7	¥0.0	¥17,276.7	¥10.0	¥676.0	¥949.1	¥1,635.1	¥15,641.6
张博	财务部	会计	¥5,000.0	¥400.0	¥100.0	¥0.0	¥100.0	¥5,600.0	¥0.0	¥620.0	¥2.4	¥622.4	¥5,077.6
张健	财务部	主管	¥6,500.0	¥800.0	¥100.0	¥0.0	¥0.0	¥9,400.0	¥60.0	¥884.0	¥135.6	¥1,079.6	¥8,320.4

◄ | 7月提成 | 7月考勤 | 7月工资 | 7月工资条 | ⊕

▲员工工资表

任务一　制作"员工工资表"

一、任务描述

老洪要求米拉在制作员工工资表时用公式或函数计算相关数据，这样即使出现错误也方便修改。本任务中米拉将使用公式，以及DATEDIF、TODAY、SUM、VLOOKUP、IF、IFERROR、MAX、COLUMN等函数计算员工工资表的数据，完善员工工资表的内容。

二、相关知识

（一）单元格引用

Excel 2016是通过单元格地址来引用单元格中的数据的，单元格地址指单元格的行号与列标的组合。例如，在"=500+300+900"中，数据"500"位于B3单元格，其他数据依次位于C3、D3单元格中。通过引用单元格地址，在编辑框中输入公式"=B3+C3+D3"，同样可以获得这3个数据的计算结果。

在计算表格中的数据时，通常会通过移动、复制或填充公式来实现快速计算，因此会涉及不同的单元格引用方式。Excel 2016中有相对引用、绝对引用和混合引用3种引用方式，不同的引用方式得到的计算结果也不相同。

- **相对引用：** 相对引用是指输入公式时直接通过单元格地址来引用单元格。相对引用单元格后，如果复制或移动公式到其他单元格中，那么公式中的单元格地址会根据复制或移动的目标位置发生相应的改变。
- **绝对引用：** 若采用绝对引用，则无论公式的位置如何改变，公式中的单元格地址均不会发生变化。绝对引用的形式是在单元格的行号、列标前加上符号"$"。
- **混合引用：** 混合引用包含相对引用和绝对引用。混合引用有两种形式，一种是行绝对引用、列相对引用，如"B$2"表示行不发生变化，但是列会随着新的位置发生变化；另一种是行相对引用、列绝对引用，如"$B2"表示列不发生变化，但是行会随着新的位置发生变化。

除了进行单个单元格的引用，还可进行单元格区域引用，如"A5:C5"表示引用A5:C5单元格区域中的数据。

> **知识扩展**　　　　　　　　**跨工作表和工作簿引用**
>
> 引用同一工作簿其他工作表中的单元格数据时，需要在单元格地址前加上工作表标签和英文叹号"!"，形式为"工作表标签!+单元格引用"；引用其他工作簿的工作表中的单元格数据时，需要在跨工作表引用的形式前加上工作簿名称，形式为"[工作簿名称]+工作表标签!+单元格引用"。

（二）认识运算符

运算符是公式的重要组成部分。运算符分为算术运算符、比较运算符、文本运算符和引用运算符这4种，不同的运算符有不同的计算顺序。当公式中同时运用多个运算符时，系统将按照运算符的优先级依次进行计算，相同优先级的运算符则从左到右依次进行计算。

- **算术运算符：** 算术运算符包括加号或正号（+）、减号或负号（–）、星号或乘号（*）、除号（/）、百分号（%）、乘方号（^）等，用于完成基本的数学运算，返回值为数值。例如，在单元格中输入"=2+3*3"后，按【Enter】键确认，得出的结果为11。
- **比较运算符：** 比较运算符包括等于（=）、大于（>）、小于（<）、大于等于（>=）、小于等于（<=）、不等于（<>）等。符号两边为同类型数据时才能比较，其运算结果是TRUE 或FALSE。例如，在单元格中输入"=5<6"后，按【Enter】键确认，得出的结果为TRUE。
- **文本运算符：** 文本运算符是连接符号（&），符号两边均为文本型数据时才能连接，连接的结果仍是文本型数据。例如，在单元格中输入"="职业"&"学院""（文本输入时需加英文双引号）后，按【Enter】键确认，得出的结果为"职业学院"。
- **引用运算符：** 引用运算符包括空格、逗号（,）和冒号（:）。其中，空格为交叉运算符，逗号为联合运算符，冒号为区域运算符。

依照比较运算符→文本运算符→算术运算符→引用运算符的顺序，优先级越来越高。

（三）认识公式与函数

在使用Excel 2016中，用户通过使用公式与函数可以对各种类型的数据进行计算与分析，以实现数据的自动化处理。

1. 认识公式

Excel 2016中的公式是对工作表中的数据进行计算的等式，它以等号"="开始，其后是公式的表达式。公式的表达式中可以包含常量数值、运算符、单元格引用、单元格区域引用和函数等，如图5-1所示。

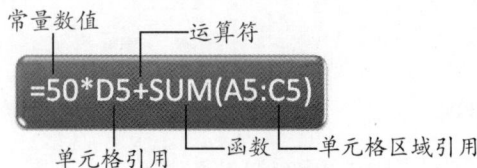

图5-1　公式的表达式组成

在Excel 2016中输入公式的方法与输入数据的方法类似，首先在单元格中输入"="，接着输入表达式，输入完成后按【Enter】键，计算出结果并移到下一个单元格（输入完成后按【Ctrl+Enter】组合键，可在计算出结果后停留在该单元格）。输入公式后，可对其中的表达式进行修改。按【Ctrl+X】组合键、【Ctrl+C】组合键、【Ctrl+V】组合键可实现公式的剪切、复制和粘贴操作。

2. 认识函数

函数是预定义了某种算法的公式，它通过使用参数的特定数值按特定的顺序或结构进行数据计算，利用函数能够很容易地完成各种复杂数据的处理工作。函数的一般结构如下：函数名(参数1,参数2,...)。其中，各部分的含义如下。

- **函数名：** 即函数的名称，每个函数都有唯一的函数名。
- **参数：** 函数的参数可以是数字、文本、表达式、引用、数组或其他函数。

Excel 2016提供丰富的函数供用户选择，使用函数计算数据时，同样以"="开始，既可以直接输入函数，又可以在编辑栏中通过单击"插入函数"按钮 *f*x 或在【公式】/【函数库】组中选择函数插入。

三、任务实施

（一）使用 DATEDIF 和 TODAY 函数计算员工工龄

在"员工工资表.xlsx"工作簿的"基本工资"工作表中使用 DATEDIF 和 TODAY函数计算员工工龄，具体操作如下。

（1）打开"员工工资表.xlsx"工作簿（配套资源:\素材文件\项目五\员工工资表.xlsx），选择"基本工资"工作表中的G3单元格，输入公式"=DATEDIF("，接着选择F3单元格，并输入一个英文逗号，此时公式中将显示所选单元格的引用地址，如图5-2所示。

（2）在【公式】/【函数库】组中单击"日期和时间"按钮，在打开的下拉列表中选择"TODAY"选项，如图5-3所示。打开"函数参数"对话框，保持默认设置，单击 确定 按钮。

微课视频

使用 DATEDIF 和
TODAY 函数计算
员工工龄

图 5-2　输入公式

图 5-3　选择"TODAY"选项

（3）在"TODAY()"后输入剩余的函数参数内容",\"Y\")"，如图5-4所示，然后按【Enter】键计算结果，接着将鼠标指针移至G3单元格右下角的填充柄上，向下拖动鼠标指针至G22单元格，填充函数计算所有员工的工龄，如图5-5所示。

图 5-4　输入剩余的函数参数内容

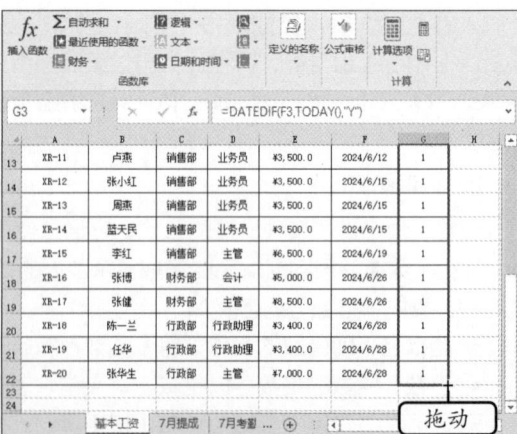

图 5-5　填充函数计算所有员工的工龄

> **知识扩展**　**DATEDIF 和 TODAY 函数解析**
>
> 　　DATEDIF函数用于计算两个日期之间相隔的天数、月数或年数，其语法格式为DATEDIF(开始日期,终止日期,比较单位)；TODAY函数用于返回系统的当前日期，该函数没有参数，语法格式为TODAY()。公式"=DATEDIF(F3,TODAY(),"Y")"表示返回入职时间和系统当前日期这两个日期之间相差的年数。

（二）使用公式计算提成工资

在"员工工资表.xlsx"工作簿的"7月提成"工作表中使用公式计算提成工资（本任务中财务部、行政部的员工没有提成工资），具体操作如下。

（1）在"7 月提成"工作表中选择G3单元格，在其中输入运算符"="，然后选择E3单元格，输入乘号"*"，再选择F3单元格，如图5-6所示，按【Ctrl+Enter】组合键，计算第一位员工的提成工资。

（2）将鼠标指针移至G3单元格右下角的填充柄上，向下拖动鼠标指针至G17单元格，填充公式计算其他员工的提成工资，如图5-7所示。

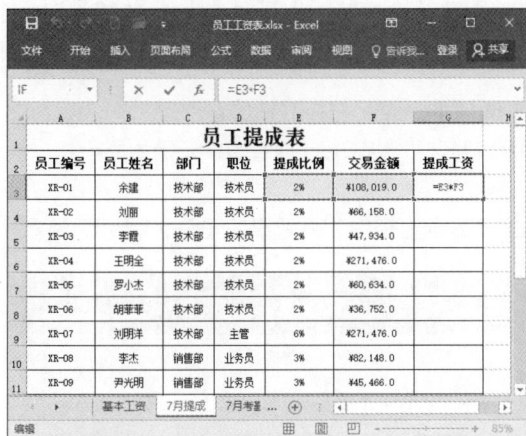

微课视频
使用公式计算
提成工资

图5-6　输入公式

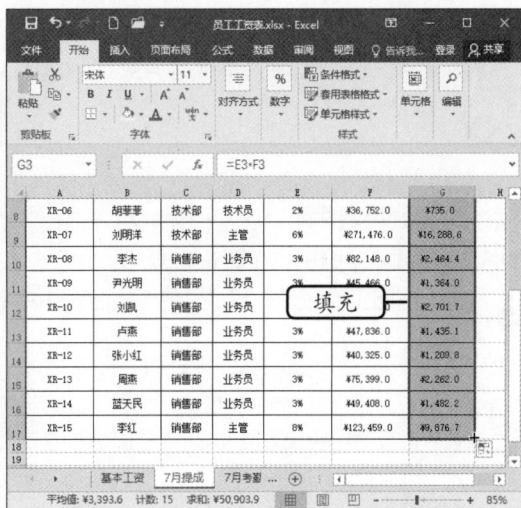

图5-7　填充公式计算其他员工的提成工资

（三）使用 SUM 函数计算总扣款额

迟到扣款、早退扣款、事假扣款、病假扣款等都属于考勤扣款项目，下面使用SUM 函数计算"员工工资表.xlsx"工作簿的"7月考勤"工作表中的总扣款额，具体操作如下。

（1）在"7月考勤"工作表中选择I3单元格，输入函数"=SUM(E3:H3)"，如图5-8所示。

（2）按【Enter】键，计算出第一位员工的总扣款额，将函数向下填充至I22单元格，计算其他员工的总扣款额，如图5-9所示。

微课视频
使用 SUM 函数计算
总扣款额

图 5-8　输入函数

图 5-9　计算其他员工的总扣款额

知识扩展　　　　　　　　　　**SUM 函数解析**

　　SUM函数即求和函数，它可以对选择的单元格或单元格区域中的数据进行求和计算。其语法格式为SUM(数值1,数值2,...)，填写参数时，可以使用单元格地址。公式"=SUM(E3:H3)"表示对E3:H3单元格区域中的数据进行求和。

　　（3）选择I3:I22单元格区域，选择【文件】/【选项】命令，打开"Excel选项"对话框，在"高级"选项卡右侧的"此工作表的显示选项"栏中取消选中"在具有零值的单元格中显示零"复选框，单击 确定 按钮，如图5-10所示。

　　（4）返回工作表后，I3:I22单元格区域中的零值将显示为空白，其效果如图5-11所示。

图 5-10　设置数值显示格式

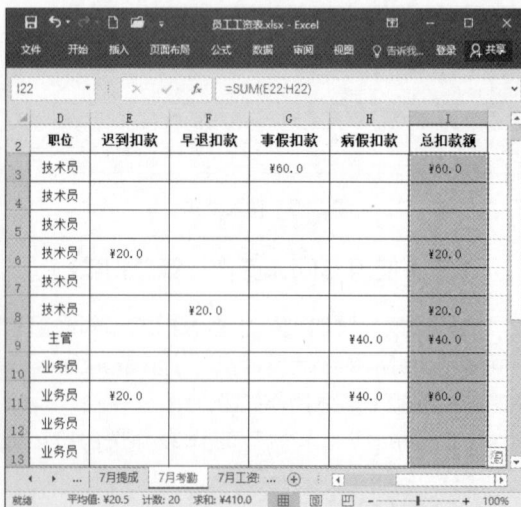

图 5-11　零值显示为空白的效果

（四）使用公式和函数完善员工工资表

微课视频

使用公式和函数完善员工工资表

计算完与工资有关的员工工龄、提成工资、总扣款额等数据后，就可以计算员工工资表中的数据了。下面在“员工工资表.xlsx”工作簿的“7月工资”工作表中，使用公式和函数计算基本工资、职位补贴、工龄工资、提成工资、全勤奖、应发工资、考勤扣款、社保代扣、个人所得税代扣、应扣工资和实发工资等，具体操作如下。

（1）在“7月工资”工作表中选择E3单元格，在编辑框中输入函数公式“=VLOOKUP(A3, 基本工资!$A$2:$G$22,5,FALSE)”，如图5-12所示。

（2）按【Enter】键，得到第一位员工的基本工资，然后向下填充至E22单元格，得到其他员工的基本工资，如图5-13所示。

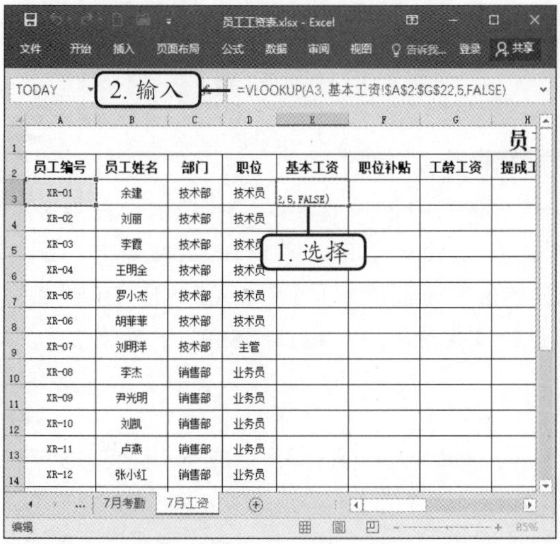

图 5-12　输入公式

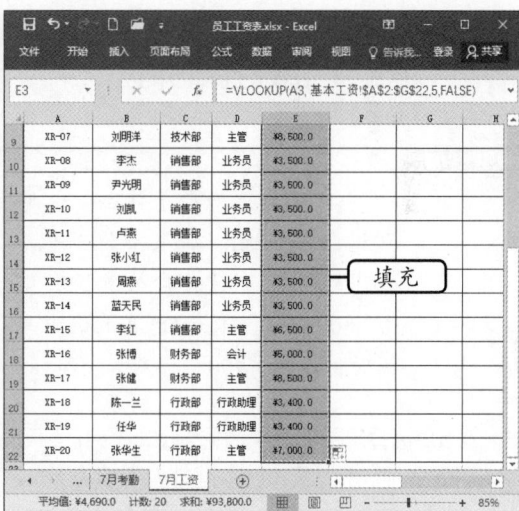

图 5-13　得到其他员工的基本工资

知识扩展　**VLOOKUP 函数解析**

VLOOKUP 是一个查找函数，它可根据指定的条件，在指定的区域中查找与之匹配的数据。其语法格式如下：VLOOKUP(查找值, 数据表, 列序数, 匹配条件)。其中，“匹配条件”参数可为“FALSE”或“TRUE”，若为“FALSE”，则表示精确匹配，若为“TRUE”或忽略不填，则表示近似匹配。公式“=VLOOKUP(A3, 基本工资!$A$2:$G$22,5,FALSE)”表示在“基本工资”工作表的A2:G22单元格区域的第5列中精确查找“7 月工资”工作表中A3单元格中员工编号对应的基本工资。

（3）选择F3单元格，在编辑框中输入公式“=IF(D3="主管",800,400)”，按【Enter】键，计算出第一位员工的职位补贴，然后向下填充至F22单元格，计算出其他员工的职位补贴，如图5-14所示。

（4）选择G3单元格，在编辑框中输入公式“=基本工资!G3*100”，按【Enter】键，计算出第一位员工的工龄工资，然后向下填充至G22单元格，计算出其他员工的工龄工资，如图5-15所示。

图 5-14 计算员工的职位补贴

图 5-15 计算员工的工龄工资

知识扩展   **IF 函数解析**

      IF函数是一个条件函数，它可判断指定的条件的真假，如果条件为真，则返回一个值，如果条件为假，则返回另外一个值。其语法格式如下：IF(测试条件,测试条件为真返回值,测试条件为假返回值)。公式"=IF(D3="主管",800,400)"表示D3单元格中的职位为"主管"时，返回"800"；为其他数据时，返回"400"。

（5）选择H3单元格，输入公式"=IFERROR(VLOOKUP(A3,'7月提成'!$A$2:$G$17,7,FALSE),0)"，按【Enter】键并向下填充至H22单元格，计算员工的提成工资，如图5-16所示。

（6）选择I3单元格，输入公式"=IF('7月考勤'!I3=0,100,0)"，按【Enter】键并向下填充至I22单元格，计算员工的全勤奖，如图5-17所示。

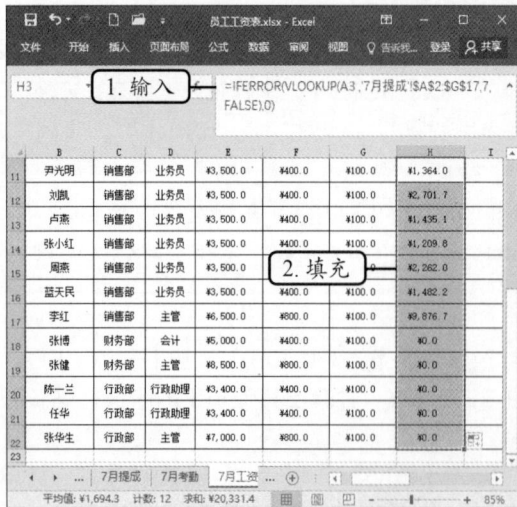

图 5-16 计算员工的提成工资

图 5-17 计算员工的全勤奖

知识扩展　　　　　　　　　　**IFERROR 函数解析**

　　IFERROR函数用于捕获和处理公式中的错误值，如果计算结果为错误值，则返回指定值，否则返回公式计算结果。其语法格式如下：IFERROR(值, 错误值)。公式"=IFERROR(VLOOKUP(A3,'7月提成'!$A$2:$G$17,7,FALSE),0)"表示如果在"7月提成"工作表的A2:G17单元格区域中找到A3单元格中员工编号对应的提成工资，则返回提成工资，如果没有找到，则返回0。

　　（7）选择J3单元格，输入公式"=SUM(E3:I3)"，按【Enter】键并向下填充至J22单元格，计算员工的应发工资，如图5-18所示。

　　（8）选择K3单元格，输入公式"=VLOOKUP(A3,'7月考勤'!$A$2:$I$22,9,FALSE)"，按【Enter】键并向下填充至K22单元格，计算员工的考勤扣款，如图5-19所示。

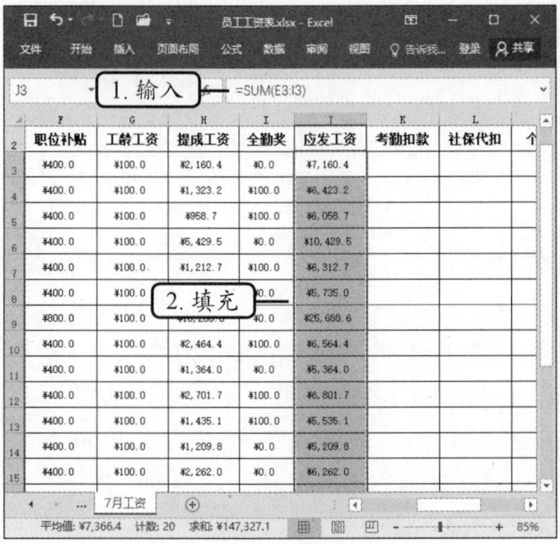

图5-18　计算员工的应发工资 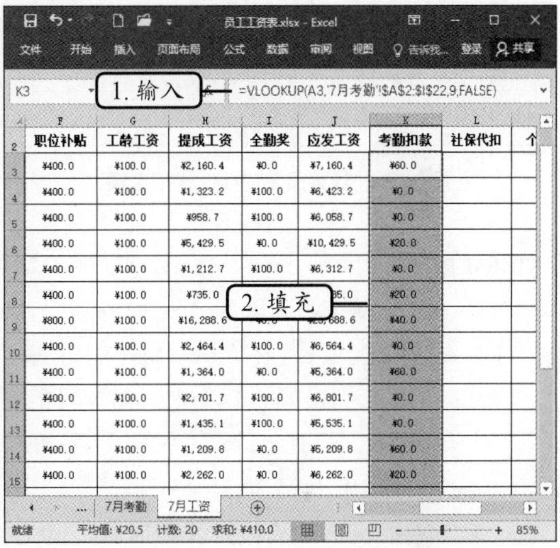　　　　　图5-19　计算员工的考勤扣款

　　（9）选择L3单元格，输入公式"=E3*8%+E3*2%+E3*0.4%"，按【Enter】键并向下填充至L22单元格，计算员工的社保代扣金额，如图5-20所示。

知识扩展　　　　　　　　　　**社会保险**

　　社会保险（简称社保）由企业和个人共同承担，"7月工资"工作表中的社保代扣部分是个人需要缴纳的部分。以某城市为例，养老保险为企业缴纳16%，个人缴纳8%；医疗保险为企业缴纳7.5%（含0.6%职工大病补充医疗保险），个人缴纳2%；失业保险为企业缴纳0.6%，个人缴纳0.4%；工伤保险的基准费率由行业确定，实际费率为（基准费率+浮动费率）×0.5，企业按实际费率缴纳，个人不需要缴纳；生育保险为企业缴纳0.8%，个人不需要缴纳。另外，社保缴纳的基数根据地区或个人收入的不同也会有所不同，本任务是按照基本工资来计算的。

　　（10）选择M3单元格，输入公式"=MAX((J3-SUM(K3:L3)-5000)*{3,10,20,25,30,35,

45}%-{0,210,1410,2660,4410,7160,15160},0)"，按【Enter】键并向下填充至M22单元格，计算员工的个人所得税代扣金额，如图5-21所示。

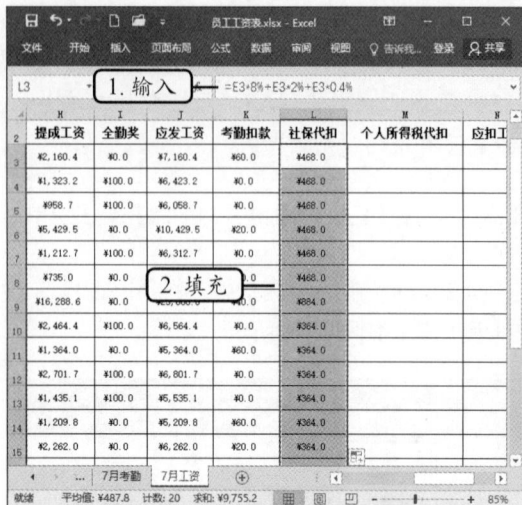

图5-20 计算员工的社保代扣金额

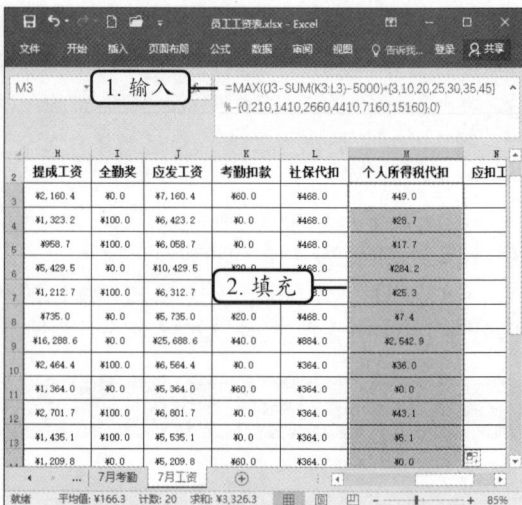

图5-21 计算员工的个人所得税代扣金额

知识扩展　　　　　　　　　　　**MAX 函数解析**

　　MAX 函数用于返回一组值中的最大值，其语法格式如下：MAX(数值1, 数值2,...)。公式"=MAX((J3-SUM(K3:L3)-5000)*{3,10,20,25,30,35, 45}%-{0,210,1410,2660,4410,7160,15160},0)"表示用应发工资减去考勤扣款、社保代扣和个人所得税起征点"5000"的结果与相应级数的税率"{3,10,20,25,30,35,45}%"相乘，乘积结果将保存在内存数组中，再用乘积结果减去税率对应的速算扣除数"{0,210,1410,2660,4410,7160,15160}"，得到的结果与"0"比较，返回结果的最大值，得到个人所得税（个人所得税=全月应纳税所得额×税率-速算扣除数）。个人所得税税率如表5-1所示。

表5-1 个人所得税税率

级数	全月应纳税所得额	税率/%	速算扣除数/元
1	全月应纳税所得额不超过 3000 元的部分	3	0
2	全月应纳税所得额超过 3000 元至 12000 元的部分	10	210
3	全月应纳税所得额超过 12000 元至 25000 元的部分	20	1410
4	全月应纳税所得额超过 25000 元至 35000 元的部分	25	2660
5	全月应纳税所得额超过 35000 元至 55000 元的部分	30	4410
6	全月应纳税所得额超过 55000 元至 80000 元的部分	35	7160
7	全月应纳税所得额超过 80000 元的部分	45	15160

（11）选择N3单元格，输入公式"=SUM(K3:M3)"，按【Enter】键并向下填充至N22单元格，计算员工的应扣工资。

（12）选择O3单元格，输入公式"=J3-N3"，按【Enter】键并向下填充至O22单元格，计算员工的实发工资。

（五）使用 VLOOKUP 和 COLUMN 函数生成工资条

下面在"员工工资表.xlsx"工作簿中使用VLOOKUP 和COLUMN函数根据"7月工资"工作表中的数据生成工资条，具体操作如下。

（1）在"员工工资表.xlsx"工作簿中复制"7月工资"工作表，并将复制的工作表重命名为"7月工资条"。

（2）在"7月工资条"工作表中将表格标题修改为"7月工资条"，然后选择A3:O22单元格区域，单击鼠标右键，在弹出的快捷菜单中选择"删除"命令，打开"删除"对话框，选中"整行"单选项，单击　确定　按钮，删除A3:O22单元格区域，效果如图5-22所示。

					7月工资条									
员工编号	员工姓名	部门	职位	基本工资	职位补贴	工龄工资	提成工资	全勤奖	应发工资	考勤扣款	社保代扣	个人所得税代扣	应扣工资	实发工资

图 5-22　"7月工资条"工作表的效果

（3）选择A3 单元格，在其中输入"XR-01"，然后选择B3单元格，在编辑框中输入公式"=VLOOKUP($A3,'7月工资'!$A$2:$O$22,COLUMN(),0)"，向右填充至O3单元格，得到第一位员工的工资数据，如图5-23所示。

B3				f_x	=VLOOKUP($A3,'7月工资'!$A$2:$O$22,COLUMN(),0)									
					7月工资条									
员工编号	员工姓名	部门	职位	基本工资	职位补贴	工龄工资	提成工资	全勤奖	应发工资	考勤扣款	社保代扣	个人所得税代扣	应扣工资	实发工资
XR-01	全建	技术部	技术员	4500	400	100	2160.38		7160.38	60	468	48.9714	576.9714	6583.4086

图 5-23　得到第一位员工的工资数据

> **知识扩展**
>
> #### COLUMN 函数解析
>
> COLUMN函数用于返回所选单元格的列数，其语法格式如下：COLUMN(参照区域)。如果省略参照区域，则默认返回COLUMN函数所在单元格的列数。公式"=VLOOKUP($A3,'7月工资'!$A$2:$O$22,COLUMN(),0)"表示在B3单元格中返回在"7月工资"工作表的A2:O22单元格区域中查找到的A3单元格员工编号对应的员工姓名。

（4）选择A3:O3单元格区域，设置其对齐方式为"水平居中"，"边框"样式为"所有框线"；选择E3:O3 单元格区域，将其数字格式设置为人民币货币格式，保留1位小数。

（5）选择A1:O4单元格区域，向下填充至O80单元格，得到其他员工的工资数据，如图5-24所示。

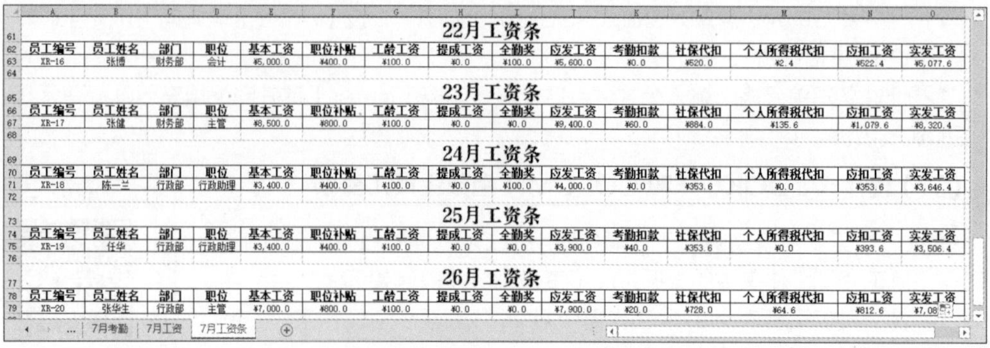

图5-24　得到其他员工的工资数据

（6）按【Ctrl+H】组合键，单击"查找和替换"对话框中的"替换"选项卡，在"查找内容"文本框中输入"*月工资条"，在"替换为"文本框中输入"7月工资条"，单击 全部替换(A) 按钮，替换数据，如图5-25所示。

（7）单击 确定 按钮，关闭"查找和替换"对话框，返回工作表，按【Ctrl+S】组合键保存工作簿（配套资源:\效果文件\项目五\员工工资表.xlsx）。

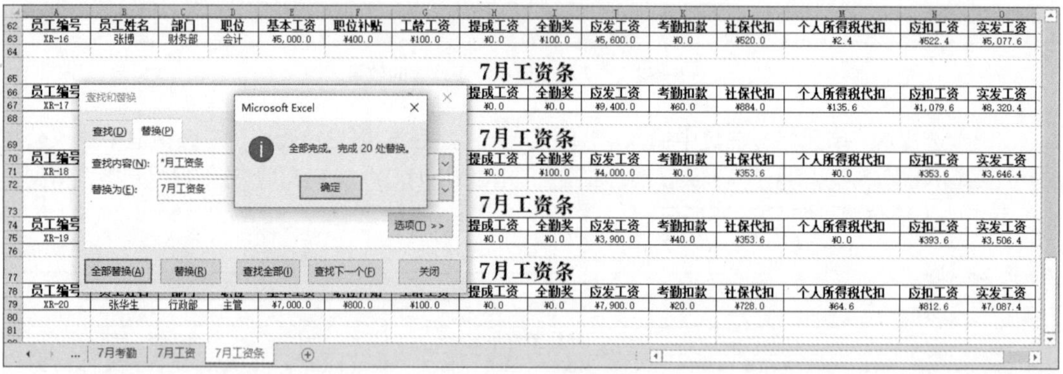

图5-25　替换数据

任务二　分析公司日常办公费用分布情况

一、任务描述

为便于公司管理层更好地控制日常办公费用、评估资源分配，并为决策提供支持，老洪特地安排米拉根据本月的日常办公费用表制作图表分析日常办公费用的分布情况。本任务主要涉及创建图表、调整图表布局、设置图表的文本格式与填充颜色，以及调整图表位置与大小等操作。

二、相关知识

（一）认识图表

利用图表可将抽象的数据直观地表现出来，将电子表格中的数据与图形联系起来，会使数据更加清楚、更容易理解。Excel 2016提供了多种类型的图表，如柱形图、折线图、饼图、条形图、面积图、旭日图、直方图和组合图等，不同类型的图表有不同的作用和应用范围。

- **柱形图：** 柱形图是一种以长方形的长度为变量的图表，在 Excel表格中，柱形图是默认的图表类型，可以显示一段时间内数据的变化情况，或者展示各数据之间的比较情况。柱形图可分为二维柱形图和三维柱形图。
- **折线图：** 折线图可以按时间或类别显示数据的变化趋势，帮助人们轻松判断在不同时间段内数据是呈上升趋势还是下降趋势，数据变化是呈平稳趋势还是波动趋势。折线图包括折线图、堆积折线图、百分比堆积折线图、带数据标记的折线图、带标记的堆积折线图等类型。
- **饼图：** 饼图可以显示一个数据系列中各项数据的大小与各项数据占数据总和的比例，虽然不能显示复杂的数据系列，但使用饼图能使数据更容易理解。饼图包括饼图、三维饼图、复合饼图、复合条饼图、圆环图等类型。
- **条形图：** 条形图可以显示各项目之间数据的差异，它与柱形图具有相同的表现目的，不同的是，柱形图在水平方向上依次展示数据，而条形图在垂直方向上依次展示数据。条形图包括簇状条形图、堆积条形图、百分比堆积条形图、三维簇状条形图、三维堆积条形图和三维百分比堆积条形图等类型。
- **面积图：** 面积图可以表现数据在一段时间内或者一个类型中的相对关系，一个值所占的面积越大，它在整个数据中所占的比例就越大。面积图包括面积图、堆积面积图、百分比堆积面积图、三维面积图、三维堆积面积图和三维百分比堆积面积图等类型。
- **旭日图：** 旭日图非常适用于可视化分层数据结构，如企业结构或家庭谱系，旭日图的每个部分都可以表示层次结构内的特定类别。
- **直方图：** 直方图是一种特殊的柱形图，适用于统计和对比不同数据的频率的分布。
- **组合图：** 组合图由两种或两种以上类型的图表组合而成，可以同时展示多组数据，不同类型的图表可以拥有一个共同的横坐标轴和不同的纵坐标轴，以更好地区分不同的数据类型。

图表中包含许多元素，默认情况下只显示其中部分元素，其他元素则可根据需要进行添加。图表元素主要包括图表区、图表标题、坐标轴、绘图区、图例、数据系列、数据标签、网格线等，如图5-26所示。

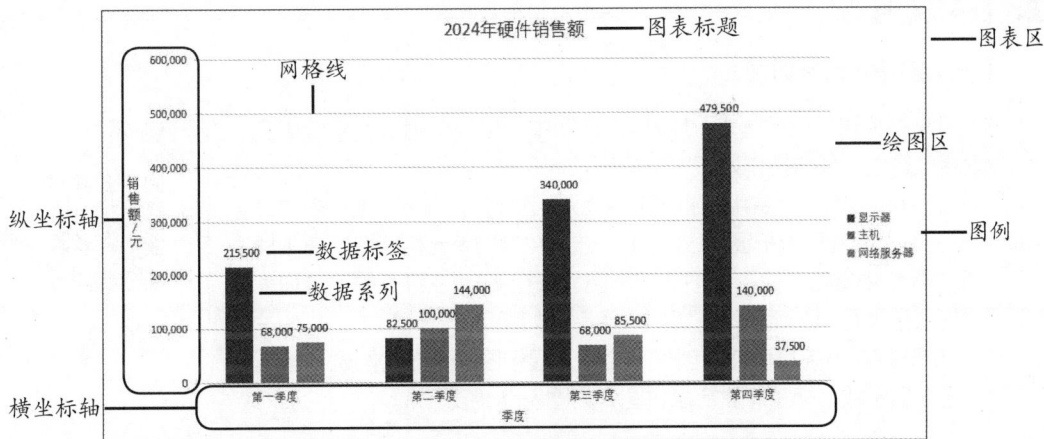

图 5-26　图表元素

- **图表区：** 图表区是指图表的整个区域，图表的各组成部分均存放于图表区中。
- **图表标题：** 图表标题一般是一段文本，对图表起补充说明作用。创建图表时，系统一般会自动添加图表标题。若图表中未显示图表标题，则可以手动添加，将其放在图表上方。

- **坐标轴：** 坐标轴用于对数据进行度量和分类，分为横坐标轴和纵坐标轴，一般纵坐标轴用于显示图表数据，横坐标轴用于显示数据分类。
- **绘图区：** 绘图区是由坐标轴界定的区域。
- **图例：** 图例用于标识图表中的数据系列或分类对应的图案或颜色。图例一般显示在图表区的右侧，不过图例的位置不是固定不变的，而是可以根据需要进行移动的。
- **数据系列：** 数据系列根据用户指定的图表类型以系列的方式显示图表中的可视化数据。图表中可以有一组或多组数据系列，多组数据系列之间可采用不同的图案、颜色或符号来区分。
- **数据标签：** 数据标签用于标识数据系列所代表的数值大小，可以位于数据系列外部，也可以位于数据系列内部。
- **网格线：** 网格线是贯穿于绘图区中的线条，可作为估算数据系列所示值的标准。

（二）创建图表

在创建图表前，首先应在表格中选择需要创建图表的单元格区域，然后在【插入】/【图表】组中单击"推荐的图表"按钮 📈，打开"插入图表"对话框，单击"所有图表"选项卡，在左侧选择图表类型，在上方选择此图表类型下的子类型，单击 确定 按钮，完成图表的创建。或者，在选择单元格区域后，在【插入】/【图表】组中单击各种图表类型对应的按钮，再在打开的下拉列表中选择图表类型的子类型，也可快速创建图表。

（三）编辑与美化图表

创建图表并选中图表后，将在工作界面中显示"图表工具 设计"和"图表工具 格式"选项卡，通过这2个选项卡可编辑与美化图表。其中，"图表工具 设计"选项卡主要用于调整图表布局、设置图表样式、编辑图表数据以及更改图表类型等；"图表工具 格式"选项卡主要用于设置图表区、绘图区和数据系列的填充效果及形状效果。设置图表中的文本格式即对图表标题、坐标轴和图例的文本内容进行设置，如果有多个图表，则可设置对齐和叠放顺序。

三、任务实施

（一）创建复合条饼图

在"日常办公费用分析图表.xlsx"工作簿中，根据费用项目和费用金额创建复合条饼图，具体操作如下。

（1）打开"日常办公费用分析图表.xlsx"工作簿（配套资源:\素材文件\项目五\日常办公费用分析图表.xlsx），选择A2:B9单元格区域，在【插入】/【图表】组中单击"插入饼图或圆环图"按钮 🥧，在打开的下拉列表中选择"复合条饼图"选项，即选择图表类型，如图5-27所示。

（2）此时将在当前工作表中创建一个默认显示图表标题、图例、数据系列，而没有显示数据标签的复合条饼图，如图5-28所示。

> 微课视频
>
> 创建复合条饼图

多学一招　　　　　　　　　　**更改图表的数据源**

若创建图表的数据区域有误，则可选择图表，在【图表工具 设计】/【数据】组中单击"选择数据"按钮 📊，打开"选择数据源"对话框，在"图表数据区域"参数框中重新设置数据区域（数据区域既可以是一个连续的区域，又可以是多个不连续的区域）。

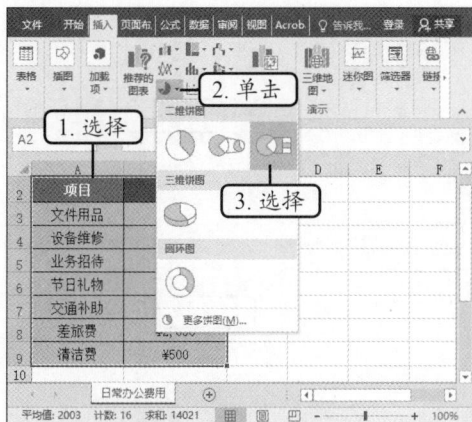

图 5-27　选择图表类型

图 5-28　创建的复合条饼图

（二）调整图表布局

　　默认创建的图表无法满足数据分析的需求，需调整图表布局。首先删除图例，修改图表标题；然后将"百分比值"作为复合条饼图的系列分割依据，将金额数据占比小于5%的项目归于第二绘图区显示；最后添加数据系列的标签，并显示数据的类别名称和百分比，具体操作如下。

微课视频

调整图表布局

　　（1）单击图表中的图例，按【Delete】键将其删除。

　　（2）双击图表标题，将文本插入点定位到标题文本框中，选择默认的标题文本，将其修改为"日常办公费用分布情况"，如图5-29所示。

　　（3）双击数据系列，打开"设置数据点格式"任务窗格，单击"系列选项"按钮 ▮▮，在"系列分割依据"下拉列表中选择"百分比值"选项，将"值小于"数值框的数值设置为"5%"，将"第二绘图区大小"数值框的数值设置为"60%"，如图5-30所示。

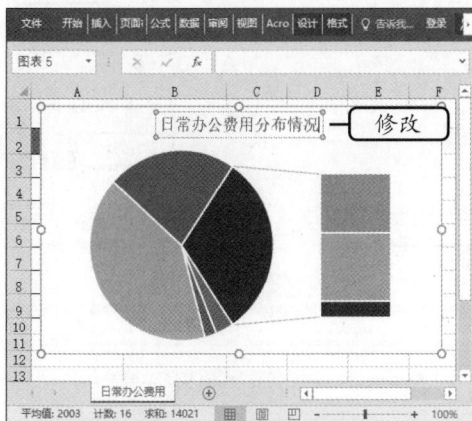

图 5-29　修改图表标题

图 5-30　设置数据系列的分割依据

　　（4）选择图表，在【图表工具 设计】/【图表布局】组中单击"添加图表元素"按钮 ▮▮，在打开的下拉列表中选择【数据标签】/【其他数据标签选项】选项，打开"设置数据标签格式"任务窗格，单击"标签选项"按钮 ▮▮，在"标签包括"栏中依次选中"类别名称""百分比"复选框，其他保持默认，在"分隔符"下拉列表中选择"(空格)"选项，以空格间隔数据标签和百分比，如图5-31所示。

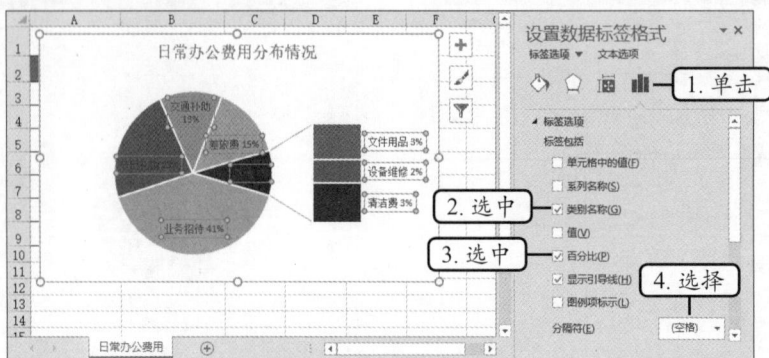

图 5-31　设置数据标签格式

（三）设置复合条饼图的文本格式

图表中默认的文本内容以浅色显示，不利于用户查看信息，此时可设置图表中的文本格式，使其以深色显示，具体操作如下。

（1）选择图表标题文本框，首先在【开始】/【字体】组中的"字体"下拉列表中选择"方正兰亭黑简体"选项，然后在【图表工具 格式】/【艺术字样式】组中的"艺术字样式"列表框中选择"填充-黑色，文本1，阴影"选项，如图5-32所示。

（2）在图表中单击任意一个数据标签，选择所有数据标签，在【图表工具 格式】/【艺术字样式】组中单击"文本填充"按钮▲右侧的下拉按钮▾，在打开的下拉列表中选择"黑色，文字1"选项，如图5-33所示。

> 微课视频
>
> 设置复合条饼图的文本格式

图 5-32　设置图表标题的艺术字样式

图 5-33　设置数据标签的文本填充颜色

（四）设置图表区填充颜色

为图表区设置浅色背景可美化图表，提高图表的吸引力，具体操作如下。

（1）选择图表，在【图表工具 格式】/【形状样式】组中单击"形状填充"按钮右侧的下拉按钮▾，在打开的下拉列表中选择"白色，背景1，

> 微课视频
>
> 设置图表区填充颜色

深色5%"选项，如图5-34所示。

（2）返回工作表，查看图表区填充颜色的效果，如图5-35所示。

图5-34　设置图表区填充颜色

图5-35　图表区填充颜色的效果

（五）调整图表位置与大小

调整图表的位置，使表格数据和图表同时在工作表中显示，调整图表的大小，使图表内容更加规则、清楚地显示出来，具体操作如下。

（1）选择图表，将鼠标指针移到图表区，当鼠标指针变为样式时，按住鼠标左键，拖动图表，使其置于表格数据右侧，如图5-36所示。

（2）将鼠标指针移到图表右下角，当鼠标指针变为样式时，向右下方拖动鼠标指针，放大图表至合适大小后释放鼠标左键，如图5-37所示。调整图表的位置和大小后，按【Ctrl+S】组合键保存工作簿（配套资源:\效果文件\项目五\日常办公费用分析图表.xlsx）。

微课视频

调整图表位置与大小

图5-36　调整图表位置

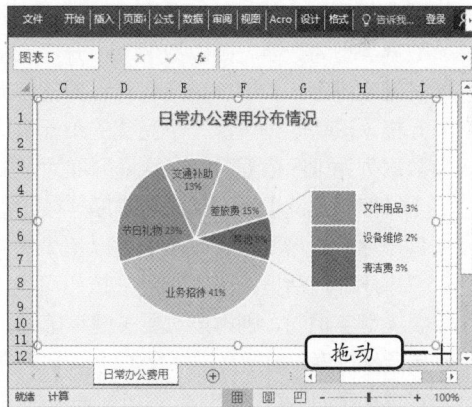

图5-37　调整图表大小

多学一招　　　　　　　　　**将图表移动到新的工作表中**

完成图表的编辑美化后，用户可以将图表移动到新的工作表中单独显示。其方法如下：选择图表，在【图表工具 设计】/【位置】组中单击"移动图表"按钮，打开"移动图表"对话框，选中"新工作表"单选项，在其右侧的文本框中输入工作表的名称，单击 确定 按钮。

任务三　统计分析产品销售情况

一、任务描述

公司通过电子商务平台销售部分产品已取得初步进展，米拉需要通过排序、筛选、分类汇总功能和数据透视图与数据透视表统计分析公司的产品销售情况，以便公司从中发现规律或得出相关结论。下面通过排序和筛选等功能来分析"7日产品销售数据统计"工作簿中的数据，介绍使用Excel 2016进行数据统计与分析的一系列操作。

二、相关知识

（一）数据的排序和筛选

在工作表中完成数据的录入操作后，为便于查阅，有时需要对数据进行排序操作，有时则需要显示数据中某一类特定的信息。用户可以使用Excel 2016的排序和筛选功能来实现相应操作。下面介绍数据排序和筛选的具体方法。

1. 数据排序

数据排序是统计工作中的一项重要内容，在Excel 2016中，数据排序方式主要分为简单排序、关键字排序和自定义排序。

- **简单排序：** 简单排序是指在工作表中以某个数据列为依据，对工作表中所有的数据进行排序。进行简单排序时，首先选择作为排序依据的列中的任意数据单元格，然后在【数据】/【排序和筛选】组中单击"升序"按钮↓或"降序"按钮↓。不同的数据类型对应的排序方式不同，若所选单元格的数据类型为日期类型，则以日期先后顺序排列；若所选单元格的数据类型为中文文本，则按第一个汉字的首字母的顺序升序或降序排列；若所选单元格的数据类型为数字，则以数值大小升序或降序排列。
- **关键字排序：** 关键字排序可对选择的单元格区域的数据进行排序，若只选择了任意的数据单元格（没有明确选择一个完整的单元格区域），则对工作表中所有的数据进行排序。以某个数据列为排序依据时，该数据列称为"关键字"。选择需要排序的单元格区域，在【数据】/【排序和筛选】组中单击"排序"按钮，打开"排序"对话框，默认可设置主要关键字，其排序效果与简单排序类似，以单个关键字（即某列数据）为依据进行升序或降序排列。在"排序"对话框中单击 添加条件(A) 按钮可设置次要关键字，排序时先根据主要关键字排列，若主要关键字相同，则再按次要关键字排列。
- **自定义排序：** 自定义排序是关键字排序的高级应用。其应用方法如下：在"排序"对话框中选择关键字后，在"次序"下拉列表中选择"自定义序列"选项，打开"自定义序列"对话框，在"输入序列"文本框中按先后顺序输入序列内容，将此作为关键字排列次序的依据。

2. 数据筛选

数据筛选是分析数据时常用的操作之一。在Excel 2016中，数据筛选主要分为以下两种情况。

- **简单筛选：** 简单筛选即用户根据Excel 2016内置的选项设定筛选条件，将表格中符合条件的数据显示出来，而表格中的其他数据将会被隐藏。进行数据的简单筛选时，先选择任意数据单元格，在【数据】/【排序和筛选】组中单击"筛选"按钮▼，为每个数据列添加"筛选"下拉按钮▼，单击该按钮，打开筛选面板，在其中可按内容、颜色和数字条件筛选数据（当选择的数据列中的数据类型为数字时，显示为"数字筛选"；当选择的数据列中的数据类型为文本时，显示为"文本筛选"）。

- **高级筛选：** 使用高级筛选功能可以为多列数据设置多个筛选条件，如"销售量大于50"且"销售额大于5000"。实际上，高级筛选就是进行多次简单筛选。

（二）数据的分类汇总

数据的分类汇总是将性质相同或相似的一类数据放到一起，并进一步统计这类数据。在对数据进行分类汇总之前，应先对分类字段进行排序，使字段下相同的数据排列在一起，这样汇总的结果才会更加清晰；再在【数据】/【分级显示】组中单击"分类汇总"按钮🖽，打开"分类汇总"对话框，在其中设置分类字段、汇总方式、选定汇总项、汇总结果显示位置等。

（三）认识数据透视表

数据透视表是一种交互式的数据报表，在其中可以快速汇总大量的数据，同时对汇总结果进行筛选，以查看源数据的不同统计结果。从结构上看，数据透视表主要由4部分组成，如图5-38所示，各部分的作用如下。

图 5-38　数据透视表的组成部分

- **报表筛选字段：** 报表筛选字段用于筛选数据透视表中的数据。
- **行标签：** 行标签用于标识数据透视表中的行数据。
- **列标签：** 列标签用于标识数据透视表中的列数据。
- **汇总数据：** 数据透视表中的汇总数据默认的汇总方式为"求和"，可以根据需要将其更改为"计数""平均值""最大值""最小值"等。

三、任务实施

（一）销售数据排序

在"7日产品销售数据统计.xlsx"工作簿中，以"销售平台"为主要关键字，以"销售额"为次要关键字对销售数据进行升序排列，使各销售平台的销售数据井然有序、一目了然，具体操作如下。

（1）打开"7日产品销售数据统计.xlsx"工作簿（配套资源:\素材文件\项目五\7日产品销售数据统计.xlsx），选择A2:F22单元格区域，在【数据】/【排序和筛选】组中单击"排序"按钮🖽。

（2）打开"排序"对话框，在"主要关键字"下拉列表中选择"销售平台"选项，在"排序依据"下拉列表中选择"数值"选项，在"次序"下拉列表中选择"升序"选项。

（3）单击 添加条件(A) 按钮，在"次要关键字"下拉列表中选择"销售额"选项，在"排序依据"

下拉列表中选择"数值"选项，在"次序"下拉列表中选择"升序"选项，单击[确定]按钮，如图5-39所示。

（4）返回工作表，可看到数据按销售平台升序排列，销售平台相同时按销售额升序排列，效果如图5-40所示。

图 5-39　设置次要关键字

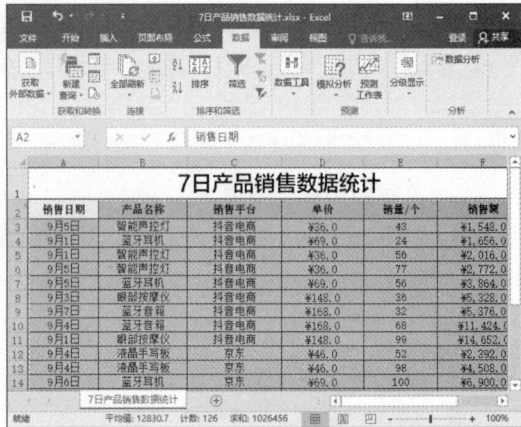

图 5-40　数据按多个关键字排序的效果

（二）筛选销售数据

在"7日产品销售数据统计.xlsx"工作簿中，首先筛选并查看拼多多平台的销售数据，撤销筛选后，通过高级筛选方式，筛选并查看销量大于50、销售额大于5000的数据，具体操作如下。

（1）选择任意数据单元格，在【数据】/【排序和筛选】组中单击"筛选"按钮▼，进入筛选状态。

（2）在C2单元格（"销售平台"单元格）中单击"筛选"下拉按钮▼，在打开的下拉列表中仅选中"拼多多"复选框，然后单击[确定]按钮，如图5-41所示。

（3）此时工作表中会显示销售平台为"拼多多"的数据信息，而其他销售平台的数据将被隐藏，筛选结果如图5-42所示。

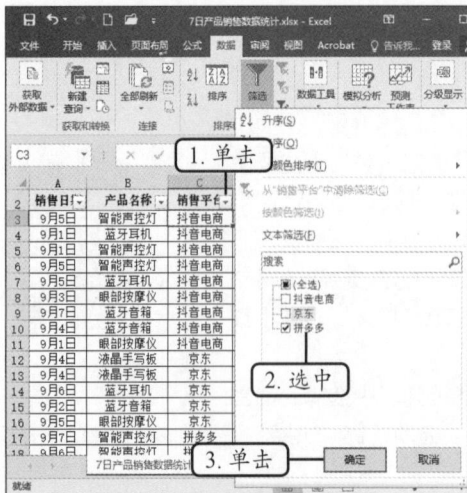

微课视频

筛选销售数据

图 5-41　选择要筛选的字段

图 5-42　筛选结果

（4）在快速访问工具栏中单击"撤销"按钮↩或按【Ctrl+Z】组合键撤销筛选数据，重新显示所有数据。

（5）选择H4单元格并输入"销量/个"文本，在H5单元格中输入条件">50"，选择I4单元格并输入"销售额"文本，在I5单元格中输入条件">5000"。

（6）选择A2:F22单元格区域，在【数据】/【排序和筛选】组中单击"高级"按钮▽，打开"高级筛选"对话框，保持默认选中"在原有区域显示筛选结果"单选项，在"列表区域"文本框中自动填充选择的A2:F22单元格区域，将文本插入点定位到"条件区域"参数框中，在表格中选择H4:I5单元格区域，单击 确定 按钮，如图5-43所示。

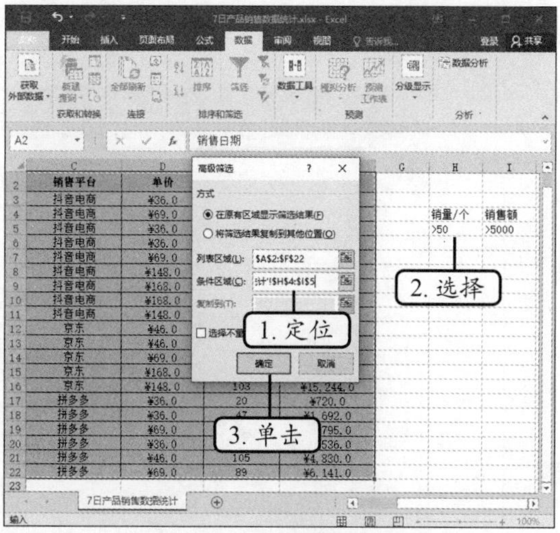

图5-43　设置高级筛选方式

（7）返回工作表，高级筛选结果显示在原位置，如图5-44所示。

图5-44　高级筛选结果

（三）按销售平台分类汇总销售数据

在"7日产品销售数据统计.xlsx"工作簿中以"销售平台"为分类字段，对销量和销售额进行求和汇总，查看各销售平台的产品总销量和总销售额，具体操作如下。

（1）在"7日产品销售数据统计.xlsx"工作簿的快速访问工具栏中单击"撤销"按钮↺或按【Ctrl+Z】组合键撤销高级筛选，重新显示所有数据。

（2）选择A2:F22单元格区域，在【数据】/【分级显示】组中单击"分类汇总"按钮。

（3）打开"分类汇总"对话框，在"分类字段"下拉列表中选择"销售平台"选项，在"汇总方式"下拉列表中选择"求和"选项，在"选定汇总项"列表框中选中"销量/个"和"销售额"复选框，然后单击 确定 按钮，如图5-45所示。

（4）分类汇总结果如图5-46所示。

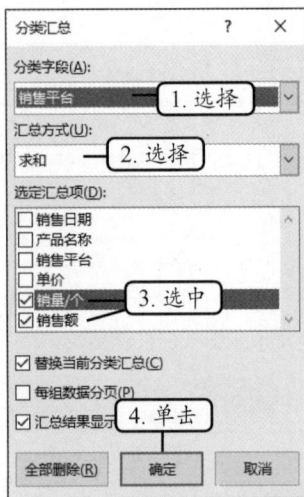

图5-45　设置分类汇总参数

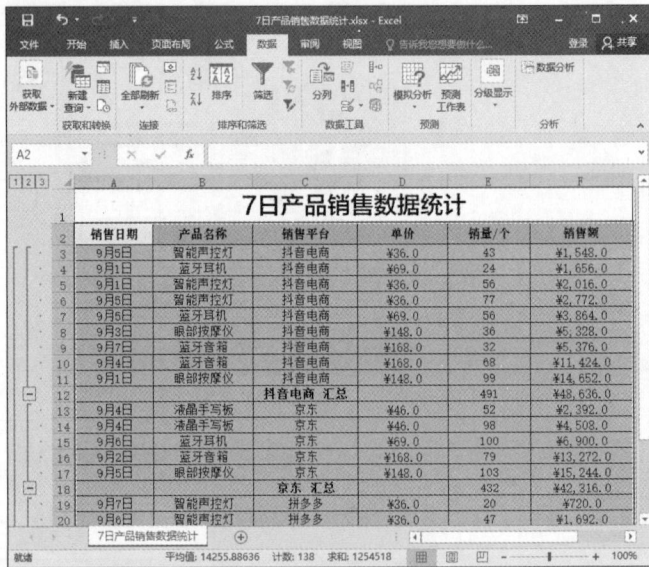

图5-46　分类汇总结果

（四）创建并编辑数据透视表

在"7日产品销售数据统计.xlsx"工作簿中根据所有数据创建数据透视表，并将"销售平台"字段作为筛选字段，筛选出抖音电商平台的销售数据，具体操作如下。

（1）在"7日产品销售数据统计.xlsx"工作簿中单击【数据】/【分级显示】组中的"分类汇总"按钮，打开"分类汇总"对话框，单击 全部删除(R) 按钮，删除表格中已创建的分类汇总结果。

（2）选择A2:F22单元格区域，在【插入】/【表格】组中单击"数据透视表"按钮，打开"创建数据透视表"对话框，选中"新工作表"单选项，单击 确定 按钮，如图5-47所示。

（3）此时，在新的工作表中创建空白的数据透视表，其右侧会打开"数据透视表字段"任务窗格。在该任务窗格中选中"产品名称""销售平台""销量/个"和"销售额"复选框，此时，"产品名称"和"销售平台"字段默认添加至"行"列表框中，"销量/个"和"销售额"字段默认添加至"值"列表框中，如图5-48所示。

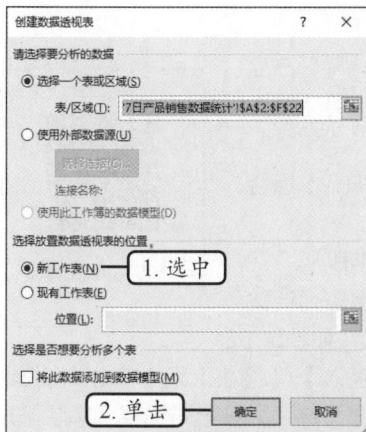

图 5-47　"创建数据透视表"对话框

图 5-48　设置数据透视表的字段

（4）从"行"列表框中将"销售平台"字段拖动到"筛选器"列表框中，将该字段作为数据透视表中的筛选字段，此时，在数据透视表中可查看各产品在所有平台中的总销量和总销售额，如图5-49所示。

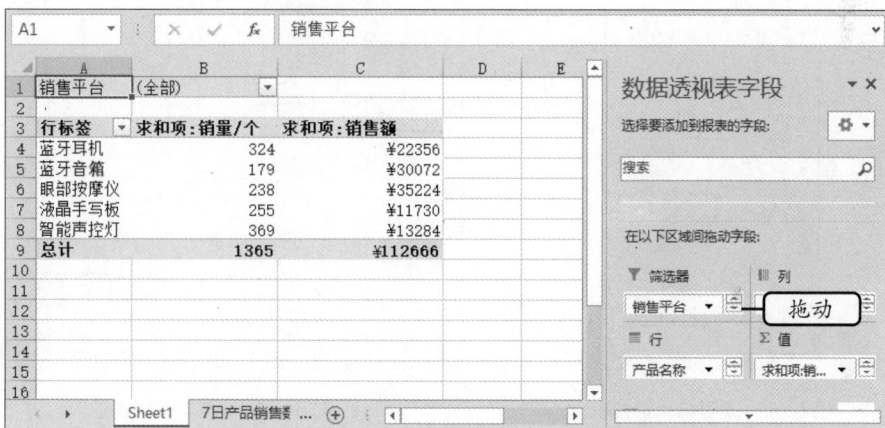

图 5-49　各产品在所有平台中的总销量和总销售额

（5）在数据透视表中单击"销售平台"筛选字段右侧的下拉按钮▼，在打开的下拉列表中选择"抖音电商"选项，单击 确定 按钮，如图5-50所示，在数据透视表中只显示抖音电商平台的产品销售数据，筛选数据后的效果如图5-51所示。

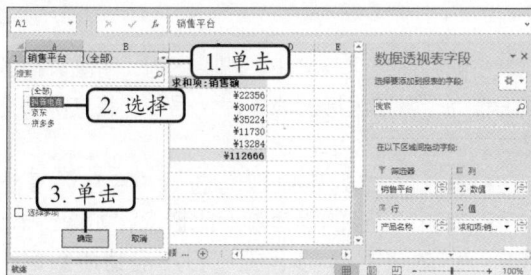

图 5-50　通过筛选字段筛选数据

图 5-51　筛选数据后的效果

（五）创建数据透视图

用数据透视表分析数据后，为了更直观地查看数据情况，在"7日产品销售数据统计.xlsx"工作簿中根据数据透视表创建数据透视图，具体操作如下。

微课视频

创建数据透视图

（1）在"7日产品销售数据统计.xlsx"工作簿中按【Ctrl+Z】组合键，撤销对"销售平台"字段的筛选。

（2）在"数据透视表字段"任务窗格中将"销售平台"字段从"筛选器"列表框移动至"行"列表框中，然后在"值"列表框中单击"计数项：销量/个"字段，在打开的下拉列表中选择"删除字段"选项，如图5-52所示。

（3）选择数据透视表中的任意有数据的单元格，然后在【插入】/【图表】组中单击"数据透视图"按钮，打开"插入图表"对话框，在左侧选择"条形图"选项，在上方选择"簇状条形图"选项，单击 确定 按钮，如图5-53所示。

图 5-52　调整数据透视表　　　　　图 5-53　创建数据透视图

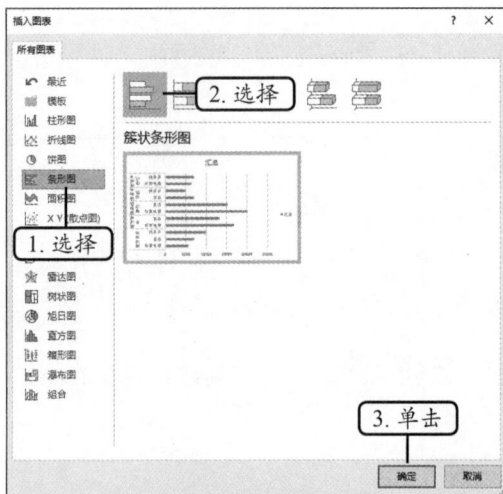

知识扩展　　　　　　　数据透视表与数据透视图的关系

数据透视图是一种特殊的图表，它的编辑美化与图表的操作是相同的。数据透视图以图表的形式表示数据透视表中的数据，两者相互关联，更改数据透视表时，数据透视图也将发生相应的变化。

（4）创建数据透视图后，将其移至数据透视表右侧并适当调整大小，删除图例，将图表标题修改为"产品销售对比图"，再将图表的文本格式设置为"方正大标宋简体、14号"，将文本填充颜色设置为"黑色，文字1"，效果如图5-54所示。

（5）在数据透视图中单击 销售平台 按钮，在打开的下拉列表中取消选中"京东"复选框，单击 确定 按钮，查看产品在抖音电商和拼多多这两个平台的销售额对比情况，如图5-55所示，按【Ctrl+S】组合键保存工作簿（配套资源:\效果文件\项目五\7日产品销售数据统计.xlsx）。

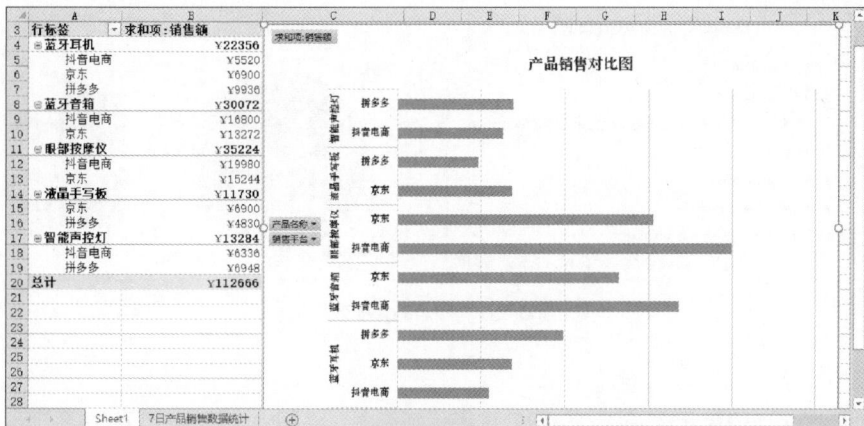

图 5-54　调整布局和设置图表格式后数据透视图的效果

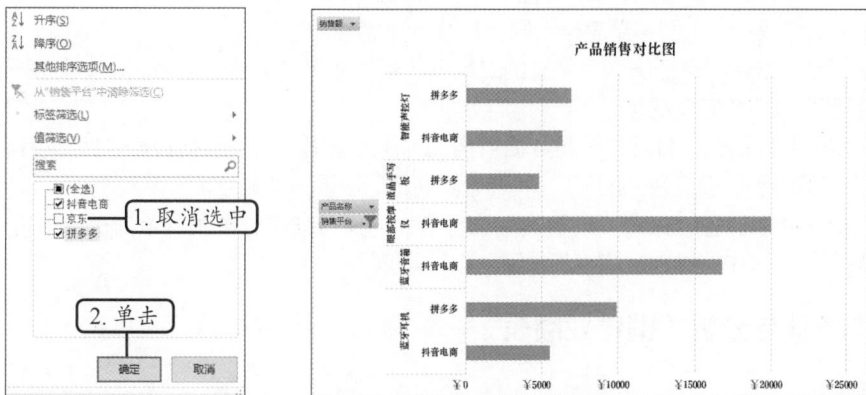

图 5-55　查看产品在两个平台的销售额对比情况

项目实训

实训一　企业启动资金项目分析

【实训要求】

　　创办企业需要启动资金，创业者应根据启动资金预算合理分配和利用资金，确保自己的创业活动顺利开展。本实训将在"初创企业启动资金预算表.xlsx"工作簿（配套资源:\素材文件\项目五\初创企业启动资金预算表.xlsx）中根据投资项目的费用估算，制作图表分析各投资项目费用预算的对比和分布情况，为启动资金的合理分配与利用提供决策参考。本实训制作完成的图表（配套资源:\效果文件\项目五\初创企业启动资金预算表.xlsx）的参考效果如图5-56所示。

【实训思路】

　　制作图表分析投资项目费用预算的对比和分布情况时，应先选择合适的图表，如制作条形图分析各投资项目费用预算对比情况，制作复合条饼图分析各投资项目费用预算分布情况，再根据"初创企业启动资金预算表.xlsx"的数据创建图表，并编辑与美化图表，使数据直观展示。

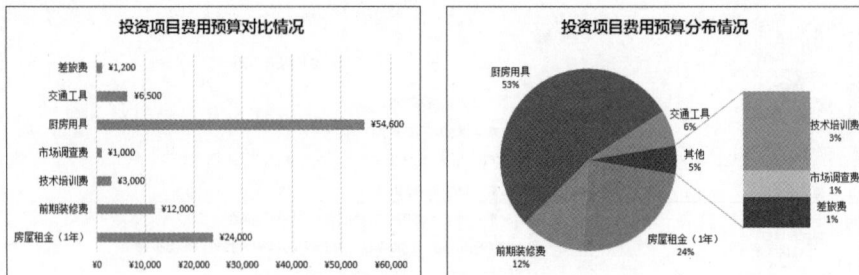

图 5-56　图表的参考效果

【步骤提示】

（1）选择A2:B9单元格区域，创建二维簇状条形图，将图表标题修改为"投资项目费用预算对比情况"，字体为"方正兰亭中黑简体"，再将图表的文本填充颜色设置为"黑色，文字1"。

（2）选择二维簇状条形图，在数据系列外添加数据标签。

（3）将二维簇状条形图移至表格右侧，并适当调整图表的大小。

（4）复制二维簇状条形图，将复制的二维簇状条形图更改为复合条饼图，将图表标题修改为"投资项目费用预算分布情况"。

（5）双击数据系列，打开"设置数据点格式"任务窗格，将"系列分割依据"设置为"百分比值"，将"值小于"设置为"5%"，将"分类间距"设置为"150%"。

（6）单击数据标签，打开"设置数据标签格式"任务窗格，单击"系列选项"按钮 📊，在"标签包括"栏中选中"类别名称"和"百分比"复选框。

实训二　统计与分析"销售业绩表"

【实训要求】

在Excel 2016中根据提供的"销售业绩表"（配套资源:\素材文件\项目五\销售业绩表.xlsx）使用公式和函数计算数据以完善表格内容，然后对数据按"部门"升序排列，"部门"相同时再按"销售总额"的大小升序排列，筛选出销售总额为200000元以上、完成率为95%以上的数据，最后以"部门"为分类字段汇总各部门所有员工的销售总额和提成金额。本实训制作完成的表格（配套资源:\效果文件\项目五\销售业绩表.xlsx）的参考效果如图5-57所示。

图 5-57　"销售业绩表"的参考效果

【实训思路】

明确统计与分析目标后，首先，使用正确的公式与函数计算数据以完善表格；其次，使用排序功能设置多个关键字排序；再次，设置筛选条件并使用高级筛选功能筛选目标数据；最后，使用分类汇总功能以"部门"为分类字段，汇总各部门所有员工的销售总额和提成金额。

【步骤提示】

（1）在"销售业绩表.xlsx"工作簿中分别使用"=SUM(C4:H4)""=I4/J4""=IF(I4>J4,"是","否")""=I4*$H$2"计算员工上半年的销售总额、计算销售业绩的完成率、确定销售业绩目标是否达成以及计算提成金额。

（2）选择A3:M21单元格区域，以"部门"为主要关键字、"销售总额"为次要关键字进行升序排列。

（3）设置筛选条件为"销售总额"">200000"和"完成率"">95%"，使用高级筛选功能筛选出销售总额为200000元以上、完成率为95%以上的数据，并显示在表格的其他位置。

（4）以"部门"为分类字段，对"销售总额"和"提成金额"进行求和汇总。

课后练习

练习1：使用图表分析年度销售统计表

本练习在"年度销售统计表.xlsx"（配套资源:\素材文件\项目五\年度销售统计表.xlsx）工作簿中计算各门店的全年销售额、全年销售额占比并确定全年销售额排名，然后使用图表查看各门店全年销售额的对比情况和占比情况。本练习制作完成的表格（配套资源:\效果文件\项目五\年度销售统计表.xlsx）的参考效果如图5-58所示。

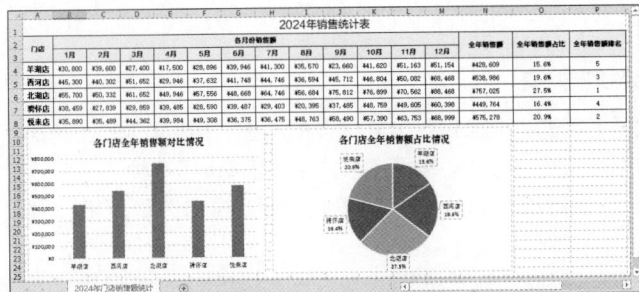

图 5-58　使用图表分析年度销售统计表的参考效果

操作提示如下。

- 使用SUM函数计算各门店的全年销售额，使用除法公式计算各门店的全年销售额占全年总销售额的比例，使用RANK.EQ函数确定各门店全年销售额的排名情况。
- 创建二维簇状柱形图，分析各门店全年销售额的对比情况。
- 创建二维饼图，分析各门店全年销售额的占比情况。

> **知识扩展**
>
> ## RANK.EQ 函数解析
>
> RANK.EQ函数用于返回一个数字在数据列表中相对于其他数字的大小排名，如果数据列表中的多个数字相同，则返回最佳排位且排名相同。其语法格式如下：RANK.EQ(数字,数据列表,排序方式)。其中，"排序方式"参数忽略不填或为"0"时表示降序排列，为非零值时表示升序排列。

练习2：使用筛选功能和数据透视图、表分析产品订单表

本练习在"产品订单表.xlsx"（配套资源:\素材文件\项目五\产品订单表.xlsx）工作簿中首先使用高级筛选功能，筛选出产品编号为"MOD0015J"，"订单总额"大于"300000"的数据；然后创建数据透视表，字段包括"产品编号""所在城市"和"订单总额"；最后根据数据透视表创建并筛选出广州和深圳两地的产品订单数据。本练习制作完成的数据透视图、表（配套资源:\效果文件\项目五\产品订单表.xlsx）的参考效果如图5-59所示。

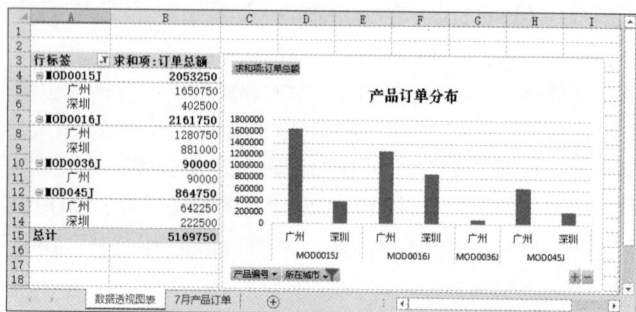

图 5-59　数据透视图、表的参考效果

操作提示如下。

- 在"7月产品订单"工作表中设置筛选条件，使用高级筛选功能筛选目标数据。
- 在"7月产品订单"工作表中选择A2:E52单元格区域，在新工作表中创建数据透视表。
- 根据数据透视表创建数据透视图，筛选"所在城市"数据。

技巧提升

1. 熟悉常见的公式错误值

Excel表格会根据返回的错误值提示公式错误的原因，所以正确认识每种错误值，能帮助人们快速找到公式出错的原因及解决办法。常见的公式错误值有以下6种。

- **#DIV/0！**：在执行除法运算时，如果除数是0或空白单元格，则公式计算结果将返回#DIV/0！。
- **# VALUE！**：将两种不同的数据类型放在一起执行同一种运算时，会返回#VALUE！。
- **#N/A：** 当引用的值不可用时，会返回#N/A。
- **#REF！**：如果公式中引用的单元格内容为空白，那么公式计算结果会返回#REF！。
- **#NAME？**：如果公式中的文本不在英文双引号（""）之间，且文本既不是函数名又不是单元格引用，那么Excel表格将无法识别这些文本字符，这时公式计算结果会返回#NAME？。
- **#####：** 当单元格不能完整地显示计算结果或单元格中的日期数据无效时，会返回#####。

2. 链接图表标题

在图表中，除了可以手动输入图表标题，还可为图表标题与工作表中的表格标题内容建立链接，从而提高图表的可读性。实现链接图表标题的操作方法如下：选择图表标题文本框，在编辑框中输入"="，继续输入要引用的单元格或单击选择要引用的单元格，按【Enter】键即可。当表格中被引用的单元格中的内容发生改变时，图表中的标题也将随之发生改变。

项目六
制作与放映PowerPoint演示文稿

情景导入

为树立良好的企业形象，履行企业的社会责任，提升员工的综合素质，公司时常举办宣传介绍活动。为配合公司安排，米拉接下来需要制作"网络安全宣传"演示文稿，设计"端午节节日介绍"演示文稿的动态效果，以及放映与输出"垃圾分类宣传"演示文稿。

学习目标

- 掌握演示文稿与幻灯片的基本操作。
- 掌握应用幻灯片版式、设置幻灯片母版，添加图片、形状、图形以及音视频等对象的方法。
- 掌握设置幻灯片切换效果和设置幻灯片中对象的动画效果的方法。
- 掌握放映与输出演示文稿的方法。

素质目标

- 培养遵守规范和规章制度的纪律性。
- 培养创新思维和创业精神。
- 培养爱岗敬业的工作态度。

案例展示

▲ "消防安全"演示文稿封面效果

任务一　制作"网络安全宣传"演示文稿

一、任务描述

为增强公司人员的网络安全意识，更好地保护个人信息和公司信息，公司将开展网络安全宣传活动。为此，老洪安排米拉根据提供的素材资源制作"网络安全宣传"演示文稿，以备活动所用。本任务主要涉及设置幻灯片母版、复制幻灯片、输入与设置文本、插入图片与图形对象等操作。

二、相关知识

（一）认识 PowerPoint 2016 的工作界面

PowerPoint 2016的工作界面与Word 2016、Excel 2016的工作界面相比，快速访问工具栏、标题栏、"文件"菜单、选项卡、功能区等部分的功能和操作方法大致相同，不同的组成部分主要是"幻灯片"窗格和幻灯片编辑区，如图6-1所示。下面主要介绍"幻灯片"窗格和幻灯片编辑区的作用。

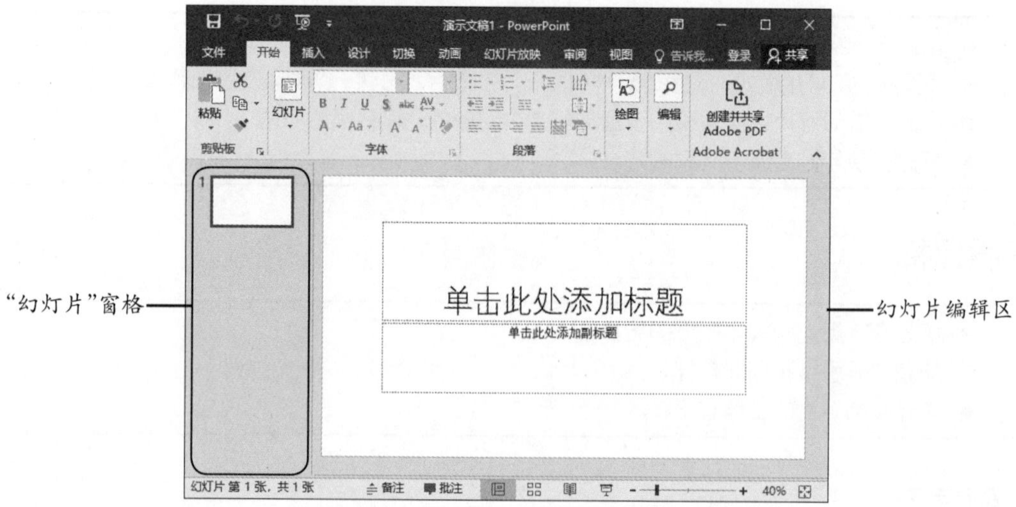

图 6-1　PowerPoint 2016 的工作界面

- **"幻灯片"窗格：** "幻灯片"窗格列出了当前演示文稿中所有幻灯片的缩略图，在其中可对幻灯片进行选择、移动和复制等操作，但不能对幻灯片的内容进行编辑。
- **幻灯片编辑区：** 幻灯片编辑区用于显示和编辑幻灯片的内容。默认情况下，新建的空白演示文稿只包含一张"标题"幻灯片，该幻灯片包含主标题占位符和副标题占位符。

（二）演示文稿的基本操作

新建、打开、保存与关闭演示文稿等基本操作与Word文档、Excel表格的新建、打开、保存与关闭操作基本相同。

- **新建演示文稿：** 在PowerPoint 2016的欢迎界面中选择"空白演示文稿"选项，或在PowerPoint 2016的工作界面中按【Ctrl+N】组合键，或在PowerPoint 2016的"新建"界面中选择"空白演示文稿"选项，均可新建空白演示文稿。在PowerPoint 2016的欢迎界面或在PowerPoint 2016的"新建"界面中选择模板，即可根据模板新建演示文稿。

- **打开演示文稿：** 在文件夹中双击演示文稿可启动PowerPoint 2016并打开该演示文稿；在PowerPoint 2016的欢迎界面或在PowerPoint 2016的"打开"界面中可选择最近使用的演示文稿并将其打开；在PowerPoint 2016的"打开"对话框中可选择演示文稿并将其打开。
- **保存演示文稿：** 在PowerPoint 2016的"另存为"对话框中可设置演示文稿的名称、保存位置和保存类型，并对其进行保存。
- **关闭演示文稿：** 选择【文件】/【关闭】命令、按【Ctrl+W】组合键或【Alt+F4】组合键，以及单击"关闭"按钮▨均可关闭当前打开的演示文稿。

（三）幻灯片的基本操作

幻灯片是演示文稿的重要组成部分，其与演示文稿的关系类似于工作表和工作簿的关系。编辑幻灯片是制作演示文稿的主要操作之一。

1. 新建幻灯片

当演示文稿中的幻灯片不够用时，可采用以下方法新建幻灯片。

- **在"幻灯片"窗格中新建幻灯片：** 在"幻灯片"窗格的空白区域或已有幻灯片的缩略图上单击鼠标右键，在弹出的快捷菜单中选择"新建幻灯片"命令；在"幻灯片"窗格中选择某张幻灯片的缩略图，按【Enter】键或按【Ctrl+M】组合键。若是选择"标题"幻灯片，则执行新建操作后，新建的幻灯片采用"标题和内容"版式；若是选择其他版式的幻灯片，则新建的幻灯片的版式为当前选择的幻灯片的版式。
- **通过功能选项卡新建幻灯片：** 在【开始】/【幻灯片】组中单击"新建幻灯片"按钮▨新建幻灯片，或者单击"新建幻灯片"按钮▨下方的下拉按钮▾，在打开的下拉列表中选择对应选项新建相应版式的幻灯片。

2. 应用幻灯片版式

如果对幻灯片版式不满意，则可随时对其进行更改。其方法如下：选择幻灯片，在【开始】/【幻灯片】组中单击"版式"按钮▨，在打开的下拉列表中选择所需的幻灯片版式。

3. 选择幻灯片

选择幻灯片是编辑幻灯片的前提，选择幻灯片主要有以下3种方法。

- **选择单张幻灯片：** 在"幻灯片"窗格中单击幻灯片缩略图，可选择该幻灯片。
- **选择多张幻灯片：** 按住【Shift】键并在"幻灯片"窗格中单击起始和截止位置处的幻灯片缩略图，可选择多张连续的幻灯片；按住【Ctrl】键并单击幻灯片缩略图，可选择多张不连续的幻灯片。
- **选择全部幻灯片：** 在"幻灯片"窗格中按【Ctrl+A】组合键，可选择全部幻灯片。

4. 移动或复制幻灯片

当需要调整幻灯片的顺序时，可直接在"幻灯片"窗格中移动幻灯片。当需要使用幻灯片中已有的版式或内容时，可直接复制该幻灯片并进行更改，以提高工作效率。

- **通过拖动缩略图移动或复制幻灯片：** 在"幻灯片"窗格中选择幻灯片缩略图，并将其拖动到目标位置可完成移动幻灯片的操作。若在按住【Ctrl】键的同时拖动幻灯片缩略图，则可完成复制幻灯片的操作。
- **通过快捷菜单中的命令移动或复制幻灯片：** 在"幻灯片"窗格中的幻灯片缩略图上单击鼠标右键，在弹出的快捷菜单中选择"剪切"或"复制"命令，然后在"幻灯片"窗格中定位到目标位置，单击鼠标右键，在弹出的快捷菜单中选择"粘贴"命令。

- **通过组合键移动或复制幻灯片：** 在"幻灯片"窗格中选择幻灯片缩略图，按【Ctrl+X】组合键剪切幻灯片或按【Ctrl+C】组合键复制幻灯片，然后在"幻灯片"窗格中定位到目标位置，按【Ctrl+V】组合键粘贴幻灯片。
- **通过功能选项卡复制幻灯片：** 在"幻灯片"窗格中选择幻灯片缩略图，在【开始】/【幻灯片】组中单击"剪切"按钮❌或单击"复制"按钮▣，然后在"幻灯片"窗格中定位到目标位置，在【开始】/【幻灯片】组中单击"粘贴"按钮▣。

（四）认识母版视图

演示文稿中的母版是定义演示文稿中所有幻灯片或页面格式的幻灯片页面。PowerPoint 2016提供了3种母版视图，分别是幻灯片母版视图、讲义母版视图和备注母版视图，在【视图】/【母版视图】组中单击相应的按钮即可进入对应的母版视图，进行母版设置。

- **幻灯片母版视图：** 在幻灯片母版视图中可以统一设置幻灯片及其中对象的内容和格式。在幻灯片母版视图的第1张幻灯片中进行的设置将应用到所有幻灯片中。
- **讲义母版视图：** 讲义母版视图用于设置讲义母版。讲义母版的主要作用是在将幻灯片打印为讲义时设置内容显示方向（即纸张方向）、幻灯片大小、每页讲义包含的幻灯片数量、页眉和页脚内容等，也可设置幻灯片的主题样式和背景效果。
- **备注母版视图：** 备注母版视图用于设置备注模板。备注反映了幻灯片放映和演讲者演讲时的附加内容（在PowerPoint 2016的工作界面的状态栏中单击"备注"按钮▤，幻灯片编辑区下方将显示"单击此处添加备注"区域，在其中可插入备注)，作用是提醒介绍者在放映幻灯片时需注意的事项。备注母版的作用与讲义母版的相似，可以设置幻灯片备注页的内容显示方向、幻灯片大小、页眉与页脚的内容，以及幻灯片的主题样式和背景效果等。

三、任务实施

（一）设置幻灯片母版

新建"网络安全宣传.pptx"演示文稿，在幻灯片视图中设置幻灯片母版以快速搭建演示文稿的框架，统一演示文稿的风格，具体操作如下。

（1）在Windows 10的"开始"菜单中选择"PowerPoint 2016"选项，启动PowerPoint 2016，在其欢迎界面中选择"空白演示文稿"选项，新建空白演示文稿。

（2）按【Ctrl+S】组合键，打开"另存为"界面，双击"这台电脑"选项，打开"另存为"对话框，将演示文稿以"网络安全宣传.pptx"为名进行保存。

（3）在【视图】/【母版视图】组中单击"幻灯片母版"按钮▤，如图6-2所示。

（4）在幻灯片母版视图中选择第1张幻灯片，在【幻灯片母版】/【背景】组中单击"背景样式"按钮，在打开的下拉列表中选择"设置背景格式"选项，如图6-3所示。

（5）打开"设置背景格式"任务窗格，在"填充"栏中选中"纯色填充"单选项，单击"颜色"栏右侧的"颜色填充"按钮▤，在打开的下拉列表中选择"蓝色，个性色1，淡色60%"选项，如图6-4所示。

（6）关闭"设置背景格式"任务窗格，在【插入】/【插图】组中单击"形状"按钮▢，在打开的下拉列表中选择"圆角矩形"选项。

（7）在幻灯片编辑区中拖动鼠标指针绘制圆角矩形，在【绘图工具 格式】/【形状样式】组中单击"形状填充"按钮 🎨 右侧的下拉按钮 ，在打开的下拉列表中选择"白色，背景1"选项，如图6-5所示。

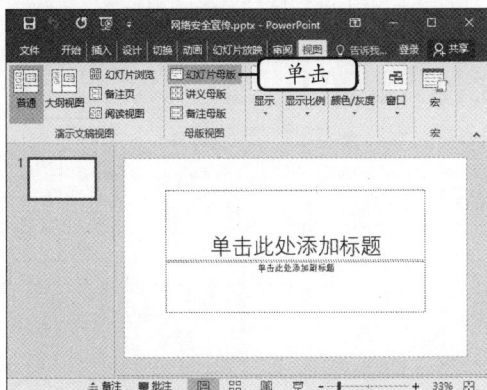

图6-2　单击"幻灯片母版"按钮

图6-3　选择"设置背景格式"选项

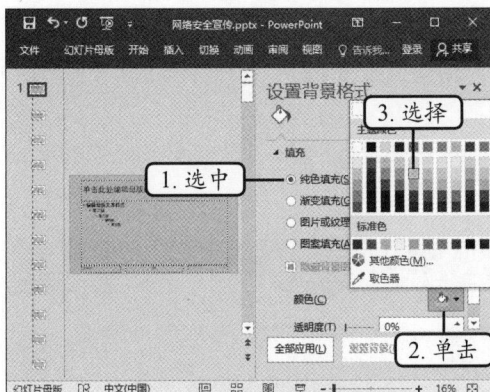

图6-4　设置背景纯色填充

图6-5　绘制形状并设置形状填充颜色

多学一招　　　　　　　　**查看不同母版的应用范围**

　　　　在幻灯片母版视图的"幻灯片"窗格中，将鼠标指针移到幻灯片母版的缩略图上，将弹出提示信息，提示该母版由哪些幻灯片使用（此处的演示文稿共8张幻灯片），如图6-6所示。这样用户可以清楚地知道对不同母版所做的设置会应用到哪些幻灯片中。

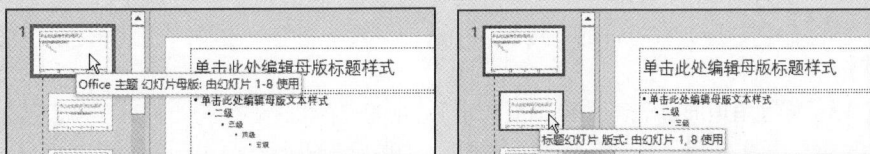

图6-6　查看不同母版的应用范围

133

（8）保持圆角矩形的选中状态，在【绘图工具 格式】/【形状样式】组中单击"形状轮廓"按钮 右侧的下拉按钮，在打开的下拉列表中选择"无轮廓"选项，取消轮廓色，如图6-7所示。

（9）保持圆角矩形的选中状态，在【绘图工具 格式】/【大小】组的"高度"和"宽度"数值框中分别输入"18厘米"和"33厘米"，如图6-8所示，按【Enter】键确认，调整圆角矩形的大小。

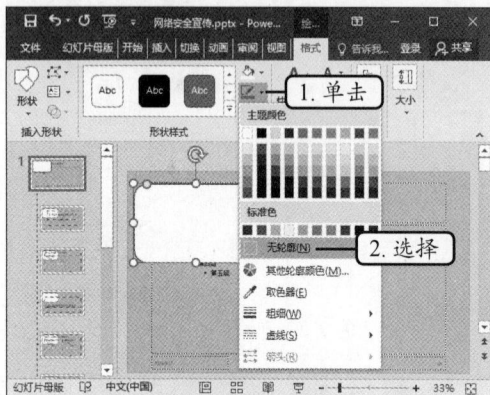

图6-7　取消轮廓色

图6-8　调整圆角矩形的大小

（10）保持圆角矩形的选中状态，在【绘图工具 格式】/【排列】组中单击"对齐"按钮，在打开的下拉列表中选择"水平居中"选项，如图6-9所示。再次执行，在打开的下拉列表中选择"垂直居中"选项，使圆角矩形在幻灯片中居中显示。

（11）将鼠标指针移动到圆角矩形的黄色控制点上，按住鼠标左键，向左侧拖动鼠标指针，缩小圆角大小，如图6-10所示。

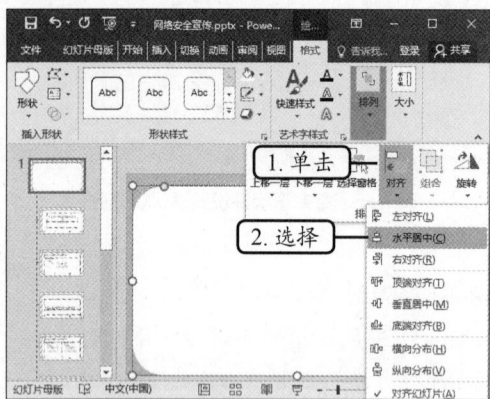

图6-9　设置圆角矩形水平居中

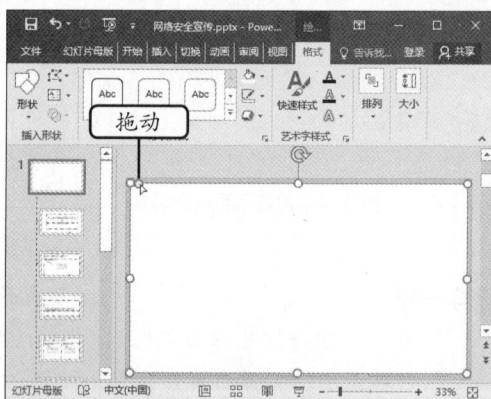

图6-10　缩小圆角大小

（12）保持圆角矩形的选中状态，在【绘图工具 格式】/【排列】组中单击"下移一层"按钮 下方的下拉按钮，在打开的下拉列表中选择"置于底层"选项，将圆角矩形位置于底层，如图6-11所示。

（13）将圆角矩形置于底层后，选择幻灯片中的"标题"占位符，将其字体设置为"方正兰亭准黑_GBK、36、加粗"，单击"居中"按钮，如图6-12所示。

（14）选择"正文"占位符中的第一级文本内容，将其字体设置为"方正兰亭准黑_GBK、18"，然后单击"项目符号"按钮，取消项目符号设置，如图6-13所示。

（15）选择第2张幻灯片（"标题"幻灯片），按【Ctrl+A】组合键选择幻灯片中的所有内容

（在第1张幻灯片中绘制的圆角矩形不会被选中），按【Delete】键删除。

（16）选择第2张幻灯片，在【插入】/【图像】组中单击"图片"按钮，如图6-14所示。

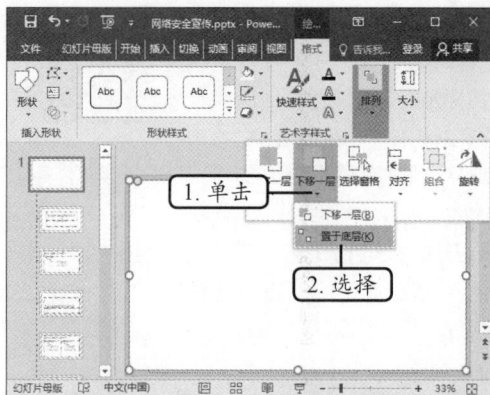

图 6-11　将圆角矩形置于底层

图 6-12　设置"标题"占位符的字体格式和对齐方式

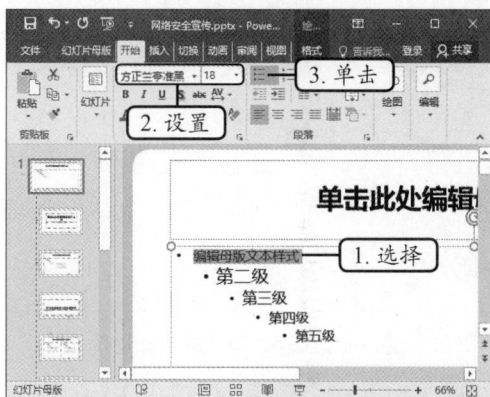

图 6-13　设置"正文"占位符的字体格式并取消项目
符号设置

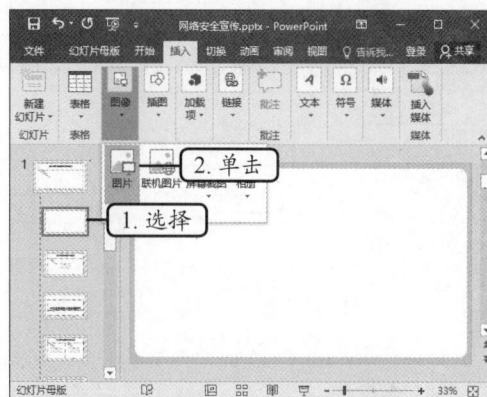

图 6-14　单击"图片"按钮

（17）打开"插入图片"对话框，选择"底图.png"文件（配套资源:\素材文件\项目六\网络安全宣传\底图.png），单击 插入(S) 按钮，如图6-15所示。

（18）插入图片后，将其移动到幻灯片的右侧，调整其大小，如图6-16所示。完成幻灯片母版的设置后，在【幻灯片母版】/【关闭】组中单击"关闭母版视图"按钮，退出幻灯片母版视图。

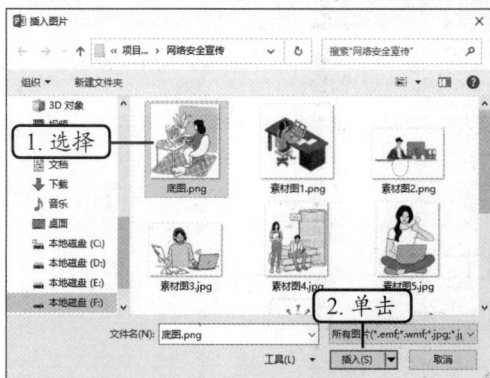

图 6-15　插入"底图 .png"

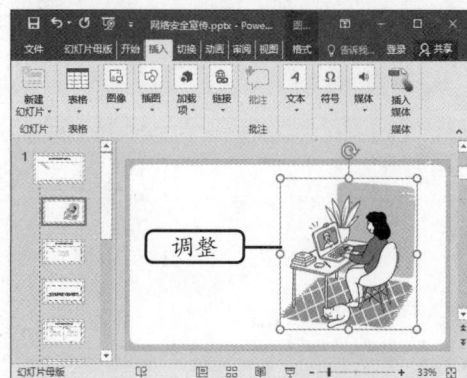

图 6-16　调整图片的位置和大小

（二）输入与设置文本制作封面页及结束页

在"网络安全宣传.pptx"演示文稿的"标题"幻灯片中输入标题文本并设置其格式以制作封面页，复制该张幻灯片并修改其中的文本作为结束页，具体操作如下。

（1）在普通视图默认的第1张"标题"幻灯片中选择"副标题"占位符，按【Delete】键将其删除。在"标题"占位符中输入"网络安全宣传"，然后选择"标题"占位符，将字号设置为"96"，将字体颜色设置为"橙色，个性色2"，如图6-17所示。

（2）保持"标题"占位符的选中状态，在【绘图工具 格式】/【艺术字样式】组中单击"快速样式"按钮，在打开的下拉列表中选择"填充-白色，轮廓-着色2，清晰阴影-着色2"选项，如图6-18所示。

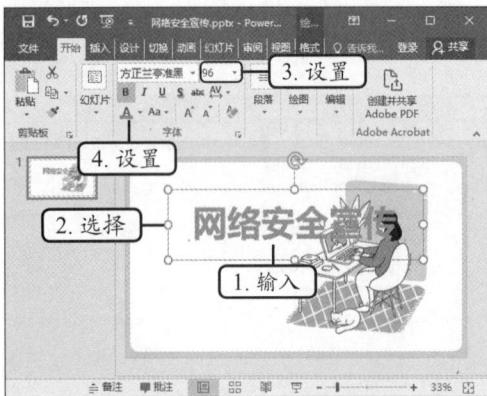

图6-17　输入与设置文本

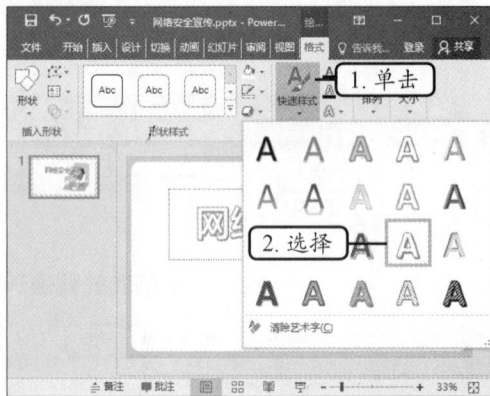

图6-18　设置文本的艺术字样式

（3）将鼠标指针移到"标题"占位符右侧中间的控制点上，当鼠标指针变为形状时，向左侧拖动鼠标指针调整占位符的宽度，接着将鼠标指针移到占位符的边框上，当鼠标指针变为形状时，拖动鼠标指针移动占位符的位置，如图6-19所示。

（4）在"幻灯片"窗格中单击"标题"幻灯片的缩略图，依次按【Ctrl+C】组合键、【Ctrl+V】组合键复制该张幻灯片作为结束页，并将标题文本修改为"谢谢观看！"，如图6-20所示。

图6-19　调整占位符的宽度和位置

图6-20　制作结束页

（三）插入图片和 SmartArt 图形制作目录页

在"网络安全宣传.pptx"演示文稿中新建一张"仅标题"版式的幻灯片，插入图片和SmartArt图形制作目录页，具体操作如下。

（1）选择第1张幻灯片，在【开始】/【幻灯片】组中单击"新建幻灯片"按钮下方的下拉按钮，在打开的下拉列表中选择"仅标题"选项，新建"仅标题"版式的幻灯片，如图6-21所示。

（2）在新建幻灯片的"标题"占位符中输入"目　　录"（文字中间间隔4个空格），将文本字号设置为"60"。在【插入】/【图像】组中单击"图片"按钮，打开"插入图片"对话框，插入"素材图1.png"图片（配套资源:\素材文件\项目六\网络安全宣传\素材图1.png），将图片移动到幻灯片编辑区的左侧，如图6-22所示。

微课视频

插入图片和 SmartArt
图形制作目录页

图 6-21　新建"仅标题"版式的幻灯片

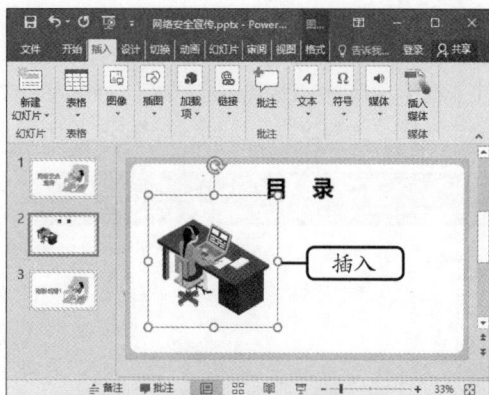

图 6-22　输入标题并插入图片

（3）在【插入】/【插图】组中单击"SmartArt"按钮，打开"选择SmartArt图形"对话框，单击"列表"选项卡，选择"垂直曲形列表"选项，单击 确定 按钮，如图6-23所示。

（4）插入SmartArt图形后，在自动打开的"在此处键入文字"对话框的第1个文本框中输入"网络安全定义"，在第2个文本框中输入"网络安全知识"，在第3个文本框中输入"网络安全隐患"后按【Enter】键添加一个文本框，然后在其中输入"安全上网指南"，如图6-24所示。

图 6-23　插入"垂直曲形列表"SmartArt 图形

图 6-24　输入 SmartArt 图形的文字内容

137

> **知识扩展**　　　　　　　**在SmartArt图形中添加形状与编辑文字**
>
> 在SmartArt图形中单击左侧边框的 按钮，可以展开或收回"在此处键入文字"对话框。在此对话框中添加一个文本框，SmartArt图形中会添加相应形状（SmartArt图形是由若干个形状组合而成的）。此外，在SmartArt图形中选择一个形状后，单击鼠标右键，在弹出的快捷菜单中选择"添加形状"命令，再在其子菜单中选择"在后面添加形状"等命令，也可在相应位置添加形状，在形状上单击鼠标右键，在弹出的快捷菜单中选择"编辑文字"命令，也可在形状中进行输入与编辑文字的操作。

（5）选择SmartArt图形，将其移动到幻灯片编辑区的右侧并调整其大小，如图6-25所示。

（6）保持SmartArt图形的选中状态，在【SmartArt工具 设计】/【SmartArt样式】组中单击"更改颜色"按钮，在打开的下拉列表中选择"彩色-个性色"选项；保持SmartArt图形的选中状态，在【SmartArt工具 设计】/【SmartArt样式】组中单击"快速样式"按钮，在打开的下拉列表中选择"强烈效果"选项，如图6-26所示。

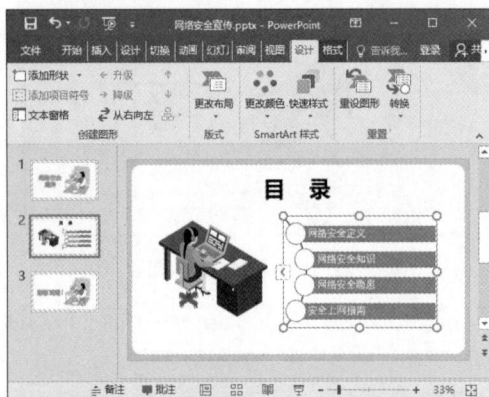

图6-25　调整 SmartArt 图形的位置和大小

图6-26　更改 SmartArt 图形的颜色和样式

（四）新建与复制幻灯片制作过渡页

在"网络安全宣传.pptx"演示文稿中通过新建与复制"仅标题"版式的幻灯片，制作4张过渡页，具体操作如下。

（1）选择"网络安全宣传.pptx"演示文稿中的第2张幻灯片（该张幻灯片的版式为"仅标题"），按【Enter】键新建一张"仅标题"版式的幻灯片，在"标题"占位符中输入"网络安全定义"文本并将字号设置为"66"，将"标题"占位符稍微向下移动，在此占位符的下方插入"素材图2.png"图片（配套资源:\素材文件\项目六\网络安全宣传\素材图2.png），如图6-27所示。

（2）选择完成设置后的第3张幻灯片，按【Ctrl+C】组合键，再按3次【Ctrl+V】组合键，然后依次修改复制的幻灯片中的标题文本为"网络安全知识""网络安全隐患""安全上网指南"，如图6-28所示。

> 微课视频
>
> 新建与复制幻灯片制作过渡页

图 6-27　制作第 1 张过渡页

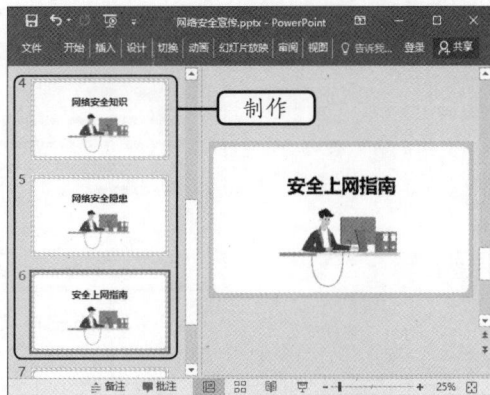

图 6-28　制作其他 3 张过渡页

（五）插入图片与图形对象制作内容页

在"网络安全宣传.pptx"演示文稿中新建与复制幻灯片，并在新添加的幻灯片中插入图片与图形对象，编辑文本内容，完善演示文稿，具体操作如下。

（1）选择第3张幻灯片，在【开始】/【幻灯片】组中单击"新建幻灯片"按钮下方的下拉按钮，在打开的下拉列表中选择"两栏内容"选项，新建"两栏内容"版式的幻灯片。

（2）在新建幻灯片的"标题"占位符中输入"什么是网络安全"文本，在左侧的"正文"占位符中输入与网络安全定义相关的内容，内容参见素材文档（配套资源:\素材文件\项目六\网络安全宣传\网络安全宣传文本资料.txt）。

（3）选择"网络安全的定义:"文本内容，先将其字号设置为"28"，然后在【绘图工具 格式】/【艺术字样式】组中单击"快速样式"按钮，在打开的下拉列表中选择"渐变填充-蓝色，着色1，反射"选项，如图6-29所示。

（4）选择"网络安全的定义:"下方的文本内容，在【开始】/【段落】组中单击"行距"按钮，在打开的下拉列表中选择"2.0"选项，如图6-30所示，增加正文的行距。

图 6-29　设置文本的艺术字样式

图 6-30　增加正文的行距

（5）在右侧的"正文"占位符中单击"图片"按钮，如图6-31所示，打开"插入图片"对话框，插入"素材图3.jpg"图片（配套资源:\素材文件\项目六\网络安全宣传\素材图3.jpg）。

图 6-31　单击"图片"按钮

（6）选择第4张幻灯片，按【Enter】键新建"两栏内容"版式的幻灯片，在第5张幻灯片的"标题"占位符中输入"什么是网络安全"文本，在左侧的"正文"占位符中单击"图片"按钮，插入"素材图4.jpg"图片（配套资源:\素材文件\项目六\网络安全宣传\素材图4.jpg），在右侧的"正文"占位符中输入相应文本内容，选择第一段文本，将其艺术字样式设置为"渐变填充-蓝色，着色1，反射"，选择第二段文本内容，将其行距设置为"1.5"，适当调整右侧占位符的宽度以使第一段文本在一行内显示，适当调整该占位符的位置和左侧图片的位置，使该张幻灯片的内容规整显示，第5张幻灯片的效果如图6-32所示。

（7）打开"示意图素材.pptx"演示文稿（配套资源:\素材文件\项目六\网络安全宣传\示意图素材.pptx），选择左侧的示意图，按【Ctrl+C】组合键复制该图，如图6-33所示。

图 6-32　第 5 张幻灯片的效果

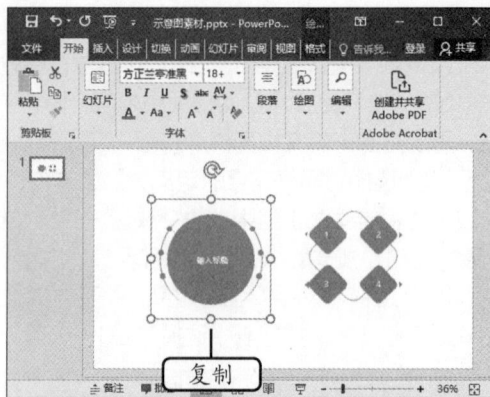

图 6-33　复制左侧的示意图

（8）在"网络安全宣传.pptx"演示文稿中选择第6张幻灯片，按【Enter】键新建"仅标题"版式的幻灯片，在"标题"占位符中输入"网络安全公约"，然后按【Ctrl+V】组合键粘贴"示意图素材.pptx"演示文稿中复制的示意图，将其移动至幻灯片的中间位置后，在其中的文本框中输入"网络安全公约"。

（9）在【插入】/【文本】组中单击"文本框"按钮下方的下拉按钮，在打开的下拉列表中选择"横排文本框"选项，在幻灯片编辑区的左上方绘制文本框，输入示意图的第一处文本内容"要善于网上学习，不浏览不良信息"，将其字体设置为"方正兰亭准黑_GBK、18"。复制文本框，修改其中的文本内容，第7张幻灯片的效果如图6-34所示。

（10）继续新建"仅标题"版式的幻灯片，在"标题"占位符中输入"正确使用网络"，将"示意图素材.pptx"演示文稿中右侧的示意图复制到幻灯片的中间位置，然后在示意图的两侧绘制横排文本框并输入文本内容，将其字体设置为"方正兰亭准黑_GBK、18"，如图6-35所示。

图 6-34　第 7 张幻灯片的效果

图 6-35　制作第 8 张幻灯片

素养提升　　　　　　　　　　　　**素材收集与整理**

　　　　因为制作演示文稿涉及使用大量的示意图、图片或模板等，所以建议读者养成素材收集与整理的习惯，建立素材资源库，以备后续制作时直接调用，这样可以有效提高工作效率。

　　（11）通过新建各种版式的幻灯片、插入与编辑SmartArt图形、插入图片、编辑文本、调整对象大小和位置等方法，制作第10张幻灯片（见图6-36）、第11张幻灯片（见图6-37）、第13张幻灯片（见图6-38）和第14张幻灯片（见图6-39）。制作完成后，按【Ctrl+S】组合键保存演示文稿（配套资源:\效果文件\项目六\网络安全宣传.pptx）。

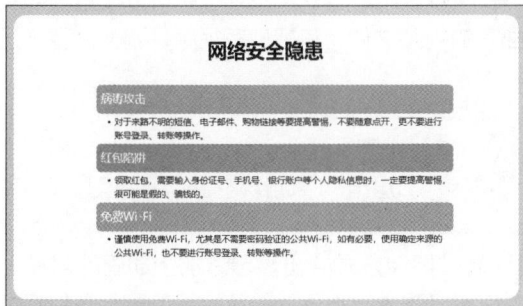

图 6-36　制作第 10 张幻灯片

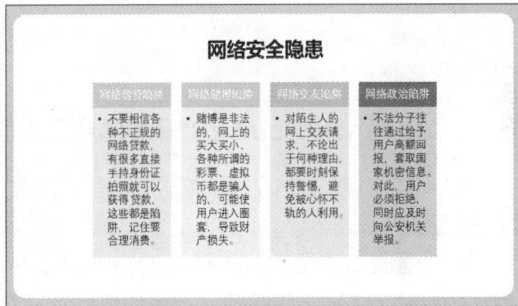

图 6-37　制作第 11 张幻灯片

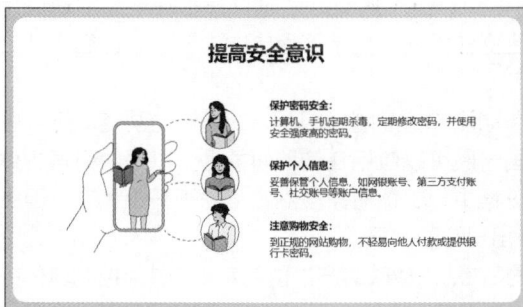

图 6-38　制作第 13 张幻灯片

图 6-39　制作第 14 张幻灯片

任务二 设计"端午节节日介绍"演示文稿的动态效果

一、任务描述

端午节即将来临，公司决定举办端午活动，既可以为员工提供互相沟通的机会，增进员工之间的感情，又可以弘扬中华传统文化。老洪让米拉针对这次活动制作"端午节节日介绍"演示文稿，方便在活动时放映，要求动态展示演示文稿中的内容，激发观看者的兴趣。

二、相关知识

（一）插入媒体文件

在演示文稿中可以插入音频文件和视频文件等媒体文件。

1. 插入音频文件

在【插入】/【媒体】组中单击"音频"按钮🔊，在打开的下拉列表中选择相应选项，可插入计算机中保存的音频文件或插入现场录制的音频文件。音频文件被插入幻灯片以后，将以"喇叭"标记🔊的形式出现，拖动该标记可调整其位置。选择该标记，在"音频工具 格式"选项卡中可以像设置图片那样设置该标记的格式；在"音频工具 播放"选项卡中可处理插入的音频文件，包括剪裁音频、调整音量、设置音频的播放方式等。

2. 插入视频文件

在【插入】/【媒体】组中单击"视频"按钮▣，在打开的下拉列表中选择相应选项，可插入计算机中保存的视频文件或插入联机视频文件。视频文件被插入幻灯片以后，将以图片的形式显示，拖动视频图片可调整其位置。选择视频图片，在"视频工具 格式"选项卡中可以设置视频图片的格式；在"视频工具 播放"选项卡中可处理插入的视频文件，包括剪裁视频、调整音量、设置视频的播放方式等。

（二）PowerPoint 2016 中的动画类型

PowerPoint 2016中的动画主要有"强调""进入""退出""动作路径"4种类型，这4种动画类型的特点如下。

- **"强调"动画：** 这类动画的特点是放映时，通过指定方式突出显示添加了动画的对象，无论动画是在放映前、放映中还是放映后，应用"强调"动画的对象始终是显示在幻灯片中的。
- **"进入"动画：** 这类动画的特点是从无到有，即在放映幻灯片时，开始并不会出现应用"进入"动画的对象，而在特定时间或特定操作下，如显示了指定的内容或单击后，才会在幻灯片中以动画方式显示该对象。
- **"退出"动画：** 这类动画的特点与"进入"动画的特点刚好相反，即通过动画使幻灯片中的某个对象消失。也就是说，"退出"动画一般可以应用在辅助对象上，以帮助引导主体对象出现或强调主体对象的出现。在整个过程中，主体对象虽然始终处于静止状态，但由于辅助对象的"退出"，产生了类似"动态出现"的效果。
- **"动作路径"动画：** 这类动画的特点是使对象在动画放映时产生位置变化，并能控制具体的变化路径。

三、任务实施

（一）插入并编辑视频

在"端午节节日介绍"演示文稿中插入赛龙舟的介绍视频，并对视频进行编辑与处理，具体操作如下。

（1）打开"端午节节日介绍.pptx"素材演示文稿（配套资源:\素材文件\项目六\端午节节日介绍.pptx），选择第7张幻灯片，在【插入】/【媒体】组中单击"视频"按钮，在打开的下拉列表中选择"PC中的视频"选项，打开"插入视频文件"对话框，选择并插入"赛龙舟.mp4"视频文件（配套资源:\素材文件\项目六\赛龙舟.mp4）。

（2）调整视频图片的大小和位置，选择视频图片，在【视频工具 格式】/【视频样式】组中的"样式"列表框中选择"柔化边缘矩形"选项，如图6-40所示。

（3）在【视频工具 播放】/【编辑】组中单击"剪裁视频"按钮，打开"剪裁视频"对话框，在"开始时间"数值框中输入"00:00"，在"结束时间"数值框中输入"00:57"，单击 确定 按钮，如图6-41所示。

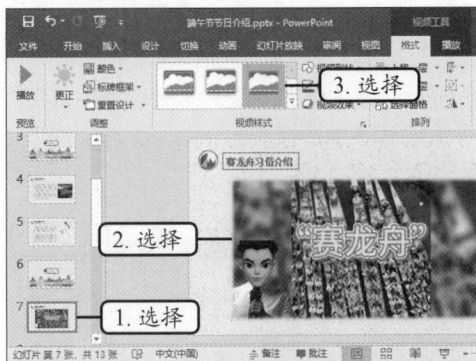

图 6-40　设置视频图片格式

图 6-41　剪裁视频

（4）保持视频图片处于选中状态，在【视频工具 播放】/【视频选项】组中选中"全屏播放"复选框和"播完返回开头"复选框，如图6-42所示。

图 6-42　设置视频播放方式

（二）添加和设置切换效果

切换效果是指在幻灯片放映过程中从一张幻灯片切换到下一张幻灯片时的动态效果。下面在"端午节节日介绍"演示文稿中为所有幻灯片应用"百叶窗"切换效果，具体操作如下。

（1）选择第1张幻灯片，在【切换】/【切换到此幻灯片】组的"切换效果"列表框中选择"百叶窗"选项。

微课视频

插入并编辑视频

微课视频

添加和设置切换效果

（2）在【切换】/【计时】组中的"声音"下拉列表中选择"照相机"选项，在"持续时间"数值框中输入"02.00"，然后选中"换片方式"栏中的"单击鼠标时"复选框，最后单击"全部应用"按钮，如图6-43所示。

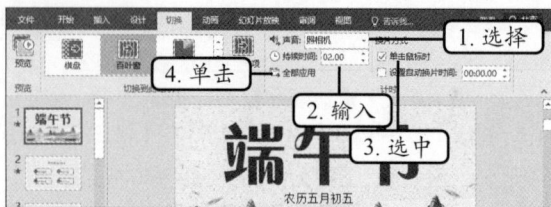

图6-43　设置切换效果的计时并应用到所有幻灯片

（三）添加和设置动画效果

为"端午节节日介绍"演示文稿各张幻灯片中的对象应用动画效果，具体操作如下。

（1）选择第1张幻灯片中的"端午节"文本框，在【动画】/【动画】组的"动画"列表框中选择"翻转式由远及近"选项，然后在【动画】/【计时】组的"开始"下拉列表中选择"单击时"选项，在"持续时间"数值框中输入"01.00"，如图6-44所示。

（2）选择"农历五月初五"文本框，在【动画】/【动画】组的"动画"列表框中选择"陀螺旋"选项，然后在【动画】/【计时】组的"开始"下拉列表中选择"上一动画之后"选项，在"持续时间"数值框中输入"01.00"，如图6-45所示。

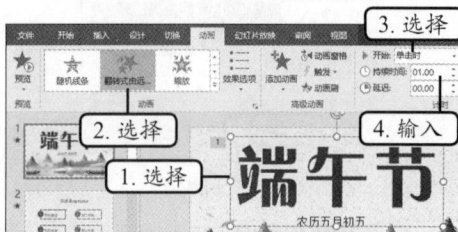

图6-44　设置"翻转式由远及近"动画

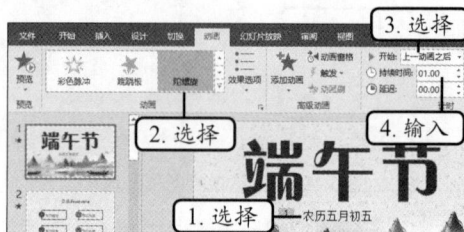

图6-45　设置"陀螺旋"动画

（3）选择图片，在【动画】/【动画】组的"动画"列表框中选择"浮入"选项，然后在【动画】/【计时】组的"开始"下拉列表中选择"上一动画之后"选项，在"持续时间"数值框中输入"00.50"，如图6-46所示。

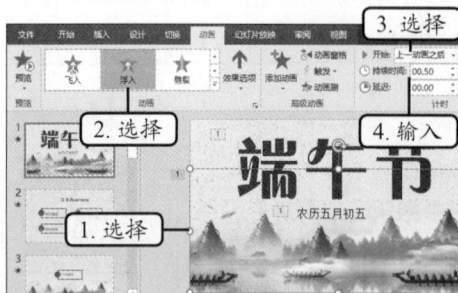

图6-46　设置"浮入"动画

知识提示　**为同一对象添加多个动画**

通过"动画"列表框为对象添加动画后，可通过单击【动画】/【高级动画】组中的"添加动画"按钮来添加动画。

（4）使用相同的方法为除第3、第6、第9、第12张幻灯片外的其他幻灯片的对象添加动画。

（四）添加自定义动作路径动画

为第7张幻灯片中的视频图片自定义动作路径动画，自定义该对象的运动轨迹，具体操作如下。

（1）选择第7张幻灯片中的视频图片，在【动画】/【动画】组的"动画"列表框中选择"自定义路径"选项。

（2）将鼠标指针移到幻灯片编辑区中，单击以确定起始位置，在转折处单击，结束绘制时双击，绘制自定义路径后，绿色三角形表示动画的开始位置，红色三角形表示动画的结束位置。

（3）结束路径绘制后，选择路径，在【动画】/【计时】组的"开始"下拉列表中选择"上一动画之后"选项，在"持续时间"数值框中输入"02.00"，如图6-47所示。按【Ctrl+S】组合键保存演示文稿（配套资源:\效果文件\项目六\端午节节日介绍.pptx）。

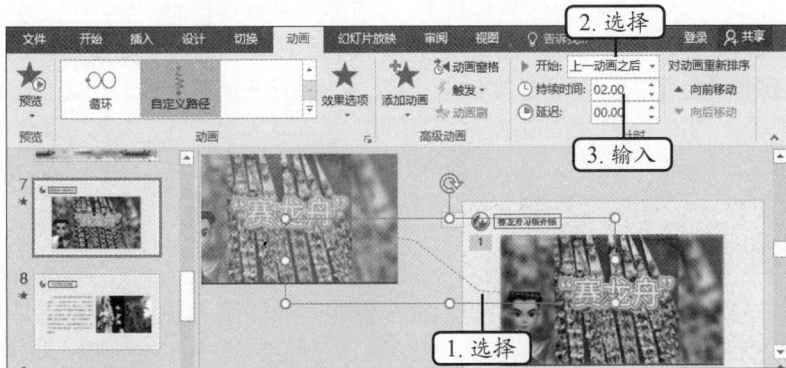

图6-47　设置自定义动作路径动画

任务三　放映与输出"垃圾分类宣传"演示文稿

一、任务描述

实施垃圾分类可以改善生活环境，减少环境污染，促进资源的回收利用。公司员工人数比较多，每天都会产生大量的垃圾，因此公司安排米拉放映"垃圾分类宣传"演示文稿，并且将"垃圾分类宣传"演示文稿输出为视频文件，转发给其他员工，以宣传垃圾分类的相关知识，使大家养成垃圾分类投放的好习惯。

二、相关知识

（一）演示文稿的放映类型

PowerPoint 2016提供了3种放映类型，设置放映类型的方法如下：在【幻灯片放映】/【设置】组中单击"放映设置"按钮，打开"设置放映方式"对话框，如图6-48所示，在"放映类型"栏中选中不同的单选项即可设置不同的放映类型。各放映类型的作用和特点如下。

- **演讲者放映(全屏幕)**：演讲者放映(全屏幕)是PowerPoint 2016默认的放映类型，此类型以全屏模式放映演示文稿。在放映过程中，演讲者具有完全的控制权，可以手动切换幻灯片和动画效果，也可以将演示文稿的放映暂停或为演示文稿添加细节等，还可以在放映过程中录制旁白。演讲者具有完全的控制权，因此这种放映类型具有很强的灵活性。演讲者可以根据观众的反应和需要，随时调整放映的内容和节奏，适用于会议或教学场合。

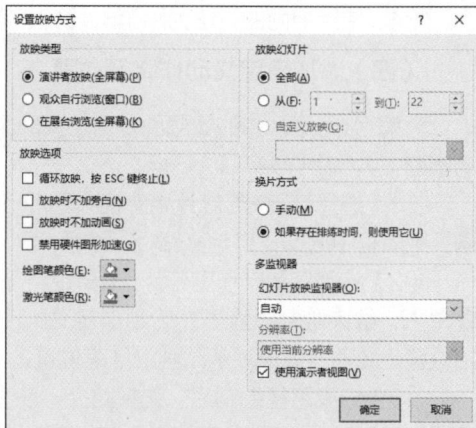

图6-48　"设置放映方式"对话框

- **观众自行浏览(窗口)：** 观众自行浏览(窗口)通常适用于那些希望观众在观看幻灯片时保持一定自主性和灵活性的场合。采用这种类型放映演示文稿时，幻灯片不以全屏模式显示，而作为一个窗口出现在屏幕上。采用这种放映类型时，观众可以控制幻灯片的播放、添加注释或在浏览幻灯片的同时进行其他操作。
- **在展台浏览(全屏幕)：** 在展台浏览(全屏幕)通常适用于展览会场或会议中无人管理幻灯片放映的场合。采用这种类型放映演示文稿时，不需要人为控制，系统将以全屏模式自动放映演示文稿，放映过程中，观众不能通过单击操作切换幻灯片，但可以通过单击幻灯片中的超链接和动作按钮来切换幻灯片，按【Esc】键可结束放映。

（二）输出演示文稿

为了更加充分地利用演示文稿资源，可以将演示文稿中的幻灯片输出为不同格式的文件。其方法之一是另存演示文稿，在打开的"另存为"对话框的"保存类型"下拉列表中选择需要的格式。下面介绍4种常见的输出格式。

- **PDF文档：** 选择"PDF(*.pdf)"文件类型，可将演示文稿保存为PDF文档。
- **图片：** 选择"JPEG文件交换格式(*.jpg)""PNG可移植网络图形格式(*.png)""TIFF Tag图像文件格式(*.tif)"等文件类型，可将当前演示文稿中的幻灯片保存为对应格式的图片。如果要在其他软件中使用，则可以将这些图片插入对应的软件中。
- **视频：** 选择"MPEG_4 视频(*.mp4)""Windows Media视频(*.wmv)"等文件类型，可将演示文稿保存为视频。如果在演示文稿中为所有幻灯片设置了排练计时，则保存的视频将自动播放这些幻灯片。
- **自动放映的演示文稿：** 选择"PowerPoint放映(*.ppsx)"文件类型，可将演示文稿保存为自动放映的演示文稿，之后双击该演示文稿将直接进入放映模式，自动放映幻灯片。

三、任务实施

（一）创建超链接与动作按钮

超链接用于链接幻灯片中的多个对象，以达到执行单击操作时自动跳转到对应位置的目的，这是放映演示文稿时的常用操作，在放映演示文稿的过程中，还可以通过动作按钮来控制放映的内容，具体操作如下。

（1）打开"垃圾分类宣传.pptx"演示文稿（配套资源:\素材文件\项目六\垃圾分类宣传.pptx），选择第2张幻灯片中的"垃圾分类的现状"

微课视频

创建超链接与动作按钮

文本，然后在【插入】/【链接】组中单击"超链接"按钮🌐。

（2）打开"插入超链接"对话框，在"链接到"列表框中选择"本文档中的位置"选项，在"请选择文档中的位置"列表框中选择"3.幻灯片 3"选项，单击 确定 按钮，如图6-49所示。

（3）使用同样的方法为第2张幻灯片中的其他文本添加超链接，链接目标分别为文本对应的过渡页。

（4）选择第3张幻灯片，在【插入】/【插图】组中单击"形状"按钮♡，在打开的下拉列表中选择"动作按钮：开始"选项，然后在幻灯片右下角拖动鼠标指针绘制动作按钮，释放鼠标左键时将打开"操作设置"对话框的"单击鼠标"选项卡，选中"超链接到"单选项，并在其下方的下拉列表中选择"第一张幻灯片"选项，单击 确定 按钮，如图6-50所示。

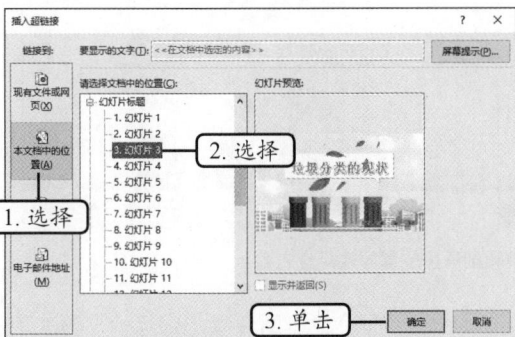

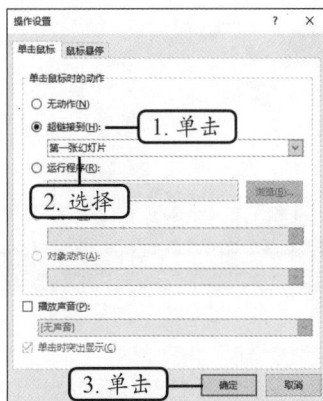

图 6-49　选择链接到的幻灯片　　　　　图 6-50　设置动作按钮链接到的幻灯片

（5）在"动作按钮：开始"右侧依次添加"动作按钮：后退或前一项""动作按钮：前进或下一项"和"动作按钮：结束"3个动作按钮。其中，"动作按钮：后退或前一项"超链接到上一张幻灯片，"动作按钮：前进或下一项"超链接到下一张幻灯片，"动作按钮：结束"超链接到最后一张幻灯片。

（6）选择全部的动作按钮，在【绘图工具 格式】/【排列】组中单击"对齐"按钮🖫，在打开的下拉列表中选择"垂直居中"选项，再在"大小"组中设置"高度"为"1厘米"，"宽度"为"2厘米"，如图6-51所示。

（7）保持全部动作按钮处于选中状态，在【绘图工具 格式】/【形状样式】组中的"主题样式"列表框中选择"中等效果-橙色，强调颜色2"选项，如图6-52所示。

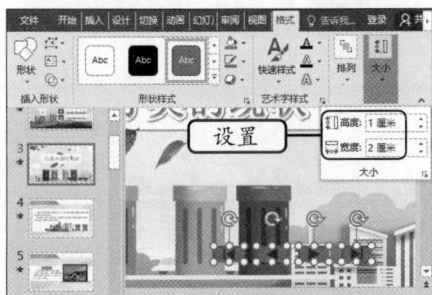

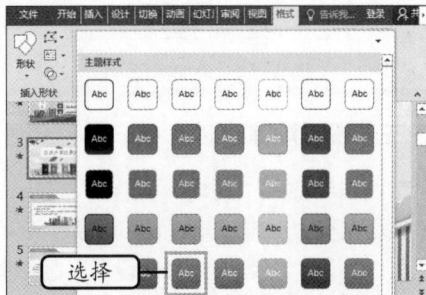

图 6-51　设置动作按钮的对齐方式和大小　　　图 6-52　设置动作按钮的主题样式

（8）将设置好的动作按钮复制并粘贴到每张过渡页幻灯片中。

（二）放映演示文稿

制作演示文稿的最终目的是将其展示给观众，即放映演示文稿。在放映演示文稿的过程中，放映者需要掌握一些放映的方法，特别是通过超链接定位幻灯片、为幻灯片的重要内容添加注释等，具体操作如下。

（1）在【幻灯片放映】/【开始放映幻灯片】组中单击"从头开始"按钮🖵或按【F5】键，进入幻灯片放映模式并从第1张幻灯片开始放映。

（2）单击或按【→】键依次放映下一张幻灯片。

（3）当播放到第2张幻灯片时，单击"垃圾处理的方法"文本（该文本设置了超链接），此时将直接跳转到链接位置放映相应内容，如图6-53所示。

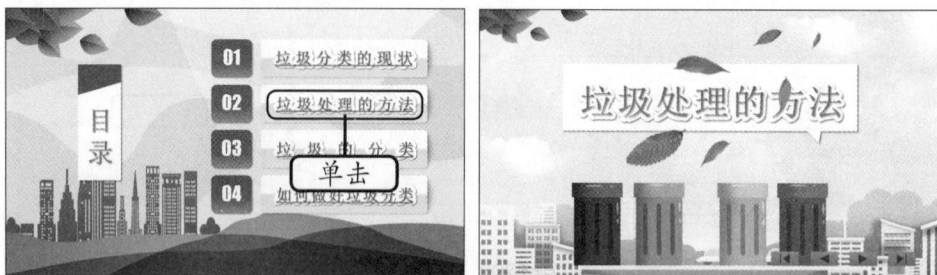

图6-53　单击超链接跳转到链接位置放映相应内容

（4）单击鼠标右键，在弹出的快捷菜单中选择"暂停"命令，暂停播放幻灯片。再次单击鼠标右键，在弹出的快捷菜单中选择【指针选项】/【荧光笔】命令，第三次单击鼠标右键，在弹出的快捷菜单中选择【指针选项】/【墨迹颜色】/【红色】命令，按住鼠标左键并拖动以添加标记，如图6-54所示。

（5）所有幻灯片放映完成后（或在放映过程中按【Esc】键），退出放映。如果注释了内容，则此时将打开提示对话框，提示"是否保留墨迹注释"，单击保留(K)按钮，如图6-55所示。

图6-54　添加标记

图6-55　退出放映并保留墨迹注释

（三）设置排练计时

若需要自动放映"垃圾分类宣传"演示文稿，则可以进行排练计时设置，使演示文稿根据排练的时间和顺序放映，具体操作如下。

（1）在【幻灯片放映】/【设置】组中单击"排练计时"按钮🖵，进入放映排练状态，同时打开"录制"工具栏，开始排练计时，如图6-56所示。

（2）一张幻灯片播放完成后，单击"录制"工具栏中的➡按钮或按【Enter】键切换到下一张幻灯片，将从头开始为当前幻灯片的放映进行计

时（如果幻灯片中的对象设置动画开始为"单击时"，则需单击鼠标播放动画）。

（3）放映结束后，打开提示对话框，显示排练计时时间，并询问是否保留新的幻灯片计时，单击 是(Y) 按钮，如图6-57所示。按【Ctrl+S】组合键保存演示文稿（配套资源:\效果文件\项目六\垃圾分类宣传.pptx）。

图6-56 开始排练计时

图6-57 保留幻灯片计时

（四）将演示文稿输出为视频

将演示文稿输出为MP4格式的视频文件，便于在其他平台查看演示文稿内容，具体操作如下。

（1）选择【文件】/【另存为】命令，打开"另存为"界面，双击"这台电脑"选项，打开"另存为"对话框，在"保存类型"下拉列表中选择"MPEG-4 视频(*.mp4)"选项，选择好保存位置并输入文件名后，单击 保存(S) 按钮，如图6-58所示。

（2）保存完成后打开保存视频的文件夹，查看视频（配套资源:\效果文件\项目六\垃圾分类宣传.mp4）的播放效果，如图6-59所示。

> 微课视频
>
> 将演示文稿输出为视频

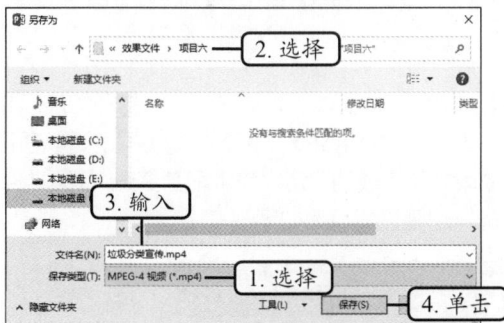

图6-58 将演示文稿输出为视频

图6-59 查看视频的播放效果

项目实训

实训一　制作"中秋节传统文化介绍"演示文稿

【实训要求】

中秋节不仅是一个传统的节日，更是中华文化的一个象征。本实训要求根据提供的"中秋节"文件夹中的素材（配套资源:\素材文件\项目六\"中秋节"文件夹）制作"中秋节传统文化介绍.pptx"演示文稿（配套资源:\效果文件\项目六\中秋节传统文化介绍.pptx），参考效果（局部）如图6-60所示。

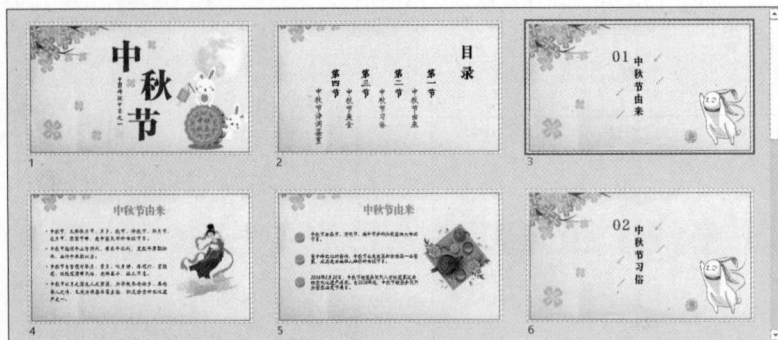

图6-60　"中秋节传统文化介绍"演示文稿参考效果（局部）

【实训思路】

要完成本实训，需要先打开素材演示文稿，再设置幻灯片的背景，并利用艺术字、图片、形状、文本框等对象进行美化。

【步骤提示】

（1）打开"中秋节传统文化介绍.pptx"素材演示文稿，在幻灯片母版视图中将"图片1.png"设置为所有幻灯片的背景。

（2）将第1张幻灯片中的"中秋节"标题占位符设置为艺术字样式。

（3）为幻灯片自定义文本字体和对象的排版格式，并通过在各张幻灯片中插入艺术字、图片、形状、文本框等对象来填充幻灯片。

实训二　设计并放映"消防安全"演示文稿

【实训要求】

学校、社区和公司等在开展消防安全教育活动时，制作并展示以"消防安全"为主题的演示文稿是一种常见且有效的方式。本实训为"消防安全.pptx"素材演示文稿（配套资源:\素材文件\项目六\消防安全.pptx）设计切换效果和动画效果，然后放映制作完成的演示文稿（配套资源:\效果文件\项目六\消防安全.pptx），为消防安全教育活动做准备，动画设置页面如图6-61所示。

图6-61　动画设置页面

【实训思路】

要完成本实训，需要先打开素材演示文稿，再为幻灯片添加切换效果，为幻灯片中的对象添加动画效果，最后放映演示文稿。

【步骤提示】

（1）打开"消防安全.pptx"素材演示文稿，选择第1张幻灯片，为其应用"推进"切换效果，切换时的声音为"风铃"，持续时间为"01.25"，然后将此切换效果应用到所有幻灯片中。

（2）在第1张幻灯片中选择"标题"占位符，为其应用"缩放"进入动画，开始播放方式为"上一动画之后"，持续时间为"01.25"，然后使用相同方法为各张幻灯片中的对象应用合适的动画并设置动画属性、动画计时和动画播放顺序。

（3）完成切换效果和动画效果的设置后，按【F5】键从头开始放映演示文稿，暂停放映后，按【Shift+F5】组合键可继续从当前页放映演示文稿。

课后练习

练习1：制作"竞聘述职报告"演示文稿

本练习根据"竞聘述职报告"文件夹中的文本素材和图片素材（配套资源:\素材文件\项目六\"竞聘述职报告"文件夹）制作"竞聘述职报告.pptx"演示文稿（配套资源:\效果文件\项目六\竞聘述职报告.pptx），参考效果（局部）如图6-62所示。

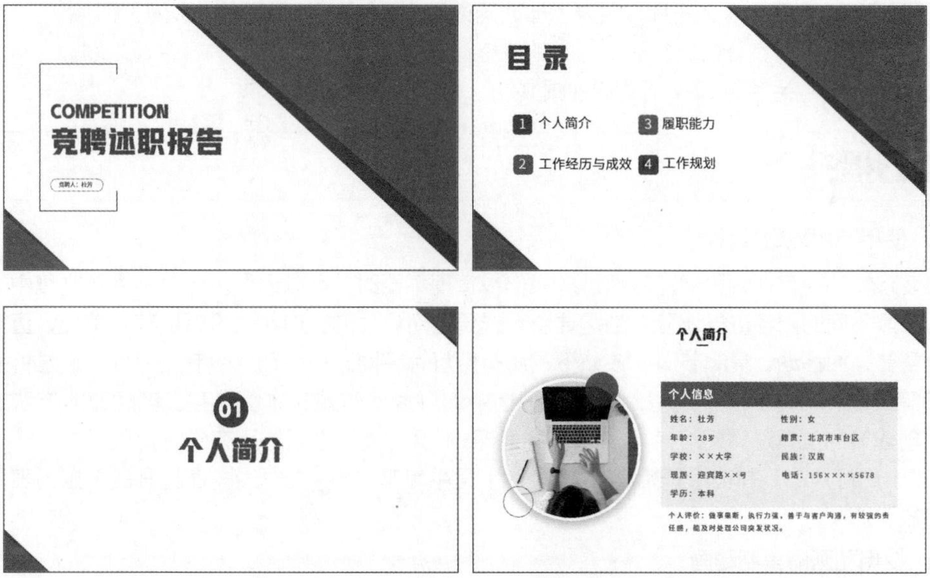

图 6-62 "竞聘述职报告"演示文稿的参考效果（局部）

操作提示如下。

- 新建空白演示文稿，新建幻灯片，在各张幻灯片中输入与设置文本格式，插入形状、文本框、图片、形状、SmartArt图形等对象，然后根据显示的效果进行相应的编辑。
- 将演示文稿以"竞聘述职报告.pptx"为名保存到计算机中。

练习2：在"助力健康生活"演示文稿中设计动态效果并进行排练计时

本练习要求打开"助力健康生活.pptx"素材演示文稿（配套资源:\素材文件\项目六\助力健康

生活.pptx），在其中添加切换效果和动画效果后，再进行排练计时，最后输出MP4格式的视频文件，视频（配套资源:\效果文件\项目六\助力健康生活.mp4）播放效果如图6-63所示。

图6-63　"助力健康生活.mp4"视频播放效果

操作提示如下。

- 打开"助力健康生活.pptx"素材演示文稿，为演示文稿中的所有幻灯片添加相同的切换效果。
- 为幻灯片中的文本、图片等对象添加动画效果，并设置动画计时、播放顺序等。
- 设置并保存排练计时，每张幻灯片的排练计时要根据幻灯片中的内容合理规划。
- 将演示文稿另存为MP4格式的视频文件。

技巧提升

1. 使用节管理幻灯片

当演示文稿中存在大量幻灯片而造成操作或管理不便时，可以通过创建节对演示文稿中的多张幻灯片按照不同的内容进行划分。当需要查看或调整幻灯片的结构时，可以以节为单位，直接查看或调整整节，如移动、复制节时，该节下的所有幻灯片将同时被移动、复制。另外，通过折叠节、展开节等操作，可以自主控制"幻灯片"窗格中幻灯片缩略图的显示内容。创建节的方法如下：在需要创建节的位置选择幻灯片（如需要将第2张幻灯片及其之后的所有幻灯片创建为一节，则可选择第2张幻灯片），并在【开始】/【幻灯片】组中单击"节"按钮 ，在打开的下拉列表中选择"新增节"选项。

2. 使用动画刷复制动画

如果要为幻灯片中的多个对象应用相同的动画，则可以使用动画刷来快速复制动画，以提高操作效率。使用动画刷复制动画的方法如下：在幻灯片中选择已设置动画效果的对象，在【动画】/【高级动画】组中双击"动画刷"按钮 ，然后将鼠标指针移动到需要应用动画效果的对象上并单击。

3. 放映演示文稿时禁用动画

如果要在放映演示文稿时禁用动画，但要在幻灯片中保留动画设置，则可以采用以下方法。在【幻灯片放映】/【设置】组中单击"设置幻灯片放映"按钮 ，打开"设置放映"对话框，在"放映选项"栏中选中"放映时不加动画"复选框，然后单击 确定 按钮。

项目七

网络办公应用

情景导入

　　在办公自动化中，很多工作都在网络环境中进行，网络办公是现代企业开展远程办公、协同工作和资源共享等业务活动的重要途径。米拉在日常工作中就常常需要借助一些网络办公应用来进行资源共享、人事管理和召开视频会议等。

学习目标

- 掌握使用手机编辑和共享Office文档的方法。
- 掌握使用百度网盘存储与共享文件的方法。
- 掌握使用钉钉设置考勤打卡、DING消息和发起协同会议的方法。
- 掌握使用腾讯会议创建会议并邀请参会人员的方法。

素质目标

- 保持积极乐观的心态。
- 培养个人文化素养。
- 培养敬业精神。

案例展示

▲使用百度网盘在线存储文件资源

任务一　Office移动端网络协同办公

一、任务描述

老洪要求米拉即时制作一份会议通知文档，由于米拉外出，不能通过计算机使用Office办公软件制作文档，便使用移动端的Office App制作会议通知文档并共享该文档。

二、相关知识

移动办公已成为当下比较流行的办公方式之一，因此，市面上有很多能满足各种工作需求的移动办公软件。其中，移动端的Office App便是集Word、Excel、PowerPoint等于一身的Office办公软件，其主界面如图7-1所示，支持用户随时随地访问、查看和编辑Word文档、Excel表格及Power Point演示文稿。

用户在手机中下载并安装移动端的Office App后，使用该软件时，需根据提示用手机号码或电子邮箱创建账户，如图7-2所示。用户可以在手机上下载并安装移动端的Office App，还可以单独安装Microsoft Word、Microsoft Excel或Microsoft PowerPoint对应的App。

图7-1　移动端的Office App主界面

图7-2　创建账户

三、任务实施

（一）使用手机编辑 Office 文档

在手机上使用移动端的Office App中的Word组件制作会议通知文档，具体操作如下。

（1）打开移动端的Office App，进入其主界面后，点击底部的"创建"按钮⊕，在下方打开的面板的"创建"栏中点击"Word"选项，如图7-3所示。

微课视频

使用手机编辑 Office 文档

（2）在打开的"Word"面板中点击"空白文档"选项，如图7-4所示。

（3）点击名称栏，将新建的文档的名称修改为"会议通知"，如图7-5所示。

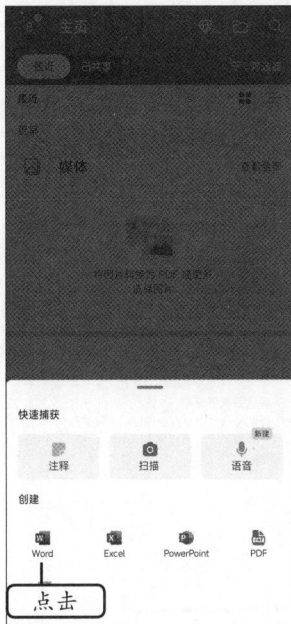

图 7-3　点击"Word"选项　　　　图 7-4　点击"空白文档"选项　　　　图 7-5　修改文档名称

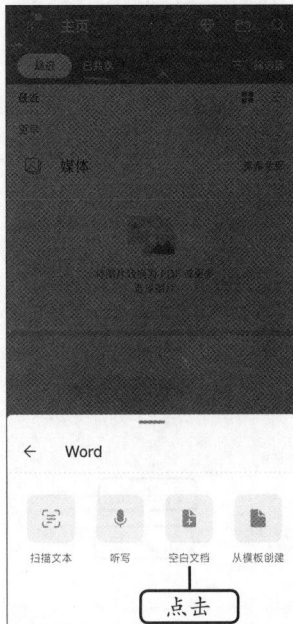

多学一招　　　　　　　**通过扫描图片或语音识别输入文本内容**

在"Word"面板中点击"扫描文本"选项，可扫描手机相册中存放的图片或临时拍摄的图片，识别图片中的文本内容并将其输入文档中；在"Word"面板中点击"听写"选项，可通过录入语音的方式在新建的文档中输入文本内容。

（4）在新建空白文档默认的文本插入点处输入"会议通知.txt"（配套资源:\素材文件\项目七\会议通知.txt）文本文档中的内容，然后选择全文，点击键盘上方右侧的 ▲ 按钮，隐藏键盘，再点击"开始"选项卡下的"DengXian（中文正文）"选项，在打开的"字体"下拉列表中点击"宋体"选项，如图7-6所示。

（5）选择"会议通知"标题文本，在"开始"选项卡中设置字号为"20"，然后点击"加粗"按钮 **B** 加粗文本，如图7-7所示。

（6）保持文本处于选中状态，进入"开始"选项卡的设置界面，找到并点击"居中"按钮≡，使文本居中显示，如图7-8所示，然后选择最后两段文本，点击"右对齐"按钮≡，使文本居右侧显示。

（7）将"一、会议时间""二、会议地点""三、参会人员""四、会议议程"和"五、注意事项"文本内容加粗显示，然后选择除文档标题、称呼文本和落款文本以外的所有文本，点击"段落格式"选项，在打开的"段落"下拉列表中点击"特殊缩进"选项，在打开的"特殊缩进"下拉列表中点击"首行"选项，如图7-9所示。

（8）保持文本处于选中状态，点击"段落格式"选项，在"行距"下拉列表中点击"1.15"

选项，如图7-10所示。

（9）选择"四、会议议程"下方的文本，点击"项目符号"选项，在打开的"项目符号"下拉列表中点击"菱形"选项，如图7-11所示。

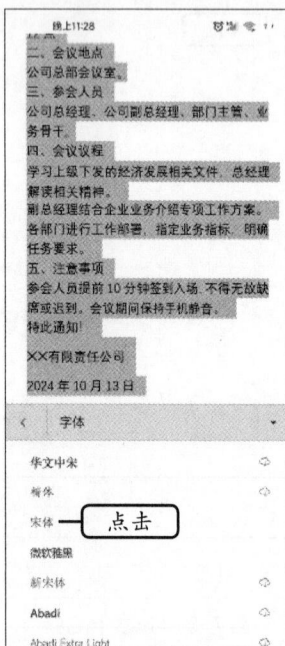

图7-6　设置正文字体

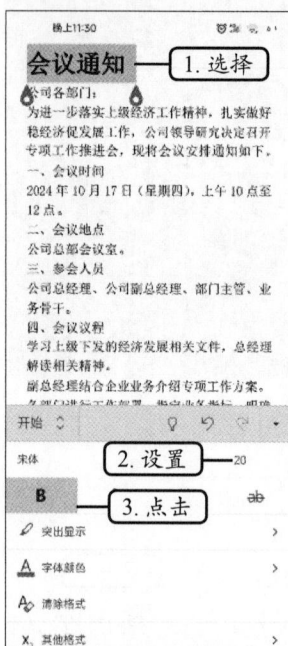

图7-7　设置文档标题字号并加粗

图7-8　设置文档标题居中

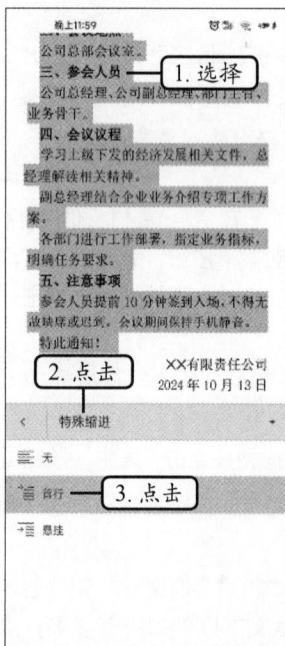

图7-9　设置正文段落缩进

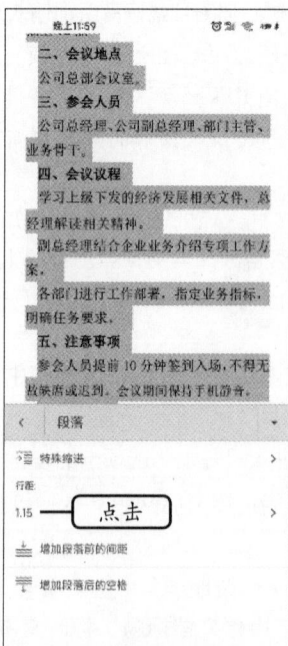

图7-10　设置正文行距

图7-11　设置段落的项目符号

（10）点击工具栏右侧的 ▼ 按钮收起工具栏，然后点击文档左上角的☑按钮保存文档（配套资源:\效果文件\项目七\会议通知.docx），退出编辑状态，在返回的界面中点击←按钮关闭文档。

多学一招　　　　　　　　　　　　**重新开启自动保存**

　　　　移动端的Office App默认开启自动保存功能，用户的所有操作将自动保存，文档保存在Microsoft云存储器OneDrive的个人空间中。如果关闭了自动保存功能后想要重新开启，则可在文档编辑界面中点击右上角的 🖭 按钮，在打开的面板中点击"保存"选项，打开"保存"界面，在"自动保存"栏中点击开关按钮即可。

（二）共享 Office 文档

在移动端的Office App中以附件形式共享"会议通知.docx"文档给微信好友，使好友可通过微信下载该文档，具体操作如下。

（1）打开移动端的Office App，其主界面中默认显示最近使用的文档，在"会议通知.docx"文档下方点击"共享"按钮 ⌇ ，如图7-12所示。

（2）打开"共享"面板，点击"作为附件共享"选项，如图7-13所示。

（3）打开"作为附件共享"面板，点击"文档"选项，如图7-14所示。

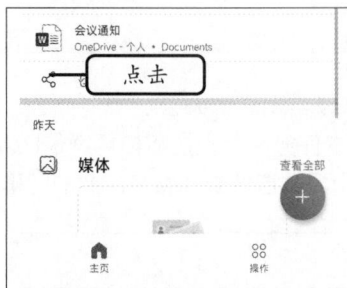

微课视频

共享 Office 文档

图 7-12　点击"共享"按钮　　　图 7-13　点击"作为附件共享"选项　　　图 7-14　点击"文档"选项

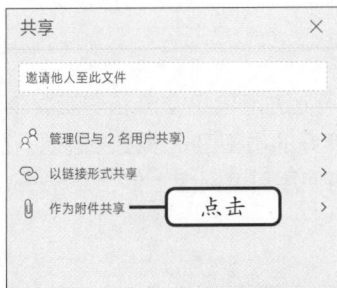

知识扩展　　　　　　　　　　　　**以链接形式共享文档**

　　　　在"共享"面板中点击"以链接形式共享"选项时，有两种共享方式。一种是"编辑"链接共享，这种方式下对方通过链接打开文档后可编辑文档内容；另一种是仅供查看的链接共享，这种方式下对方通过链接只能打开文档查看内容而不能编辑内容。

（4）打开"共享 会议通知.docx"界面，点击"微信: 发送给朋友"选项，如图7-15所示。

（5）打开微信的"选择一个聊天"界面，在好友列表中点击好友头像，再在打开的"发送给:"界面中点击"分享"选项，即可完成文档的共享操作，如图7-16所示。

图 7-15 点击"微信：发送给朋友"选项

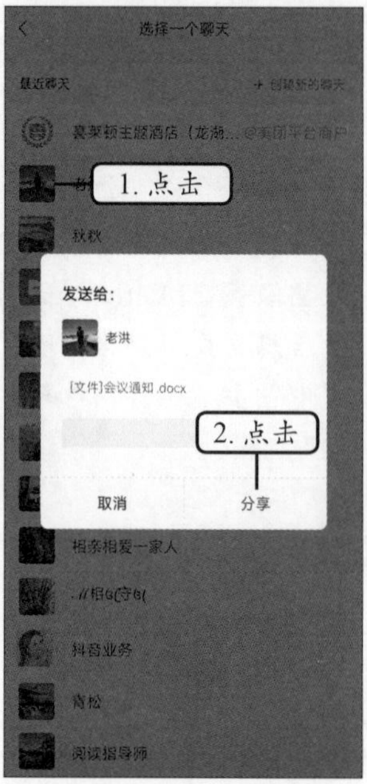

图 7-16 分享文档给微信好友

任务二　办公信息交流与资源共享

一、任务描述

现代化办公经常需要员工在网上进行信息交流和资源共享，以实现高效办公、协同办公。米拉收到老洪的信息，让她把制作好的员工工资表发送给他。在本任务中，米拉将使用微信PC版将员工工资表传输给老洪，还将使用百度网盘上传、共享一份市场调查报告，供有需要的同事使用。

二、相关知识

（一）微信

微信目前已成为日常办公中常用的即时通信工具。它和QQ的功能类似，不仅可以发送文字和语音，还可以发送视频、图片和文档等不同类型的文件。微信包括手机版和PC版，一般而言，发送文字和语音时通过微信手机版操作，传输办公文档时通过微信PC版操作，后者可以直接传输计算机中保存的文档或将文档保存到计算机中，以便后续的编辑、管理。

（二）百度网盘

网盘可以理解为网络硬盘，其存储容量能够达到几千吉字节，甚至更高。在日常办公中，网盘可用来存放和共享文件。

百度网盘是百度公司推出的网盘，可分为PC版、手机版和网页版，不同版本的功能是相同的。以百度网盘PC版的使用为例，用户在计算机中安装百度网盘后，双击桌面上的"百度网盘"快捷方式图标，打开百度网盘的注册/登录界面，注册/登录账号后，打开百度网盘的主界面，如图7-17所示。

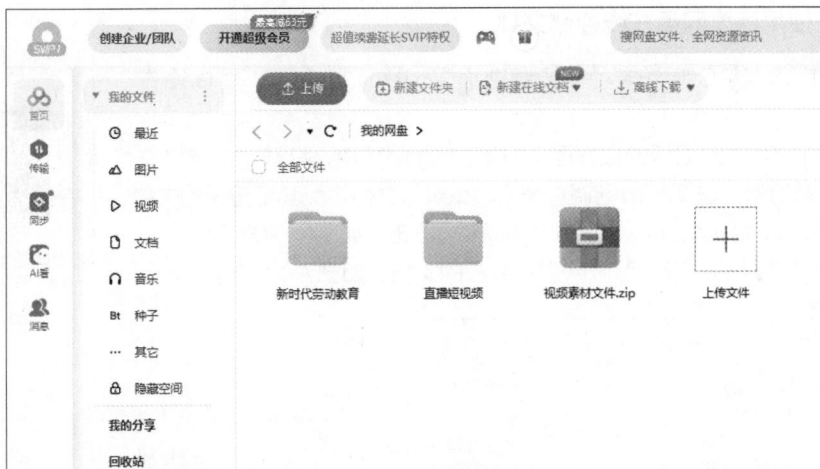

图7-17　百度网盘的主界面

三、任务实施

（一）使用微信PC版向好友传输文件

使用微信PC版将保存在计算机中的"员工工资表.xlsx"工作簿发送给微信好友，具体操作如下。

（1）在桌面上双击"微信"快捷方式图标，打开微信PC版的登录界面，使用手机微信扫描二维码登录。

（2）登录微信PC版后，在打开的窗口左侧的好友列表中选择好友，在右侧聊天窗口的输入框中输入发送文件的提示信息告知对方将发送文件，按【Enter】键或单击 发送(S) 按钮发送信息，然后单击工具栏中的"发送文件"按钮，如图7-18所示。

（3）打开"打开"对话框，选择"员工工资表.xlsx"工作簿（配套资源:\素材文件\项目七\员工工资表.xlsx），单击 打开(O) 按钮，如图7-19所示。

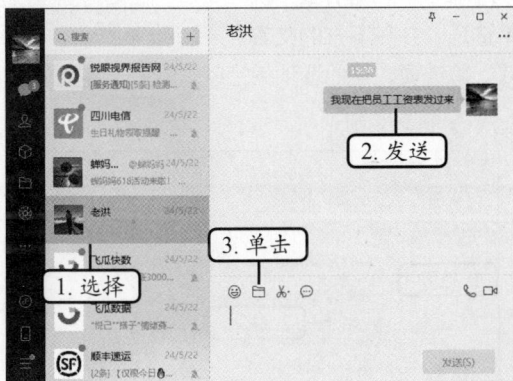

微课视频

使用微信PC版向好友传输文件

图 7-18　发送信息并单击"发送文件"按钮

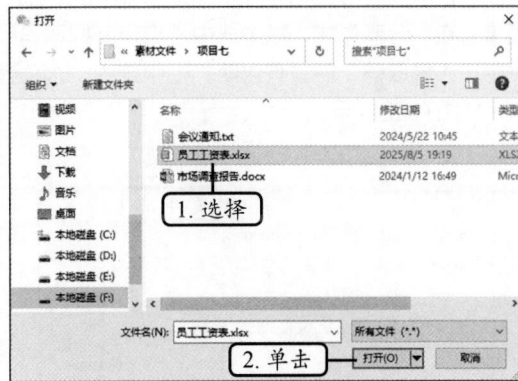

图 7-19　选择需发送的文件

（4）将"员工工资表.xlsx"工作簿添加到聊天窗口的输入框后，按【Enter】键或单击 发送(S) 按钮，发送文件。

（二）使用百度网盘在线存储文件

使用百度网盘PC版上传"市场调查报告.docx"文档，具体操作如下。

（1）在百度网盘PC版的主界面上方单击 上传 按钮，打开"请选择文件/文件夹"对话框，选择"市场调查报告.docx"文档（配套资源:\素材文件\项目七\市场调查报告.docx），单击 存入百度网盘 按钮，如图7-20所示。

（2）上传文件后，查看百度网盘中存放的文档，如图7-21所示。

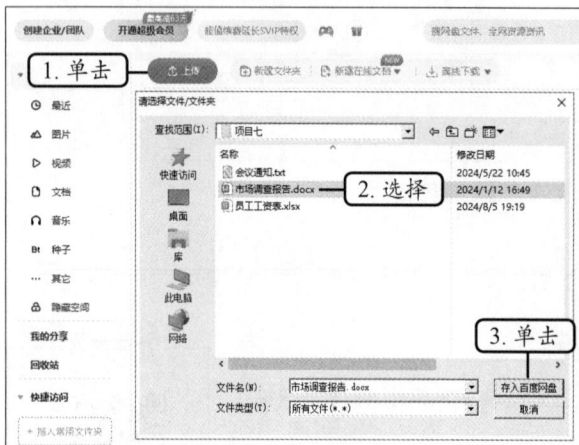

微课视频

使用百度网盘在线存储文件

图7-20　上传文件

图7-21　查看百度网盘中存放的文档

（三）使用百度网盘共享文件

通过百度网盘PC版共享存放在百度网盘中的"市场调查报告.docx"文档，具体操作如下。

（1）在百度网盘中选择"市场调查报告.docx"文档，单击上方工具栏中的 分享 按钮（或单击鼠标右键，在弹出的快捷菜单中选择"分享"命令），如图7-22所示。

（2）打开"分享文件: 市场调查报告.docx"对话框的"链接分享"选项卡，在"分享形式"栏中选中"自定义提取码"单选项，并在下方的文本框中输入提取码，在"有效期"栏中选中"永久有效"单选项，其他选项保持默认，单击 创建链接 按钮，如图7-23所示。

微课视频

使用百度网盘共享文件

图7-22　选择分享的文件

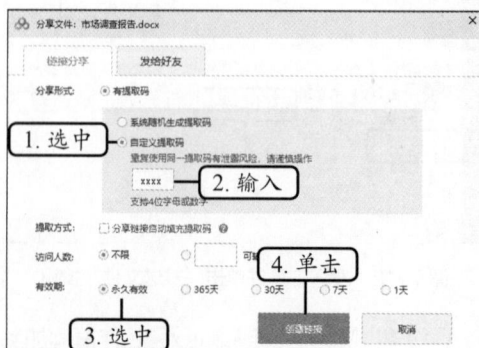

图7-23　创建分享链接

（3）打开的对话框中显示了创建的分享链接，单击 复制链接及提取码 按钮，复制分享链接和提取码，如图7-24所示，然后将复制的内容通过微信、QQ等通信工具发送给分享对象。

图 7-24　单击"复制链接及提取码"按钮

知识提示　　下载百度网盘的共享文件

将百度网盘中的共享文件下载到本地计算机中时，在浏览器的地址栏中输入分享链接，打开网页后，登录百度网盘账号，单击"下载"按钮 ⬇，设置保存位置后，即可开始文件的下载。

任务三　使用钉钉进行人事管理

一、任务描述

为随时随地准确了解公司团队人力资源效能，保障用工安全，轻松实现人事管理，带给员工更便捷的工作方式，公司决定使用钉钉进行人事管理。在本任务中，米拉将使用钉钉设置考勤打卡、DING 消息及发起协同会议等。

二、相关知识

钉钉是由钉钉科技有限公司开发的一款智能办公平台，为企业提供商务沟通和工作协同应用，助力企业数字化管理。钉钉代表一种"新工作方式"，能够实现企业组织在线、沟通在线、协同在线、业务在线，服务企业内部的沟通协调，为企业提供一站式智能办公体验。钉钉包括PC版、网页版和手机版等，不同版本的功能是相同的，使用手机版可以实现移动办公，方便办公人员随时随地进行沟通协作。

三、任务实施

（一）日常考勤管理

要通过钉钉进行日常考勤管理，首先需要创建公司团队，然后新增考勤组并设置考勤规则，具体操作如下。

（1）打开钉钉App登录账号后，点击"工作台"按钮 ▦，打开"工作台"界面，点击"考勤打卡"选项，如图7-25所示。

（2）打开"钉钉智能考勤"界面，在"填写信息创建团队"栏中设置名称与行业，然后点击 立即创建 按钮，创建团队，如图7-26所示。

（3）成功创建团队后，在打开的"添加团队成员"界面中通过分享二维码、手机号添加、微信邀请、链接邀请、短信邀请等方式邀请成员加入团队，如图7-27所示。

微课视频

日常考勤管理

图 7-25　开启考勤打卡　　　　图 7-26　创建团队　　　　图 7-27　通过多种方式邀请成员加入团队

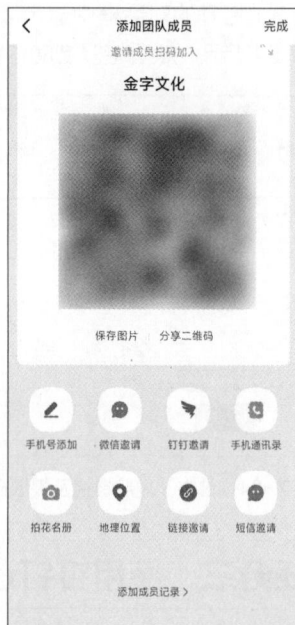

（4）邀请新成员后，在"添加团队成员"界面的右上角点击 完成 按钮，钉钉App会自动定位当前手机的位置，据此自动创建考勤规则，包括设置考勤时间和地点等。

（5）当有新成员申请加入团队时，可点击"消息"按钮 ，在钉钉App的"消息"界面中点击"新成员申请"选项，如图7-28所示。

（6）打开"新成员申请"界面，点击申请成员中的 同意 按钮，如图7-29所示，在打开的"添加成员"界面中补充员工的部门、职位和入职日期等信息，点击 完成 按钮，完成成员的添加。

（7）点击"工作台"按钮 ，打开"工作台"界面（创建团队后，该界面会发生变化），点击"全员"选项卡，再点击"考勤打卡"选项，如图7-30所示。

图 7-28　查看新成员申请信息　　　图 7-29　点击"同意"按钮　　　图 7-30　点击"考勤打卡"选项

（8）打开考勤打卡界面，点击下方的"设置"按钮⚙，打开"设置"界面，点击"全局设置"选项卡，在其中点击以团队名称为名的考勤组选项，如图7-31所示。

（9）打开"修改考勤组"界面，在其中查看考勤人员和考勤组名称等考勤组信息，以及考勤类型、考勤时间和打卡方式等考勤规则信息，如图7-32所示。要想修改考勤组的考勤规则，在"修改考勤组"界面中点击相应选项，重新设置即可。

图 7-31　点击考勤组选项　　　　　　　图 7-32　查看考勤组和考勤规则信息

知识扩展　　　　　　查看考勤组的考勤统计信息

点击"考勤打卡"界面下方的"统计"按钮🕐，在打开的"统计"界面中可查看考勤组成员的打卡日期、时间和次数，以及未打卡的次数、日期和时间等信息。

（二）DING 消息

使用钉钉创建团队后，管理人员可通过"DING消息"功能向团队成员发送消息，以进行事务安排和相关事项的交流沟通，具体操作如下。

（1）打开钉钉App的"消息"界面，点击该界面上方的 DING 按钮，如图7-33所示。

（2）打开"DING"界面，点击"新建"按钮➕，如图7-34所示。

（3）打开"新建DING"界面，首先选择发送消息的途径，包括"应用内""短信"和"电话"（"应用内"为免费途径，"短信"和"电话"为付费途径），此处点击"应用内"选项卡；然后选择消息的接收人，可以是单个或多个接收人；接着在"输入消息内容"文本框中输入消息的具体内容；点击开启"再次提醒"功能并设置再次提醒时间；最后点击 发送 按钮发送DING消息，如图7-35所示。

微课视频　DING 消息

图7-33　点击"DING"按钮　　　图7-34　点击"新建"按钮　　　图7-35　新建并发送DING消息

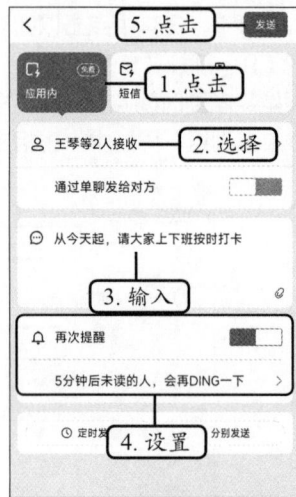

（三）协同会议

钉钉的协同会议功能支持计算机和手机等终端，包括视频会议、语音会议和电话会议3种会议形式，在会议中可进行交流沟通、共享资料等。下面在钉钉中发起视频会议，具体操作如下。

（1）在钉钉App的"工作台"界面中点击"全员"选项卡，在打开的界面的"行政"栏中点击"视频会议"按钮 ，如图7-36所示。

（2）打开"会议"界面，点击"发起会议"按钮 ，在打开的面板中点击"视频会议"选项，如图7-37所示。

（3）打开视频会议界面，点击"添加参会人"选项，在打开的"添加参会人"界面中选择参会人后，点击 按钮，如图7-38所示，开始视频会议。

微课视频

协同会议

图 7-36　点击"视频会议"按钮　　图 7-37　点击"视频会议"选项　　图 7-38　选择参会人后开始视频会议

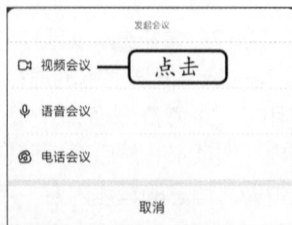

任务四　使用腾讯会议开展远程会议

一、任务描述

公司时常会与兼职的外部员工和重要客户通过远程会议商讨工作安排与合作事宜等。因此，老洪要求米拉掌握使用腾讯会议召开远程会议的方法。在本任务中，米拉将使用腾讯会议进行创建快速会议和创建预定会议的操作。

二、相关知识

腾讯会议是腾讯云旗下的音视频会议产品，是公司进行远程办公常用的软件之一。腾讯会议支持手机和计算机等终端，同时具备音视频智能降噪、美颜、背景虚化、屏幕水印、共享屏幕等功能，可以改变传统办公模式，实现远程会议。

三、任务实施

（一）创建快速会议

在日常工作中，有很多事项需要召开即时会议进行及时处理，使用腾讯会议的"快速会议"功能，可以快速发起会议。下面在腾讯会议App中创建快速会议，并通过微信邀请参会人员，具体操作如下。

（1）打开腾讯会议App，登录账号，在打开的主界面中点击"快速会议"按钮 ⚡，如图7-39所示。

（2）打开"快速会议"界面，点击"开启视频"右侧的 ⬤ 按钮，当其变成 ⬤ 时，即表示开启摄像头，取消使用个人会议号（个人会议号是用户专属的、固定的个人会议号，取消使用个人会议号后，软件将自动随机生成会议号），点击 进入会议 按钮，进入视频会议，如图7-40所示。

（3）点击视频会议界面下方的"管理成员"按钮，在打开的界面中点击 邀请 按钮，在打开的"请选择邀请方式"面板中点击"微信"选项，如图7-41所示，将会议链接通过微信发送给参会人员，对方点击链接即可加入会议。

图 7-39　点击"快速会议"按钮　　图 7-40　进入视频会议　　图 7-41　点击"微信"选项

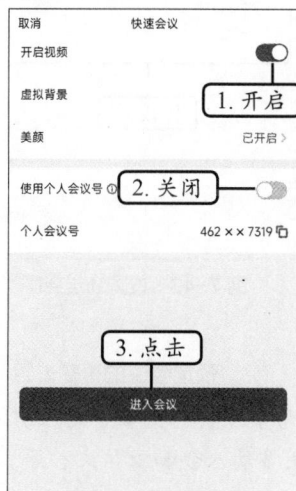

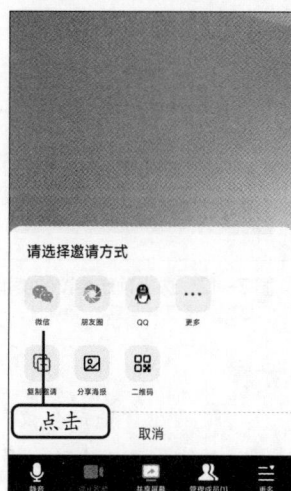

（二）创建预定会议

　　除了即时会议外，有的会议会提前确定会议时间，然后告知参会人员相关事项，以便参会人员在正式会议前做好准备。远程办公时，可以通过腾讯会议App的"预定会议"功能召开预定会议。下面在腾讯会议App中创建预定会议，具体操作如下。

> 微课视频
>
> 创建预定会议

　　（1）在腾讯会议App的主界面中，点击"预定会议"按钮，打开"请选择会议类型"界面，点击"常规会议"选项，点击 下一步 按钮，如图7-42所示。

　　（2）打开"预定会议"界面，设置开始时间、会议时长、开启入会密码并输入入会密码，点击右上角的 完成 按钮，如图7-43所示。

　　（3）打开"会议详情"界面，查看会议信息，如图7-44所示，确认后，将会议号和入会密码通过微信、QQ等途径发送给参会人员，或点击该界面右上角的"分享"按钮，通过微信、QQ等途径将会议链接分享给参会人员。

图 7-42　选择预定会议的类型　　　　图 7-43　设置预定会议　　　　图 7-44　查看会议信息

项目实训

实训一　使用移动端的Office App制作"自我介绍"文档

【实训要求】

本实训要求使用移动端的Office App制作一篇用于求职场景的"自我介绍"文档，并在计算机中进行文档打印。"自我介绍"文档的参考效果如图7-45所示。

【实训思路】

在本实训中，首先使用移动端的Office App制作文档，然后在计算机中打开和查看保存在OneDrive中的文档，最后打印1份文档。

【步骤提示】

（1）在手机上启动移动端的Office App，首先开启自动保存功能，然后新建一个空白文档，并在文档中输入"自我介绍.txt"文档（配套资源:\素材文件\项目七\自我介绍.txt）中的内容。

（2）将文档标题的字体设置为"宋体、一号、加粗"，正文字体格式设置为"宋体、小四"，正文除称呼语段落外，设置"首行"为特殊缩进，正文段落行距为"1.5"。

（3）在计算机中启动Word 2016，登录Microsoft Office账户，按【Ctrl+O】组合键，打开"打开"界面，双击"OneDrive"选项，打开OneDrive，找到并打开手机上保存的"自我介绍.docx"文档，查看文档内容后，打印1份文档。

（4）打印"自我介绍.docx"文档后，通过另存为的方式将该文档（配套资源:\效果文件\项目七\自我介绍.docx）保存到本地计算机中。

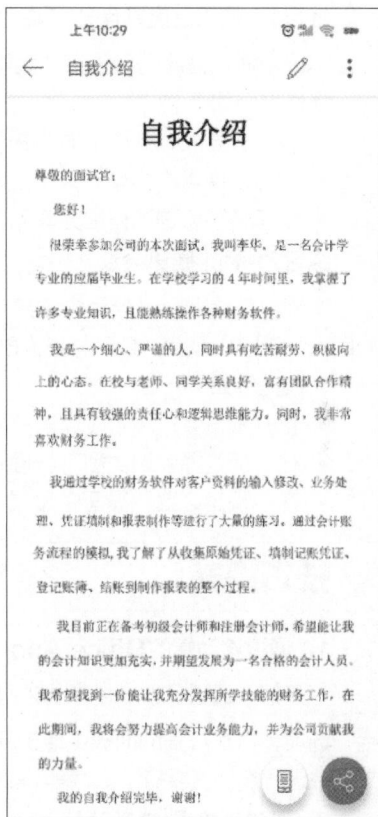

图7-45　"自我介绍"文档的参考效果

实训二　新增钉钉考勤组

【实训要求】

本实训要求通过钉钉App创建新的考勤组，以管理和统计新成立项目组成员的考勤情况。

【实训思路】

在本实训中，首先在钉钉App中找到新增考勤组的入口，然后设置考勤组的人员、名称、类型、时间、打卡方式等。

【步骤提示】

（1）打开钉钉App，点击"工作台"按钮 ，打开"工作台"界面，点击"考勤打卡"选项。

（2）在打开的考勤打卡界面中点击"设置"按钮 ，打开"设置"界面，在"全局设置"选项卡中点击"新增考勤组"按钮⊕。

（3）打开"新增考勤组"界面，设置新增考勤组中的考勤人员和考勤组的名称等考勤组信息，以及考勤类型、考勤时间和打卡方式等考勤规则内容，设置完成后点击███ 保存 ███按钮。

课后练习

练习1：使用百度网盘分享调查报告

本练习通过百度网盘分享"大学生课外阅读调查报告.pdf"文档。

操作提示如下。

- 将"大学生课外阅读调查报告.pdf"文档存放至百度网盘中。
- 在百度网盘中分享"大学生课外阅读调查报告.pdf"文档。
- 分享链接和提取码给分享对象。

练习2：预定腾讯会议

本练习在腾讯会议App中创建预定会议，会议的类型为常规会议，会议的开始时间为当前日期的后3天的上午10点，会议时长为30分钟，并设置入会密码，以及允许成员多端入会和上传文档。

操作提示如下。

- 打开腾讯会议App，点击"预定会议"按钮，开始创建预定会议。
- 在"请选择会议类型"界面中选择会议类型。
- 在"预定会议"界面中设置会议的开始时间、会议时长、入会密码等。

技巧提升

1. 通过移动端的Office App打开手机端的在线文档

打开他人通过QQ、微信发送的文档后，点击左上角的 ··· 按钮，在打开的面板中点击"其他应用"选项，再在打开的面板中点击移动端的Office App选项，即可通过移动端的Office App打开该文档并进行编辑、保存、分享等操作。

2. 通过手机操作打印Microsoft Office文档

在手机端使用移动端的Office App完成文档的编辑后，可在文档编辑界面中点击右上角的 ⋮ 按钮，然后在打开的面板中点击"打印"选项，通过手机连接的打印机打印文档。

3. 使用微信文件传输助手在手机与计算机间互传文件

微信在计算机和手机中能同时登录，在这种情况下，如果要在手机与计算机之间传递文件，则不需要使用数据线来连接手机和计算机，可以利用微信的"文件传输助手"功能来实现。以将手机中的文件上传到计算机为例，其操作方法如下：打开微信App，搜索"文件传输助手"并将其添加到通信录，然后打开"文件传输助手"的聊天窗口，在其中上传并发送文件；登录微信PC版，打开"文件传输助手"的聊天窗口，选择手机发送的文件并将其下载、保存到计算机中。

项目八

AI 辅助办公

情景导入

　　米拉作为行政人员，工作内容繁杂，经常需要制作各种类型的文档。工作的时间越久，制作的文档越多，撰写文档内容时可能会面临才思枯竭且工作效率低的问题。但AI在办公中的广泛应用，给米拉带来了"曙光"，AI可以辅助办公，高效、便捷地帮助人们获取信息、知识和灵感，有效提高办公人员的工作效率。

学习目标

- 学会使用文心一言辅助处理各种工作任务。
- 学会使用讯飞星火认知大模型辅助处理各种工作任务。

素质目标

- 培养获取、处理和传播信息的能力。
- 培养创新工作模式和学习方法的能力。
- 培养良好的沟通技巧和表达能力。

案例展示

▲讯飞星火认知大模型主界面

任务一　使用文心一言

一、任务描述

AI能够在一定程度上辅助人们进行更自动化、智能化的办公处理，可以提高工作效率。在本任务中，米拉将使用文心一言完成一键生成文档文案、生成营销文案创意标题、快速提炼文档摘要、快速创建图表和快速创建思维导图等任务。

二、相关知识

（一）AI 和 AIGC

AI是研究、开发用于模拟、延伸和扩展人的智能的理论、方法、技术及应用系统的一门新技术科学。简单地说，AI就是使计算机像人一样学习、思考和判断的技术。AI在诸多领域都发挥着重要作用，可以完成语音识别、图像识别、智能推荐、数据分析等多种任务。例如，很多智能手机都有语音助手，如小米手机的"小爱同学"、华为手机的"小艺"等。这些语音助手就是利用AI技术开发的智能产品，它们可以实现较为自然的人机对话，如用户唤醒手机中的语音助手询问"今天天气怎么样？"时，语音助手就会理解用户的话，然后从网络上获取天气信息，并筛选最佳结果回答用户的提问。用户也可通过语音助手开启手机应用，如用户发出语音指令"向xx拨打电话"，语音助手识别指令后就会找到通信录的联系人并向其拨打电话。

人工智能生成内容（Artificial Intelligence Generated Content，AIGC）是指基于AI生成相关内容的技术。AIGC的核心思想是利用AI技术生成具有一定创意和质量的内容，如自动撰写文章、绘画、制作音视频等。例如，有的AI工具可以根据用户输入的关键词，如"会议通知"，自动生成一篇关于会议通知的文档；又如，有的AI工具可以根据用户输入的文字描述，如"一只飞翔的雄鹰"或"一片蔚蓝的天空"等，自动生成符合文字描述的图片。

虽然AI在内容生成方面已经取得了很大的进展，但它仍然存在一些限制和不足之处。因此，在使用AI生成内容时，需要用户保持审慎和批判的态度，凭借自己的知识经验与其他可靠的信息源判断生成内容的真伪、优劣和准确性等。

素养提升　　　　　　　　　　**科学认知与运用 AI**

随着AI的不断发展，它在诸多领域均得到广泛应用，但它只是服务人类的一种工具。人们可以利用AI答疑解惑，提高学习、工作效率或开阔视野，但不能用其制作与传播违法信息、窃取秘密、破坏网络环境等，这不仅与人们研发AI的初衷背道而驰，还违背了道德与法律。同时，需注意AI工具自动生成的内容往往不能作为最终结果，需要用户辨别信息真假、判断信息是否侵权、是否涉及私密信息等，在编辑优化处理后，才可使用这些内容。

（二）向 AI 工具提问的规则

用户可以通过与AI工具进行对话来获取信息和解决问题。但想要获得更准确的回答，用户需要掌握向AI提问的规则。不同AI工具的能力不同，面对相同的问题提供的答案也不一样。但总体上，用户向AI工具提问时应遵循以下规则。

- **明确具体：** 问题要明确具体，不要含糊不清。明确具体的提问让AI工具可以更好地理解用户的需求并给出更有针对性的回答。例如，对比"如何创建一个表格？"与"在Word中如何创建一个表格？"，后者更明确具体。

- **简明扼要：** 问题要简明扼要，避免冗长的描述和复杂的句子结构。用简单、直接的语言提问，可以让问题更易于理解和处理，便于AI工具提供更相关的和更准确的回答。例如，对比"我在学习编程，我想知道在线编程课程是什么，哪个平台有丰富的编程教学资源？"与"请推荐一些在线编程课程和优质的编程教学平台。"，后者更简明扼要。

- **语言规范：** 虽然AI工具可以理解一些拼写错误或语法错误，但确保问题清晰、使用正确的语法和单词，可以提高回答的质量和效果。

- **善用引导词：** 在提问时，可以使用一些引导词，如"如何""为什么""哪个"等，来引导AI工具提供更详细和有针对性的回答。例如，"如何在Excel中计算数据的平均值？"可以引导AI工具提供关于在Excel中计算数据的平均值的方法和步骤的回答。

- **避免绝对化的问题：** 向AI工具提问要避免使用"永远""最好""最适合"等绝对化的词，以便AI工具提供更具有客观性和实用性的回答。

（三）文心一言简介

文心一言是百度公司于2023年发布的一款AIGC产品，它具备记忆机制、上下文理解和对话规划能力，可以辅助用户完成知识问答、创意写作、阅读分析、智慧绘图等任务，并提供丰富的智能体（Agent），这些智能体是具备一定自主性和智能性的软件程序，可以更好地满足用户多样化的任务需要。截至2025年3月16日，文心一言有文心3.5、文心4.0 Turbo、文心4.5和文心X1这4个模型版本，其中文心3.5、文心4.0 Turbo的功能差异不大，文心4.5在之前版本的基础上支持上传视频和语音交互，文心X1则是一个深度思考模型，逻辑推理能力较强，在处理任务时会进行深度思考并显示思考过程。文心一言主界面默认为文心X1模型，如图8-1所示，在左上角可进行切换选择。

图8-1 文心一言主界面

知识扩展　　　　　　　　　　　**大语言模型与AI**

目前，大语言模型是AI研究的主要方向之一。大语言模型是一种深度学习模型，旨在理解和生成人类语言。深度学习是机器学习的一个分支，是一种基于神经网络的机器学习方法，而机器学习是实现AI的重要途径。在AI领域中，模型是基于算法所建立的数学模型，算法则是用于数据分析和处理的计算步骤。

三、任务实施

（一）一键生成文档文案

使用文心一言生成办公公文、营销文案以及感谢信、邀请函等文档时，需要明确文档的主题，如撰写会议通知、会议纪要、假期延期公告、工作报告等。同时，为得到更符合需求的文档内容，提问时应写明条件或要求。

例如，撰写一份关于中秋节的放假通知。提问示例如下："撰写一份中秋节放假通知。时间：2024年中秋节，告知员工准确的放假时间。注意事项：提醒员工假期游玩注意安全。突发事件处理：遇到紧急事情时，可与公司负责人联系，联系电话135××××1111。公司：×× 公司。"在文心一言的输入框中输入提问内容，单击 🚀 按钮，生成的中秋节放假通知内容如图8-2所示。

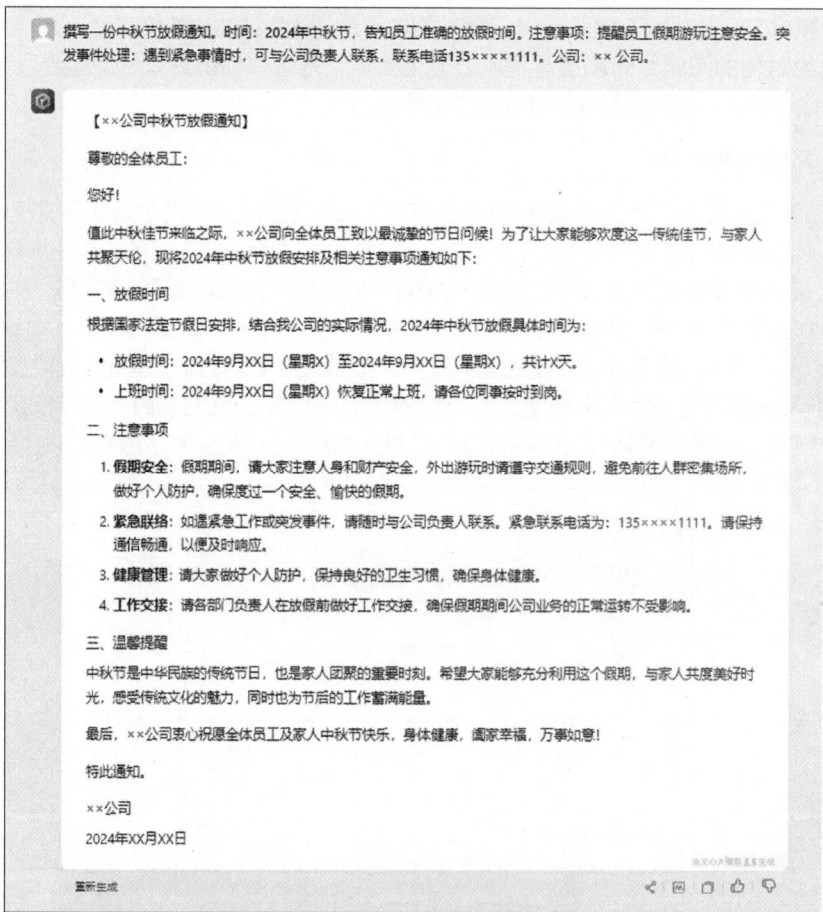

图8-2　生成的中秋节放假通知内容

多学一招　　　　　　　　　　　　　**重新生成内容**

初次生成内容后，还可以根据下方的提示或实际情况添加撰写要求，继续提问，从而在已有的内容基础上生成更满意、更符合需求的内容，如"缩减内容，字数控制在300字以内。"

（二）生成营销文案创意标题

营销文案创意标题的写作难度较大，使用文心一言进行生成，不仅能提高写作效率，还能提供更多的写作思路和灵感。

使用文心一言生成营销文案创意标题时，只需写出产品名称、描述产品特点，即可使其按照要求生成所需文案标题。例如，提问示例如下："根据产品特点撰写5条××头戴式蓝牙耳机营销文案的创意标题。该款头戴式蓝牙耳机的特点：音质好、降噪效果强，固定性好、佩戴舒适，不会给耳朵带来压迫感，适合长时间使用。"生成的营销文案创意标题如图8-3所示。

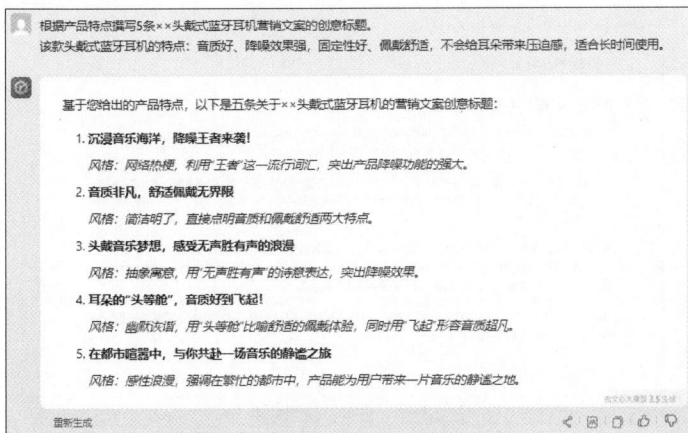

图8-3　生成的营销文案创意标题

（三）快速提炼文档摘要

使用文心一言的"阅读助手"智能体，可以快速生成文档摘要，其具体操作如下。

（1）在文心一言主界面左侧的侧边栏中单击"智能体广场"按钮 ⌘，在打开的"智能体广场"页面中选择"阅读助手 Plus"选项，再在打开的页面单击"点击上传或拖入文档"超链接，如图 8-4 所示。

（2）打开"打开"对话框，选择需提炼摘要的文档（配套资源:\素材文件\项目八\市场调查报告.docx），单击 打开(O) 按钮，如图8-5所示。

图8-4　选择智能体并执行上传文档操作

图8-5　上传所需文档

173

（3）上传文档后，在输入框中输入"请根据文档内容，生成300字以内的摘要。"单击 按钮（见图8-6），文心一言解析文档后生成的结果如图8-7所示。

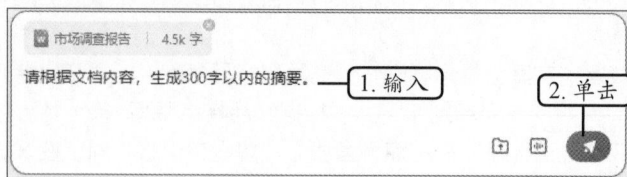

图8-6　输入写作要求

图8-7　生成文档摘要

（四）快速创建图表

使用文心一言的"E言易图"智能体可以快速创建图表。例如，根据各流量渠道的访问人数占比制作饼图，以了解某网店各流量渠道的访问人数的分布情况，其中自然搜索占 10%、站内付费推广占 20%、站内活动引流占 50%、站外引流占 20%，具体操作如下。

（1）在文心一言的"智能体广场"页面中选择"E言易图"选项，如图 8-8 所示。

（2）打开"E言易图"对话界面，在输入框中输入"请根据某网店各流量渠道的访问人数占比创建饼图，其中自然搜索占10%、站内付费推广占20%、站内活动引流占50%、站外引流占20%。"，单击 按钮，文心一言分析数据后生成饼图，效果如图8-9所示。

图 8-8　选择"E言易图"插件

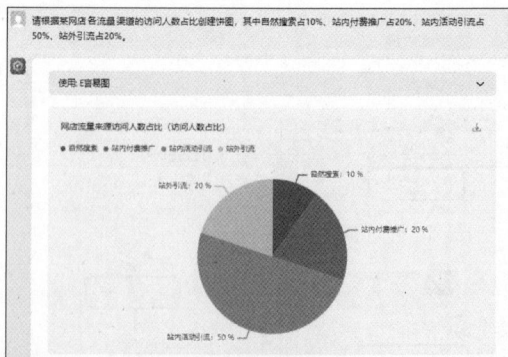

图 8-9　生成饼图的效果

（3）单击生成结果页面中的"下载"按钮 ，将图表下载到计算机中保存。

（五）快速创建思维导图

调用文心 X1 模型的"TreeMind 树图"工具可以快速创建思维导图。例如，生成"本周工作计划"思维导图，并在"TreeMind 树图"官方网站在线编辑美化思维导图，具体操作如下。

（1）在 Word 文档或文本文档中编辑指令内容（配套资源:\素材文件\项目八\思维导图指令内容.txt），为便于文心一言识别，思维导图中的不同级内容可换行输入，或直接输入"下一级"文本内容给予提示，如"下一级：时间早上 9 点，地点一楼会议室。"。

（2）在文心 X1 对话界面的输入框中单击 ⊕联网搜索 按钮，开启联网搜索后才可调用工具，单击 ⊙调用工具 按钮，单击"工具箱"按钮，在打开的列表中选择"TreeMind 树图"选项，调用"TreeMind 树图"工具，如图 8-10 所示。

（3）将Word文档或文本文档中的内容复制到文心一言主界面的输入框中，单击 ✈ 按钮，如图8-11所示。

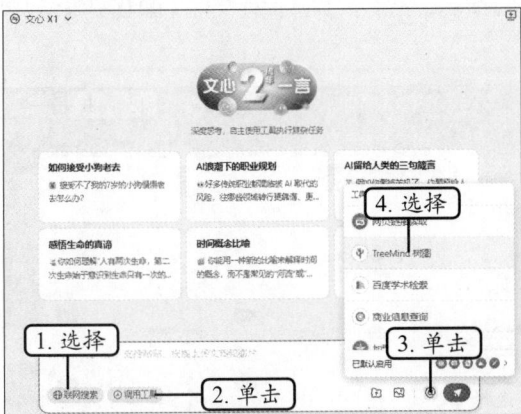

图8-10　调用"TreeMind树图"工具

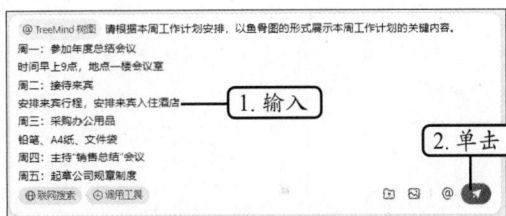

图8-11　输入指令生成鱼骨图

（4）生成鱼骨图后，在结果页面右下角单击 ✐编辑 按钮，如图8-12所示。

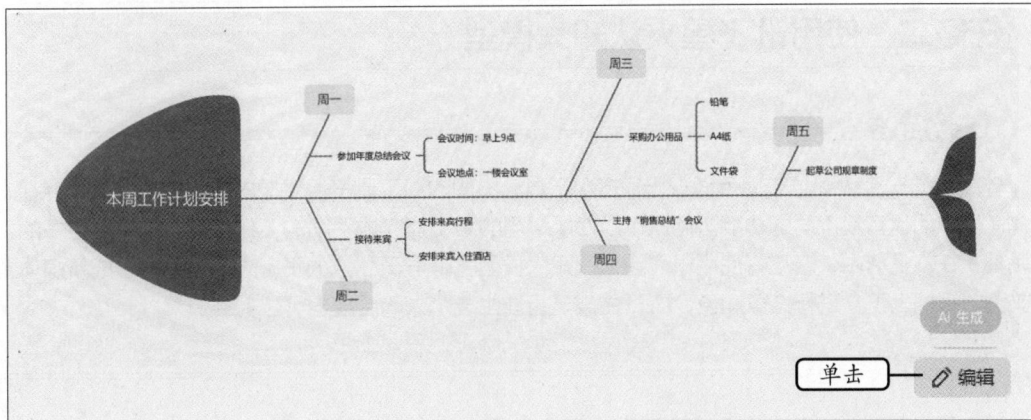

图8-12　生成鱼骨图后单击"编辑"按钮

（5）打开TreeMind树图官方网站，在右侧的设置面板中单击"配色"选项卡，然后在"色彩"栏中选择第1列第3个选项，以设置鱼骨图的配色，如图8-13所示。

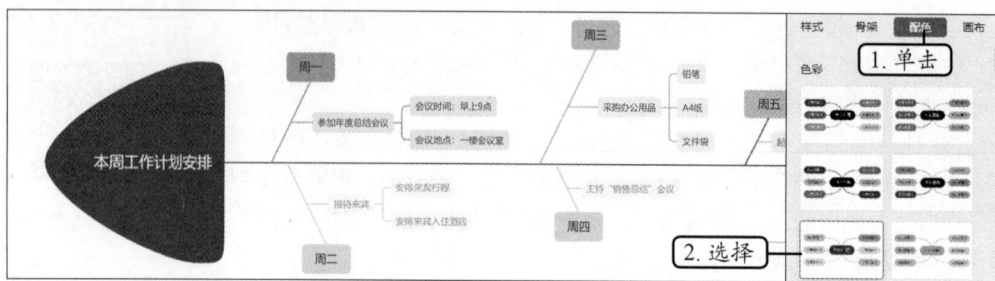

图8-13 设置鱼骨图的配色

（6）将鼠标指针移到鱼骨图中"主持'销售总结'会议"形状上，单击其下方弹出的"添加"按钮➕，添加同级形状，在新添加的形状中输入"制作员工工资表"，如图8-14所示。

（7）单击TreeMind树图官方网站上方的"导出"按钮，在打开的对话框中选择导出文件的格式，此处选择"透明底PNG"选项，如图8-15所示，然后下载并保存文件（配套资源:\效果文件\项目八\本周工作计划安排.png）。

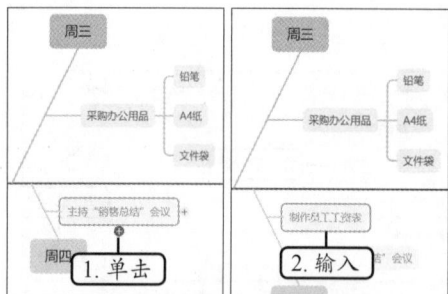

图 8-14 添加形状并输入文本

图 8-15 导出鱼骨图

任务二 使用讯飞星火认知大模型

一、任务描述

伴随AI的研究热潮，市面上涌现出很多AI工具，不同的AI工具不但生成内容的能力和效果存在一定的差异，而且有着不同的功能。用户可以使用不同的AI工具完成不同的工作任务，以满足更多的工作需要。在本任务中，米拉将使用讯飞星火认知大模型（以下简称"讯飞星火"）完成生成新媒体营销文案、根据上下文进行文章润色、PPT生成、智能生成个人简历模板等任务。

二、相关知识

讯飞星火是科大讯飞公司在语音识别、语音合成、自然语言处理等领域技术积累的基础上自主研发的认知大模型，是科大讯飞公司对标OpenAI公司的ChatGPT推出的一款AIGC产品。其在文本生成、语言理解、知识问答、逻辑推理、数学能力与代码能力等领域都有极强的能力。

通过浏览器搜索"讯飞星火"，进入讯飞星火主界面，如图8-16所示。讯飞星火的功能非常丰富，包括AI搜索、PPT生成、图像生成、内容写作、广告语创意、文本润色等，同时还提供了众多的智能体，如小红书种草文案助手、微博文案小助手、短视频脚本助手、文章润色高级助手、PPT大纲助手、文本扩写等，对应用户不同的使用场景，满足用户工作、学习、生活中的各类需求。讯飞星火主界面下方的智能体是滚动显示的，如果默认页面中没有显示所需选项，可单击 C换一换 按钮，快速切换页面找到所需功能选项，或者单击 器智能体中心 按钮，在打开的智能体中心中查找。输入框不仅支持文本输入，还支持上传文档、图片、音视频等文件，以及语音输入。左侧的侧边栏可用于新建对话以及查看历史对话等，帮助用户更加便捷地使用讯飞星火。

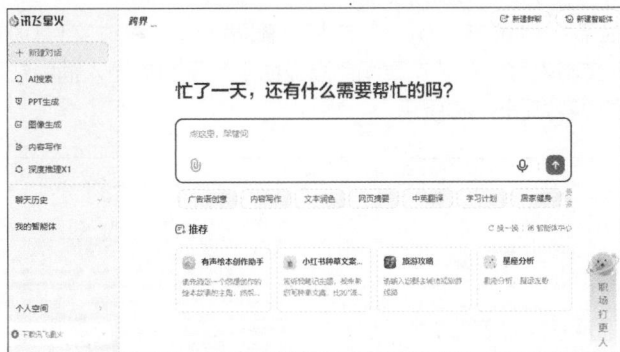

图8-16　讯飞星火主界面

三、任务实施

（一）生成新媒体营销文案

讯飞星火能够快速生成小红书、微信、微博等新媒体平台的文案，为用户提供写作参考。例如，在中秋节即将来临时，使用讯飞星火的"微博文案小助手"，输入关键词"中秋节祝福"，快速生成一篇与此相关的微博文案，具体操作如下。

（1）在讯飞星火主界面单击 器智能体中心 按钮，在打开的页面中找到并选择"微博文案小助手"选项，如图 8-17 所示。

（2）打开"微博文案小助手"对话界面，在输入框中输入"中秋节祝福"，单击 ↑ 按钮，界面上方即生成微博文案，如图8-18所示。

图8-17　选择"微博文案小助手"选项

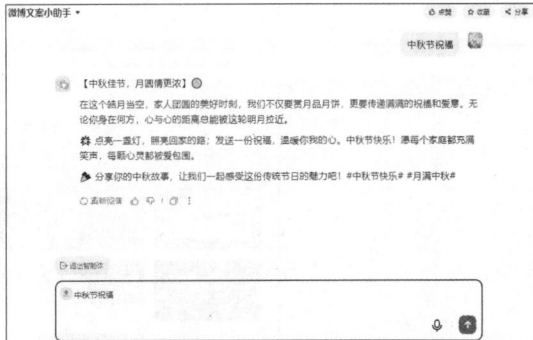

图8-18　生成微博文案

（3）在结果页面中单击 🔄 重新回答 按钮，可重新生成内容，得到满意的内容后，可单击 🡒 退出智能体 按钮退出"微博文案小助手"页面。

（二）根据上下文进行文章润色

微课视频

根据上下文进行文章
润色

使用讯飞星火的"文章润色高级助手"能够根据上下文对文章进行润色，提高文章质量。例如，下面对"勤俭节约倡议书"进行文章润色处理，具体操作如下。

（1）在讯飞星火"智能体中心"页面中找到并选择"文章润色高级助手"选项，如图8-19所示，打开"文章润色高级助手"页面。

（2）打开"勤俭节约倡议书.docx"文档（配套资源:\素材文件\项目八\勤俭节约倡议书.docx），复制所有文本内容，在"文章润色高级助手"页面的输入框中粘贴复制的文本，单击 ⬆ 按钮，润色后的文章内容如图8-20所示。

图8-19　选择"文章润色高级助手"选项

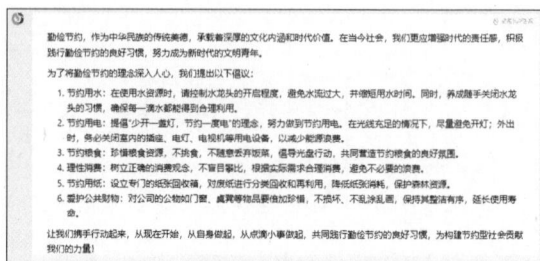

图8-20　润色后的文章内容

（三）PPT生成

微课视频

PPT生成

讯飞星火的PPT生成功能可以辅助用户快速制作PPT文档，下面使用PPT生成功能快速生成一份"开设网店培训"的PPT文档，并进行在线编辑，具体操作如下。

（1）在讯飞星火主界面的侧边栏中选择"PPT生成"选项，打开"PPT生成"页面，单击 高级创建 按钮，在输入框的"主题内容"文本框中输入"网店开设培训"，然后在下方的"章节数量"下拉列表中选择"约20页"，在"语种"下拉列表中选择"中文"，再在下方的PPT模板中选择第1排第4个模板选项，如图8-21所示。

图8-21　设置创建PPT的参数

多学一招　　　　　　　　　　**根据参考文档内容生成PPT**

在使用讯飞星火生成PPT时，除了输入内容主题由讯飞星火自动撰写内容外，还可以在"PPT生成"页面的输入框中单击"上传参考文档"按钮（文档格式支持pdf、doc、txt等），根据文档中提供的文本内容生成PPT。

（2）单击⬆按钮，在打开的页面生成PPT大纲，如图8-22所示。根据情况修改大纲文本内容，这里将章节四的标题"营销推广方法"修改为"营销推广"，将章节五中的正文修改为"沟通技巧""售后服务"，如图8-23所示。

图8-22　PPT大纲内容

图8-23　修改后的效果

（3）修改大纲内容后，在大纲页面右侧面板的"文本设置"栏中设置正文字数（"精简"为正文每点约20字、"标准"为正文每点约20字、"丰富"为正文每点约60字）、语气、受众和演讲备注，如图8-24所示。

（4）设置文本后，在大纲页面下方单击 生成PPT 按钮，如图8-25所示。

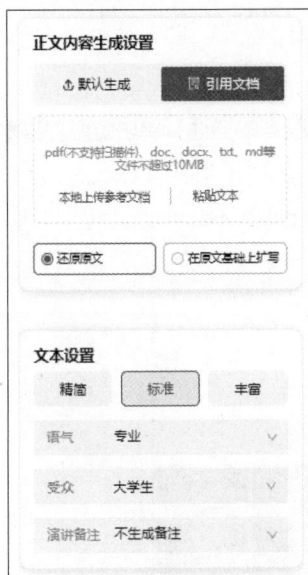

图8-24　文本设置

图8-25　单击"生成PPT"按钮

（5）生成PPT（配套资源:\效果文件\项目八\网店开设实战培训.pptx），并打开在线编辑页面，如图8-26所示。其编辑操作，如输入与修改文本、设置文本字体、插入形状、调整对象位置和大小等与在PowerPoint 2016的操作相似。

图8-26　生成的PPT效果

（6）选择第7张幻灯片，选择幻灯片中的第1张图片，单击弹出工具栏中的"更多设置"按钮 ⋯ ，打开"图片设置"面板，单击 [AI文生图] 按钮，如图8-27所示。

图8-27　启用AI生图

（7）打开"图片素材"面板，在"图片描述"文本框中输入生成图片的描述，单击 [一键生成] 按钮，如图8-28所示。生成图片后，勾选目标图片，如图8-29所示，完成图片替换。

图8-28　生成图片

图8-29　替换图片

（8）利用AI生图功能，分别替换第7张幻灯片中的另外两张图片，图片描述分别为"服装商品图""家具商品图"。完成PPT编辑操作后，单击编辑页面上方的 下载 按钮，下载PPT保存至本地计算机（配套资源:\效果文件\项目八\网店开设实战培训1.pptx）。

（四）智能生成个人简历模板

微课视频

智能生成个人简历模板

（1）在讯飞星火智能体中心的搜索框中输入"智能简历"，按【Enter】键，在搜索结果中选择"智能简历"选项，如图8-30所示。打开"智能简历"对话界面，在输入框中输入简历的基本信息，单击 按钮，如图8-31所示。

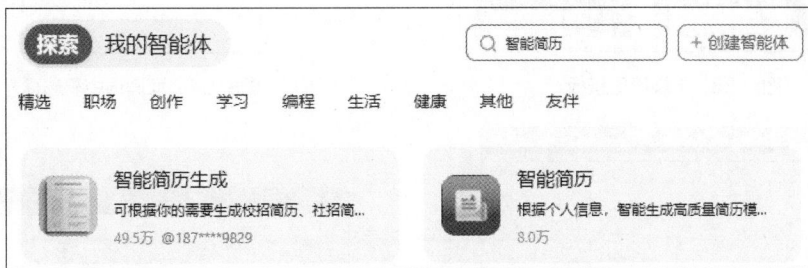

图8-30　启用智能简历功能

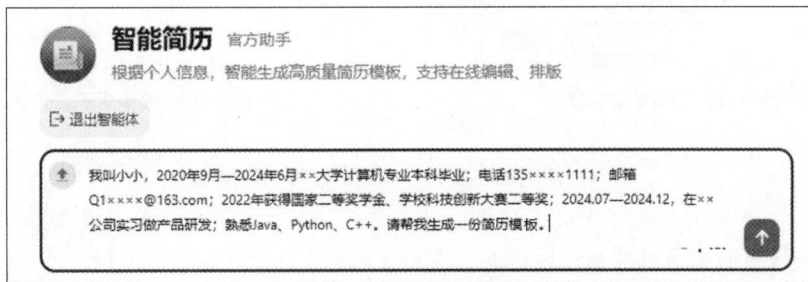

图8-31　生成简历模板

（2）生成简历模板后，在结果页面中单击"编辑简历"超链接，如图8-32所示。

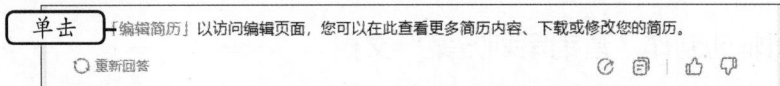

图8-32　单击"编辑简历"超链接

（3）打开简历的编辑页面，在左侧导航栏中单击"模板"按钮 ，在打开的下拉列表中将鼠标指针移到目标模板上，然后单击弹出的 选择模板 按钮，更换为此简历模板，如图8-33所示。

（4）在左侧导航栏中单击"模块"按钮 ，在打开的下拉列表中取消选中"校园实践"和"研究经历"复选框，如图8-34所示。

（5）返回编辑区，单击简历的基本信息区域，打开"编辑基本信息"对话框，修改"生日""性别""年限""邮箱"，将"头像"设置为"隐藏"，单击 保存 按钮，如图8-35所示。

（6）修改求职意向，如图8-36所示，修改完成后，单击网站右上方的 下载 按钮，以.JPEG格式保存简历（配套资源:\效果文件\项目八\个人简历.jpeg）。

181

图8-33　更换简历模板

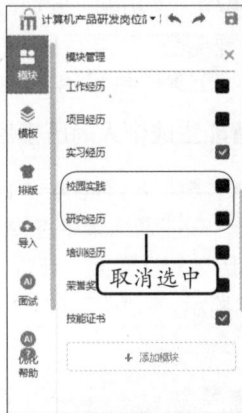

图8-34　取消选中复选框

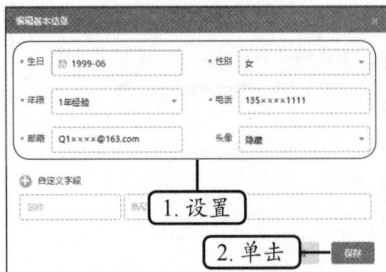

图8-35　编辑基本信息

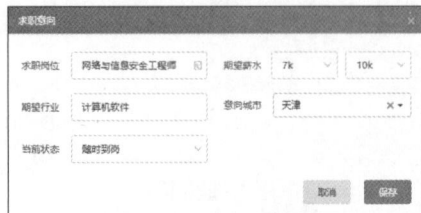

图8-36　修改求职意向

知识扩展　　　　　　　　使用讯飞星火生成简历模板的注意事项

　　使用讯飞星火生成简历模板时，不管指令内容和指令长度是否相同，其每次生成的简历模板都比较固定，通常需要用户后期进行编辑处理。

项目实训

实训一　AI辅助制作"营销策划方案"文档

【实训要求】

　　本实训根据素材文档使用文心一言生成"营销策划方案"文档，内容需包括营销目标、目标市场分析、竞争分析、SWOT（Strength Weakness Opportunity Threat，优势、弱势、机会、威胁）分析、营销策略、预算和时间计划、绩效评估等，共约2000字，并对Word文档进行编辑与处理，以推广新产品，系统地规划和指导公司的市场营销工作，确保新产品推广成功并实现销售目标。"营销策划方案"文档的参考效果如图8-37所示。

图8-37　"营销策划方案"文档的参考效果

【实训思路】

本实训先编辑指令内容，再通过文心一言生成"营销策划方案"内容，最后将内容保存至Word文档中，对Word文档进行编辑美化。

【步骤提示】

（1）根据素材文档（配套资源:\素材文件\项目八\营销策划基本信息.txt）编辑指令内容。

（2）打开文心一言主界面，在输入框中输入指令内容，生成"营销策划方案"内容。

（3）启动Word 2016新建空白文档，将文心一言生成的内容复制到空白文档中，设置文档标题格式为"方正大标宋简体、小二"，设置正文格式为"方正精品楷体简体、五号"，然后为正文中的标题文本应用"标题2"样式，并修改"标题2"样式，设置其字体格式为"方正兰亭细黑简体、小四、加粗"，段落格式为"1.5倍行距"，段前和段后间距为"6磅"。

（4）为正文中的并列段落设置编号和项目符号。

（5）将制作完成的文档（配套资源:\效果文件\项目八\营销策划方案.docx）以"营销策划方案"为名保存至计算机中。

实训二　AI辅助制作个人简历

【实训要求】

本实训根据素材文档中的简历信息，使用讯飞星火生成简历模板，然后在线编辑简历，要求包括基本信息、求职意向、自我评价、工作经历、技能证书等，模板类型自定。

【实训思路】

本实训首先使用讯飞星火的"智能简历"智能体输入指令内容生成简历模板，然后在线编辑简历，最后将简历以图片格式下载到计算机中保存。

【步骤提示】

（1）打开讯飞星火主界面，搜索并启用"智能简历"智能体，将素材文档（配套资源:\素材文件\项目八\简历信息.txt）中的文本内容复制到输入框中，据此生成简历模板。

（2）单击"编辑简历"超链接，打开简历在线编辑页面，更换模板，自定义简历模块，并根据素材文档中的信息更改简历中的内容，然后在左侧导航栏中单击"排版"按钮，将简历正文的字号设置为16px。

（3）将制作完成的简历（配套资源:\效果文件\项目八\求职简历.jpeg）以图片格式保存至计算机中。

课后练习

练习1：使用文心一言制作"本月计划"思维导图

为提高学习效率和更好地规划学习时间，请根据自身实际情况制作一个"本月计划"思维导图，要求具有清晰的结构，能够直观地展示本月计划的主要内容和层次关系。"本月计划"思维导图（配套资源:\效果文件\项目八\"本月计划"思维导图.png）的参考效果如图8-38所示。

操作提示如下。

- 在Word文档或文本文档中编辑指令内容。
- 打开文心一言主界面，调用"TreeMind树图"插件，输入指令内容，生成"本月计划"思维导图。
- 在结果页面中单击 ✐编辑 按钮，在打开的页面中编辑"本月计划"思维导图并下载保存该图。

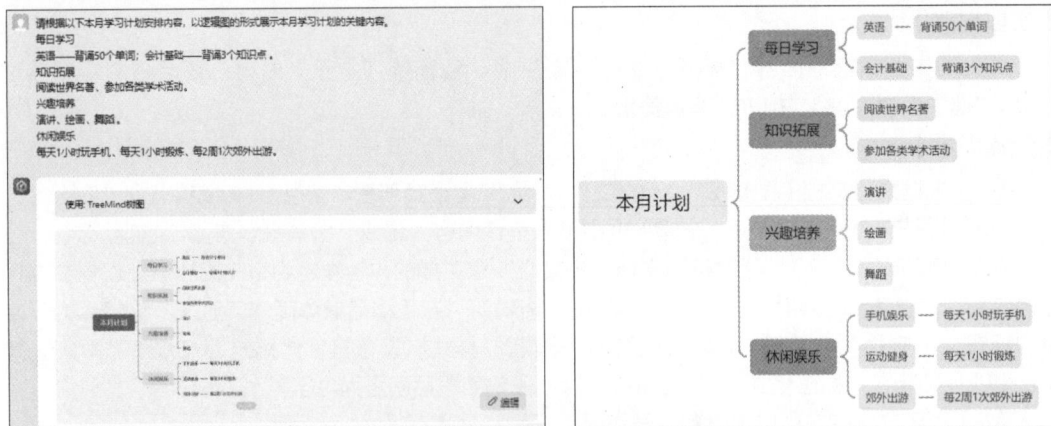

图 8-38 "本月计划"思维导图的参考效果

练习2：使用讯飞星火制作"自我介绍"文档

请根据自己的兴趣爱好、技能特长、所获荣誉、职业理想或人生理想制作"自我介绍"文档，要求文档语句通顺，内容能够体现自己的特质。"自我介绍"文档（配套资源:\效果文件\项目八\自我介绍.docx）的参考效果如图8-39所示。

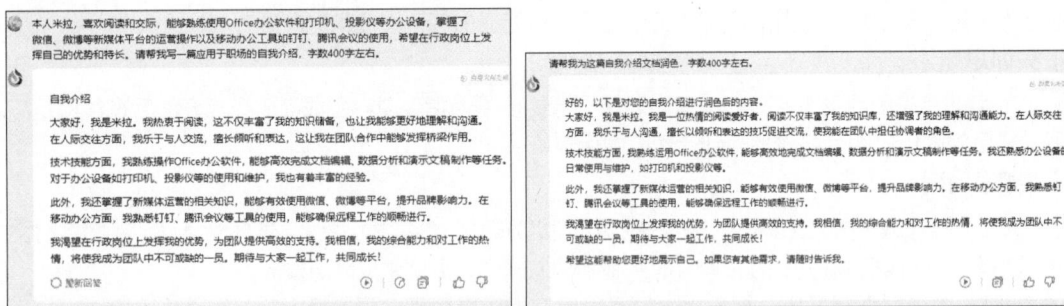

图 8-39 "自我介绍"文档的参考效果

操作提示如下。

- 在Word文档或文本文档中编辑指令内容。
- 打开讯飞星火主界面，通过输入指令内容生成"自我介绍"文档内容。
- 复制生成的"自我介绍"文档内容，新建对话窗口，启用"文章润色高级助手"插件，将内容粘贴到输入框中，补充指令内容后，进行文章润色。
- 完成文章润色后，将内容复制到Word文档中，检查内容并确认无误后，自定义文本字体和段落格式，将其保存起来。

技巧提升

1. 使用WHEE生成图片

WHEE是美图公司旗下的一款AI视觉创作工具，提供"文生图"和"图生图"功能。"文生图"功能指由文字生成图片的功能，即用户在WHEE官方网站通过"文生图"功能输入关键词句，如"猫""狗""房子"或"一只飞翔的雄鹰""一片树林"，并生成相关的图像。"图生图"功能指由图片生成新图片的功能，即用户在WHEE官方网站中使用"图生图"功能上传原图片，可以在原图片上添加人或物等元素，也可以形成不同风格的图像等。

2. 使用酷表ChatExcel 处理表格数据

酷表ChatExcel是北京大学团队开发的一款智能处理Excel表格的AI工具，它允许用户上传表格后通过输入文本的方式来操控和分析Excel表格数据，如图8-40所示。

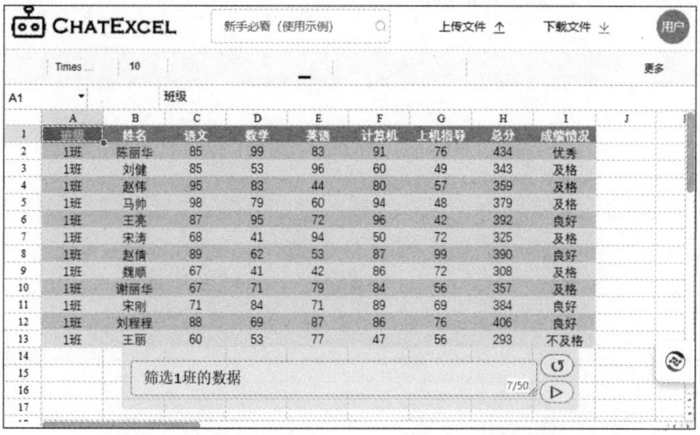

图 8-40　使用酷表 ChatExcel 处理表格数据

3. 使用讯飞智文生成演示文稿

讯飞智文是基于讯飞星火的一款自动创建演示文稿或Word文档的AI工具。讯飞智文允许用户通过"主题创建""文本创建""文档创建"等方式生成演示文稿。"主题创建"是指用户输入主题描述（如"请创建工作总结演示文稿"），由讯飞智文自动扩展内容，生成与主题相关的演示文稿；"文本创建"是指用户输入演示文稿所需的文本内容，由讯飞智文总结内容，生成演示文稿；"文档创建"是指讯飞智文通过解析用户上传的文档生成演示文稿，支持PDF、DOCX、TXT等文档格式，文件大小不超过10MB。能够自动生成演示文稿的类似的AI工具还有美图AI PPT等。

4. 使用合同嗖嗖生成专业合同

合同嗖嗖是由珠海必优科技有限公司开发的一款基于AI技术的在线合同生成工具，只需在合同嗖嗖官方网站中输入合同关键词，即可生成劳动合同、房屋租赁合同、买卖合同、投资合作合同、服务合同等类型的合同文件模板。

项目九

常用工具软件的应用

情景导入

　　在日常办公中，米拉不仅要使用Office办公软件处理Word文档、制作表格与演示文稿，还要使用各种常用工具软件来辅助完成各种工作。例如，使用WinRAR压缩/解压文件、使用Adobe Acrobat操作PDF文档、使用草料二维码生成二维码、使用360安全卫士防护计算机安全等。

学习目标

- 掌握使用WinRAR压缩/解压文件的操作方法。
- 掌握使用Adobe Acrobat浏览、转换PDF文档的操作方法。
- 掌握使用草料二维码制作二维码的操作方法。
- 掌握使用360安全卫士防护计算机安全的操作方法。

素质目标

- 培养尊重和保护知识产权的意识。
- 强化责任意识。

案例展示

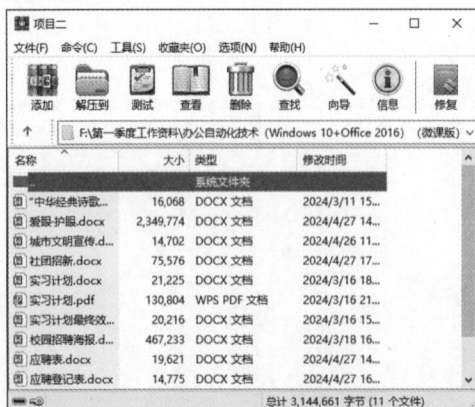

▲使用WinRAR压缩文件

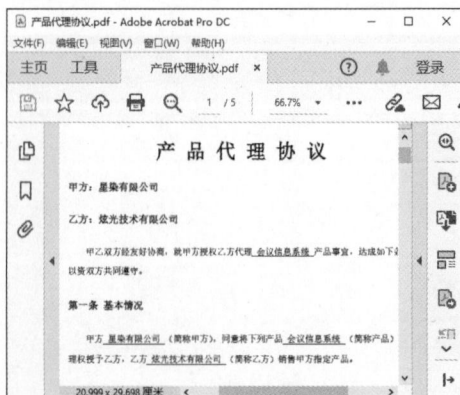

▲使用Adobe Acrobat查看PDF文档

任务一 使用WinRAR压缩/解压文件

一、任务描述

压缩文件是将一个或多个文件压缩成更小容量的文件的过程，以节省计算机的磁盘空间，并在传输文件时提高文件的传输速率；解压文件则是压缩文件的反过程，即将压缩文件复原。在本任务中，米拉首先使用WinRAR压缩文件，为传输文件做准备，然后解压下载的压缩文件。

二、相关知识

WinRAR是目前流行的压缩工具软件之一。WinRAR默认的压缩文件格式为RAR，兼容ZIP压缩文件格式，不仅能解压RAR和ZIP格式的压缩文件，还可以解压CAB、ARJ、LZH、TAR、GZ、ACE、UUE、BZ2、JAR和ISO等多种类型的压缩文件。

安装WinRAR后，系统会自动添加与压缩、解压文件相关的快捷菜单命令，方便用户快速对文件进行压缩或解压操作。此外，用户也可启动WinRAR，在其工作界面中选择相关文件进行压缩或解压操作。

三、任务实施

（一）使用 WinRAR 压缩文件

启动WinRAR，在其工作界面中添加项目二中制作的所有Word格式的效果文件，进行压缩操作，具体操作如下。

（1）在Windows 10 的"开始"菜单中选择【WinRAR】/【WinRAR】命令，启动WinRAR。在WinRAR工作界面的地址栏中选择文件的保存位置，在下方的列表框中选择项目二中除"实习计划.pdf"外的所有Word文档，然后单击"添加"按钮 🖼，如图9-1所示。

> 微课视频
> 使用 WinRAR 压缩文件

（2）打开"压缩文件名和参数"对话框，在"压缩文件名称"文本框中输入压缩文件的名称（压缩文件名称默认以打开的文件或文件保存的文件夹命名，压缩文件默认保存在原文件所在的位置，单击 浏览(B)... 按钮，可在打开的对话框中更改保存位置），其他保持默认设置，单击 确定 按钮，如图9-2所示。

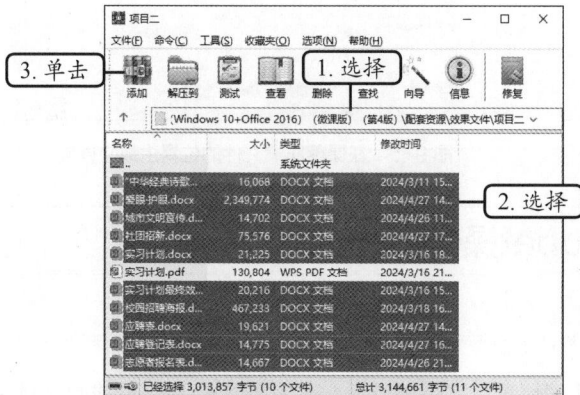

图 9-1 选择需要压缩的文件

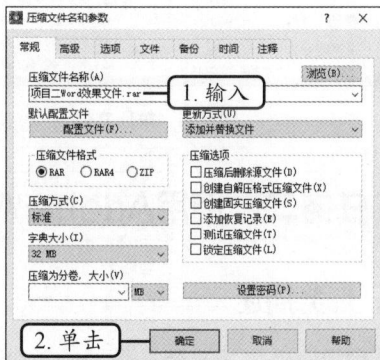

图 9-2 "压缩文件名和参数"对话框

（3）WinRAR将开始对所选择的文件进行压缩并显示压缩进度，如图9-3所示。

多学一招　加密压缩文件

　　在"压缩文件名和参数"对话框中单击 设置密码(P)... 按钮，在打开的"输入密码"对话框中输入密码，可加密压缩文件，加密压缩文件后，解压文件时需输入正确的密码。

图 9-3　显示压缩进度

（二）使用 WinRAR 解压文件

　　使用WinRAR将"汇报总结模板.rar"压缩文件解压到与压缩文件同名的文件夹中，具体操作如下。

　　（1）在压缩文件上单击鼠标右键（配套资源:\素材文件\项目九\汇报总结模板.rar），在弹出的快捷菜单中选择"解压到'汇报总结模板'"命令，如图9-4所示。

　　（2）WinRAR将对文件进行解压，在保存压缩文件的位置生成"汇报总结模板"文件夹，如图9-5所示，解压后的文件保存在该文件夹中。

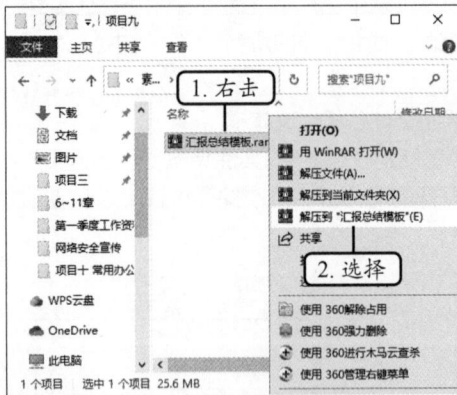

微课视频

使用 WinRAR 解压文件

图 9-4　解压文件

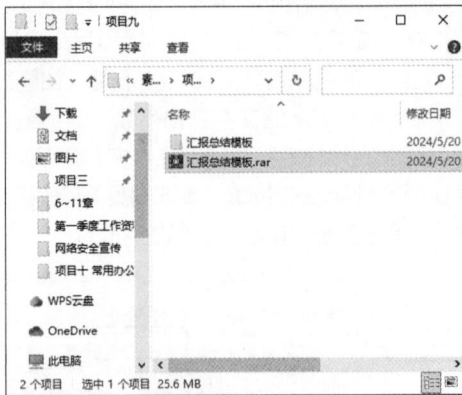

图 9-5　在保存压缩文件的位置生成文件夹

任务二　使用Adobe Acrobat操作PDF文档

一、任务描述

　　老洪使用PDF文档批阅了一份"产品代理协议"，他将该文档传送给米拉后，要求其根据注释将PDF文档转换为Word文档后修改内容，并将文档返回。在本任务中，米拉首先使用Adobe

Acrobat浏览PDF文档，然后将其转换为Word文档。

二、相关知识

PDF是支持跨平台的文档格式，文件占用的磁盘空间小，常用于多人协作办公时传递、审阅文档（为便于传递和审阅，一些办公文档经常会被转换为PDF格式，使其保有原来的内容及格式）。Adobe Acrobat是常用的PDF文档阅读器，使用Adobe Acrobat可方便地阅读、编辑、转换和打印PDF文档。

Adobe Acrobat 的工作界面主要由菜单栏、工具栏、选项卡、工具面板和文档阅读区等部分组成，如图9-6所示。

图9-6 Adobe Acrobat 的工作界面的组成部分

- **菜单栏：**提供编辑 PDF 文档的各种命令，可快速实现对应操作。
- **工具栏：**提供阅读 PDF 文档常用命令的快捷按钮，可快速跳转至指定页面和打印 PDF 文档等。
- **选项卡：**包括"主页""工具"和显示文档名称的选项卡。"主页"选项卡中可执行打开文档等操作，"工具"选项卡中集合了 Adobe Acrobat的工具。
- **工具面板：**工具面板集合了 Adobe Acrobat 的常用工具，用于执行创建、合并、编辑和导出PDF 文档等操作。
- **文档阅读区：**主要用于查看 PDF 文档内容。

三、任务实施

（一）浏览 PDF 文档

在Adobe Acrobat中浏览"产品代理协议.pdf"文档，查看注释内容，具体操作如下。

（1）在桌面上双击"Adobe Acrobat DC"快捷方式，启动Adobe Acrobat，选择【文件】/【打开】命令。

（2）打开"打开"对话框，选择"产品代理协议.pdf"（配套资源:\素材文件\项目九\产品代理协议.pdf），单击 打开(O) 按钮，如图9-7所示。

（3）打开"产品代理协议.pdf"文档，在文档阅读区中滑动鼠标滚轮浏览文档，单击"注释"按钮，如图9-8所示。

微课视频

浏览 PDF 文档

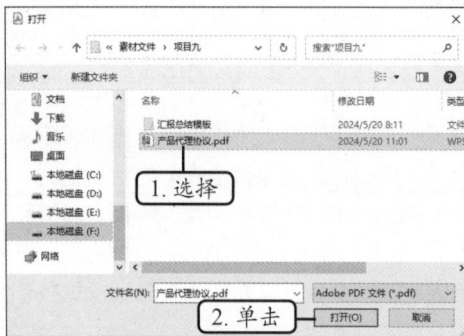

图 9-7　"打开"对话框

图 9-8　单击"注释"按钮

　　（4）此时在页面上方将显示"注释"工具栏，在该工具栏中可进行添加注释的操作，在页面右侧将显示"注释"面板，该面板显示了所有注释内容。单击第一处注释，文档页面跳转到第一处注释处，查看文档和注释内容，如图9-9所示。

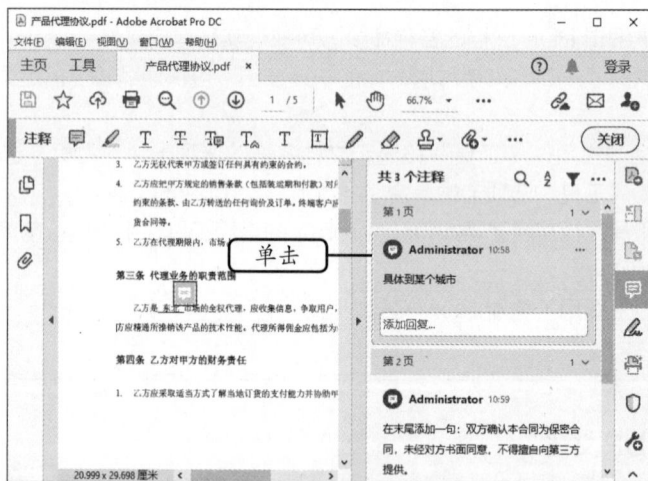

图 9-9　查看文档和注释内容

　　（5）在"注释"面板中单击第二处注释，继续查看注释内容，查看所有注释内容后，单击"注释"工具栏中的"关闭"按钮，退出注释状态。

（二）转换 PDF 文档

　　使用Adobe Acrobat将"产品代理协议.pdf"文档转换为".docx"格式的Word文档，具体操作如下。

（1）在"产品代理协议.pdf"文档的工具面板中单击"导出PDF"按钮 📇，打开文档导出界面，保持默认选中的"Microsoft Word"选项和"Word 文档"单选项，单击 导出 按钮，如图9-10所示。

（2）打开"另存为"对话框，设置文档的保存位置后单击 保存(S) 按钮，如图9-11所示，导出Word 文档（配套资源:\效果文件\项目九\产品代理协议.docx）。

微课视频

转换 PDF 文档

图 9-10 设置导出的文档格式

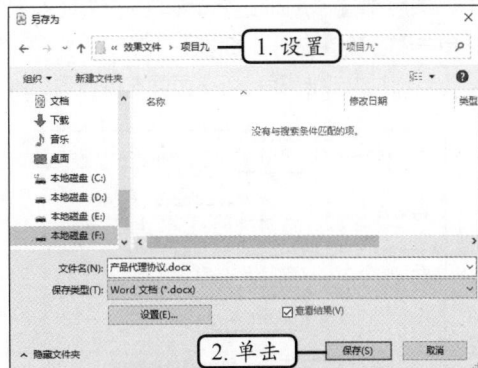

图 9-11 导出 Word 文档

（3）使用Word打开"产品代理协议.docx"文档，根据批注内容修改文档，完成修改后删除批注。

任务三 使用草料二维码生成二维码

一、任务描述

老洪给了米拉一个产品宣传网页的网址，让米拉为网址设计一个二维码，用户扫描二维码可跳转到该网页查看宣传内容。在本任务中，米拉将使用草料二维码生成该宣传网页的网址的二维码。

二、相关知识

草料二维码是一个二维码在线编辑网站，其页面如图9-12所示。在制作二维码时，用户可以自由地在其中添加内容，如文本、音视频、网址、名片等，以展示商品详情、使用说明书、多媒体图书等信息，从而降低信息沟通成本。

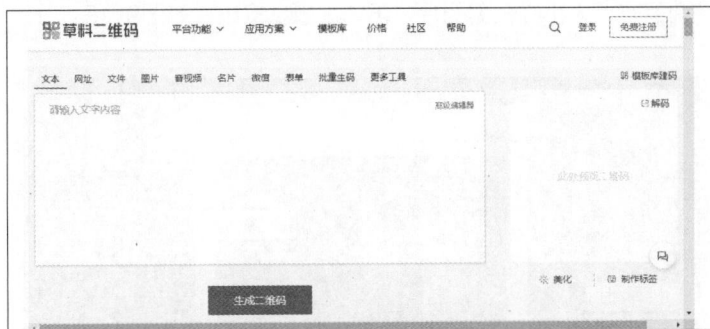

图9-12 草料二维码网站页面

三、任务实施

（一）创建二维码

启动浏览器并进入草料二维码官方网站，注册、登录后便可开始使用草料二维码，且用户生成的二维码将保存在其账号后台，具体操作如下。

（1）打开草料二维码官方网站，注册并登录账号，单击"网址"选项卡，然后单击"网址跳转活码"子选项卡，并在下方的文本框中输入网址，单击 生成跳转活码 按钮，如图9-13所示。

（2）生成二维码后，可在页面右侧查看二维码图案效果，如图9-14所示。

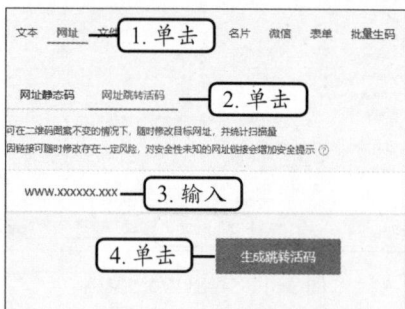

图 9-13　创建二维码

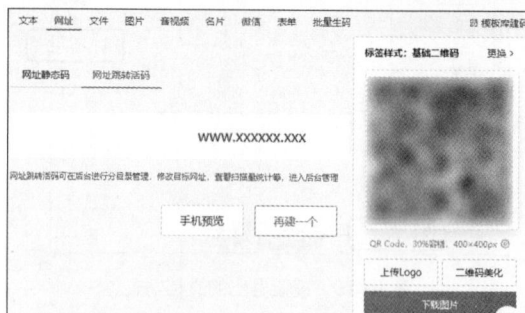

图 9-14　查看二维码图案效果

> **知识扩展**　　　　　　　**网址静态码和网址跳转活码**
>
> 　　用网址链接生成的二维码分为网址静态码和网址跳转活码。网址静态码网址固定、无法修改，网址链接越长，图案越复杂、不易识别；网址跳转活码可随时更改网址，二维码图案不变，且图案相对简单、更易扫码识别。

（二）美化二维码

在创建二维码的基础上执行美化操作，使二维码更加美观、更有吸引力，具体操作如下。

（1）单击二维码图案下方的"二维码美化"按钮，打开"二维码样式编辑器"对话框，单击 上传Logo 按钮，插入"logo.png"图片（配套资源:\素材文件\项目九\logo.png），在打开的"裁剪图片"对话框中选中"去除白底"复选框后，调整方框大小并裁剪图片，再单击 确认 按钮，如图9-15所示。

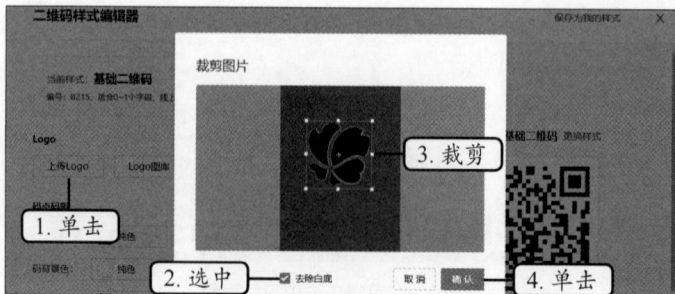

图9-15　插入并裁剪图片

（2）在"码点码眼"栏中的"码颜色"下拉列表中选择"纯色"选项中的"橙色"，在"码点形状"下拉列表中选择"菱形"选项，在"码眼形状"下拉列表中选择"气泡"选项，然后单击 保存样式并返回 按钮，如图9-16所示。

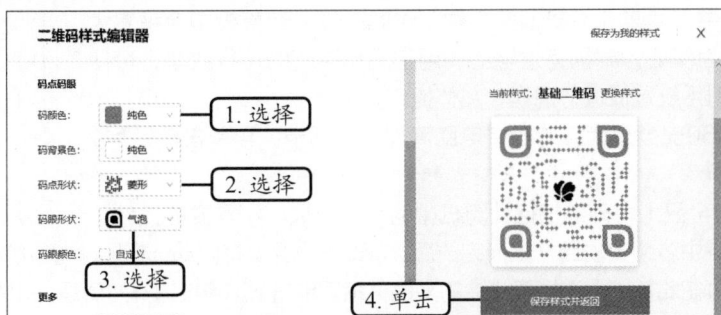

图9-16 设置码点码眼样式

（3）返回二维码生成页面，单击 下载图片 按钮，保存二维码图片。

任务四 使用360安全卫士防护计算机安全

一、任务描述

网络在为日常办公带来便利的同时，也带来了计算机安全问题。因此，公司员工一般会安装一款安全防护软件来保障计算机办公过程中的安全。在本任务中，米拉将使用360安全卫士进行相应操作以防护计算机安全。

二、相关知识

360安全卫士不仅是一款免费的安全防护软件，还拥有木马查杀、电脑清理和系统修复等多种功能。下载并安装360安全卫士后，用户在计算机桌面上双击对应的快捷方式图标便可进入其操作界面，如图9-17所示。其操作界面上方是各种选项卡，可实现不同的功能，下方是操作与信息显示区，维护计算机安全的相关操作都在其中进行。

图9-17 360安全卫士的操作界面

三、任务实施

（一）清理系统垃圾

在日常办公中，通常会下载很多文件，长此以往，计算机中会积累大量的系统垃圾，为保证计算机有足够的使用空间和较高的运行效率，可使用360安全卫士对系统垃圾进行清理，具体操作如下。

（1）启动360安全卫士，单击"电脑清理"选项卡，再单击 一键清理 按钮，如图9-18所示。

（2）360安全卫士将开始扫描计算机中的系统垃圾、不需要的插件、网络痕迹和注册表中多余的项目。扫描完成后，360安全卫士将自动选择删除对系统或文件没有影响的项目，用户也可在此基础上选择要删除的文件，然后单击 一键清理 按钮开始清理，如图9-19所示。

图 9-18　开始一键清理电脑　　　　　　图 9-19　单击"一键清理"按钮

多学一招　　　　　　　　　　　**清理 C 盘空间**

如果计算机的系统盘空间不足，则可使用360安全卫士的"清理C盘空间"功能清理系统盘空间。其方法如下：在"电脑清理"选项卡中单击 清理C盘空间 按钮，在打开的对话框中单击 扫描 按钮，扫描系统盘文件（如果计算机的系统盘不是C盘，则可先选择系统盘后扫描），扫描完成后，可根据实际需要删除文件。清理系统盘时需谨慎，确保删除文件后不会影响系统的正常运行。

（二）查杀木马病毒

计算机"感染"病毒后，轻则影响计算机的运行速度，重则造成计算机死机、系统被破坏。为防止计算机受到病毒的侵害，可使用360安全卫士查杀木马病毒，具体操作如下。

（1）在360安全卫士的操作界面中单击"木马查杀"选项卡，再单击 快速查杀 按钮，如图9-20所示，软件将以常规模式扫描计算机，并显示扫描进度条和扫描项目。

（2）扫描完成后，窗口中将罗列可能存在危险的项目，单击 一键处理 按钮，如图9-21所示，处理安全威胁。

图 9-20　快速查杀木马病毒

图 9-21　处理可能存在危险的项目

多学一招　　　　　　　　　　　　　　**其他查杀模式**

　　除常规的快速查杀模式外，用户还可以在操作界面底部选择全盘查杀模式和按位置查杀模式。单击"全盘查杀"按钮，360 安全卫士会对整个计算机进行详细、全面的查杀；单击"按位置查杀"按钮，360 安全卫士会对用户指定的某个位置进行扫描查杀。另外，选中"强力模式"复选框，可激活强力查杀功能，以查杀更加顽固的木马病毒。

（三）修复系统漏洞

　　系统漏洞是指应用软件或操作系统中的缺陷或错误，系统漏洞会增加计算机安全风险。下面使用360安全卫士的漏洞修复功能扫描并修复计算机中存在的漏洞，具体操作如下。

　　（1）在360安全卫士的操作界面中单击"系统修复"选项卡，再单击 一键修复 按钮，如图9-22所示，软件将开始扫描当前系统是否存在漏洞，并显示扫描进度条和扫描项目。

　　（2）扫描完成后，若系统存在漏洞，则可单击 一键修复 按钮，如图9-23所示，修复系统漏洞。

微课视频

修复系统漏洞

图 9-22　扫描系统漏洞

图 9-23　修复系统漏洞

知识扩展 　　　　　　　　　　　**选择修复可选项**

　　　进行漏洞修复时，若扫描结果无重要修复项、有可选修复项，则软件不会进行自动修复。修复可选项时，需选中要修复项目前的复选框，然后单击 `一键修复` 按钮。

项目实训

实训一　将PDF文档转换为PowerPoint演示文稿并加密压缩

【实训要求】

　　　现有一份从艾瑞网下载的PDF格式的市场调查报告（配套资源:\素材文件\项目九\2024年即时配送行业研究报告.pdf），本实训要求将此文档转换为PowerPoint演示文稿，然后进行加密压缩，压缩后删除源文件。

【实训思路】

　　　在本实训中，首先使用Adobe Acrobat将PDF文档转换为PowerPoint演示文稿，然后启动WinRAR压缩演示文稿，并在"压缩文件名和参数"对话框中设置密码等参数。

【步骤提示】

　　　（1）使用Adobe Acrobat打开"2024年即时配送行业研究报告.pdf"文档，在工具面板中单击"导出PDF"按钮 📇，打开文档导出界面，选择"Microsoft PowerPoint"选项，单击 `导出` 按钮。

　　　（2）打开"另存为"对话框，设置文档（配套资源:\效果文件\项目九\2024年即时配送行业研究报告.pptx）的保存位置和名称，单击 `保存(S)` 按钮。

　　　（3）选择导出的演示文稿，单击鼠标右键，在弹出的快捷菜单中选择"添加到压缩文件"命令，打开"压缩文件名和参数"对话框，在"压缩选项"栏中选中"压缩后删除源文件"复选框后，单击 `设置密码(P)` 按钮。

　　　（4）在打开的对话框中输入解压的密码（如"123456"），然后单击 `确定` 按钮，压缩文件（配套资源:\效果文件\项目九\2024年即时配送行业研究报告.rar）。

实训二　使用360安全卫士检测与优化系统

【实训要求】

　　　本实训要求在个人计算机中使用360安全卫士对计算机进行检测与优化，以保障计算机系统的安全运行。

【实训思路】

　　　在本实训中，首先要下载并安装360安全卫士，然后运行软件，再打开相应的界面对系统进行检测与优化。

【步骤提示】

　　　（1）打开浏览器，进入360安全卫士官方网站，在其中下载软件的安装程序，然后安装360安全卫士。

　　　（2）启动360安全卫士，单击"我的电脑"选项卡，再单击 `立即体检` 按钮进行体检，检查完成后，单击 `一键修复` 按钮进行系统修复。

（3）单击"电脑清理"选项卡，再单击 一键清理 按钮扫描系统垃圾，扫描完成后，单击 立即优化 按钮进行优化。

（4）单击"优化加速"选项卡，再单击 一键加速 按钮扫描可优化项，扫描完成后，单击 立即优化 按钮进行优化。

课后练习

练习：使用Adobe Acrobat编辑并转换PDF文档

本练习使用Adobe Acrobat修改"人事考勤制度.pdf"文档中的文本内容，修改完成后将其转换为Word文档。

操作提示如下。

- 打开"人事考勤制度.pdf"文档（配套资源:\素材文件\项目九\人事考勤制度.pdf），进入编辑状态，根据PDF文档中的注释修改内容，修改完成后删除注释。
- 保存PDF文档后，将PDF文档转换为Word文档。

技巧提升

1. 创建自解压格式压缩文件

为方便没有安装WinRAR的计算机解压文件，用户可将文件创建为自解压格式的压缩文件。其方法如下：选择要创建自解压格式的文件，打开"压缩文件名和参数"对话框，在"压缩选项"栏中选中"创建自解压格式压缩文件"复选框，单击 确定 按钮，压缩文件。创建的自解压格式压缩文件的扩展名为.exe，双击该文件，在打开的对话框中单击 解压 按钮，即可完成文件的解压。

2. 使用360安全卫士批量卸载软件

360安全卫士不仅可以保护计算机的安全，还可以卸载软件。与通过控制面板卸载软件相比，通过360安全卫士可以批量卸载软件且卸载更加彻底。其方法如下：在360安全卫士操作界面中单击"软件管家"选项卡，打开"360 软件管家"窗口，在其中单击"卸载"选项卡，该选项卡中显示了计算机中安装的全部软件，选择多个需要卸载的软件后，单击 一键卸载 按钮。

3. 使用360安全卫士的文件粉碎机强力删除文件

针对一些按【Delete】键无法删除的文件，可以使用360安全卫士的文件粉碎机将其强力删除。其方法如下：在需要删除的文件上单击鼠标右键，在弹出的快捷菜单中选择"使用360强力删除"命令，打开"文件粉碎机"窗口，选中"防止恢复"和"防止文件再生"复选框，再单击 粉碎文件 按钮。

项目十

常用办公设备的使用

情景导入

为满足日常办公需要，公司陆续购买了打印机、多功能一体机和投影仪等办公设备，为公司人员使用设备打印、复印、放映文档等提供了支持，这些办公设备都归米拉管理。因此，老洪要求米拉对这些办公设备有足够的了解，并掌握必要的操作方法。

学习目标

- 掌握安装本地打印机和连接网络打印机的操作方法。
- 掌握使用多功能一体机复印文档、证件的操作方法。
- 掌握使用投影仪放映演示文稿的方法。

素质目标

- 爱护公共设备，使用后及时复位。
- 践行节能环保，养成绿色低碳的生活方式。

案例展示

▲激光打印机

▲便携商务型投影仪

任务一　使用打印机

一、任务描述

打印机是办公自动化中常用的输出设备，主要用于将公司的各类文档打印到纸张等介质上，以供保存与传阅。本任务中，米拉将把打印机连接到自己使用的计算机并共享打印机，然后为所需执行打印操作的其他计算机连接此台打印机，为公司人员使用打印机做好准备。

二、相关知识

目前办公中常用的打印机是喷墨打印机和激光打印机。下面介绍打印机的类型及其结构，以帮助读者更加直观地掌握打印机的使用方法。

1. 喷墨打印机

喷墨打印机是一种经济型、非击打式的高品质打印机，也是一款性价比较高的彩色图像输出设备，因强大的呈现色彩的功能和较低的价格而在现代办公领域中颇受青睐。

喷墨打印机是将墨水喷到纸张上，以形成点阵图像。其外观与内部结构如图10-1所示。

墨盒

墨盒拖架

(a) 外观　　　　　　　　　　　　　　　(b) 内部结构

图10-1　喷墨打印机的外观与内部结构

知识扩展　　　　　　　　　　**选购喷墨打印机的注意事项**

在选购喷墨打印机时，除了要考虑墨滴控制、打印精度、耗材成本和打印速度4个方面外，还要注意看其能否直接打印照片。

---

2. 激光打印机

与喷墨打印机不同，激光打印机使用硒鼓里的碳粉来形成图像。激光打印机分为黑白激光打印机和彩色激光打印机，即分别用于打印黑白和彩色页面的打印机。彩色激光打印机的价格比喷墨打印机高，且成像技术更复杂，其优势在于技术更成熟、性能更稳定、打印速度更快和打印质量更高。图10-2所示为激光打印机的外观与外部结构。

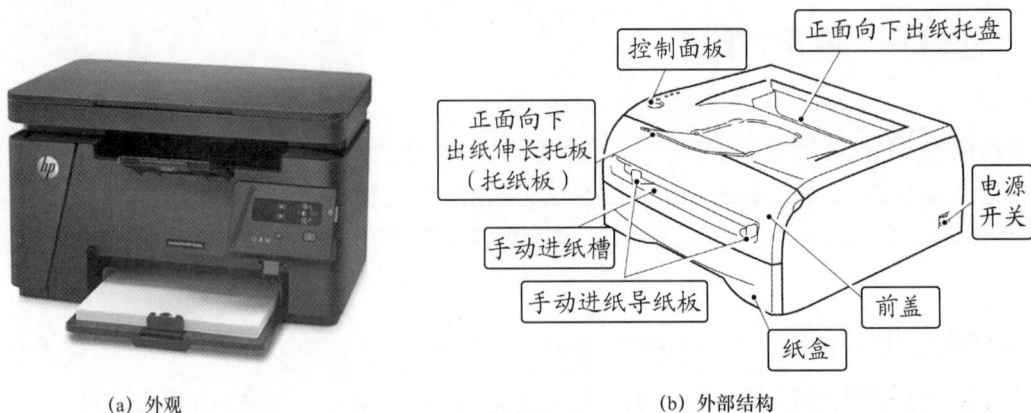

（a）外观 　　　　　　　　　　　　（b）外部结构

图10-2　激光打印机的外观与外部结构

三、任务实施

（一）安装本地打印机

通常安装本地打印机不仅要把打印机的数据线连接到计算机上，还要根据打印机的型号安装驱动程序。打印机的驱动程序可以通过打印机品牌的官方网站或专业的软件下载网站获取，或者通过购买打印机时所附带的驱动程序安装光盘获取。

不管安装从哪种途径获得的驱动程序，其操作方法与安装一般软件类似。下面演示计算机如何连接Lenovo GC250DN打印机、安装驱动程序并共享打印机，具体操作如下。

微课视频

安装本地打印机

（1）使用USB数据线连接打印机和计算机，如图10-3所示，然后连接打印机的电源，启动打印机。

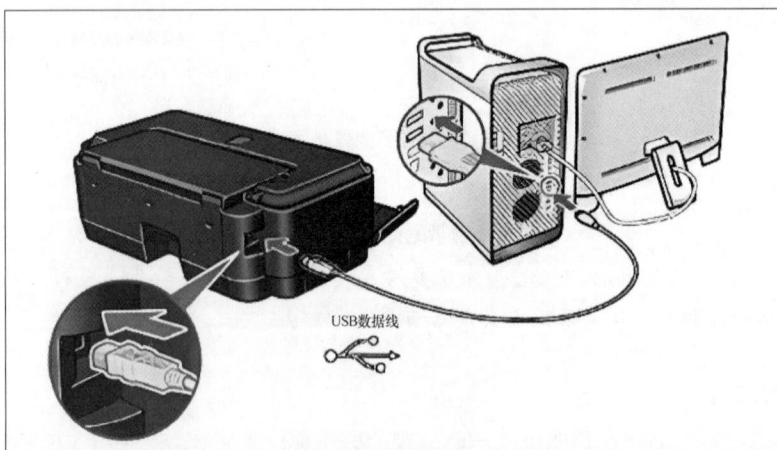

USB数据线

图10-3　使用USB数据线连接打印机和计算机

（2）双击打印机驱动程序的安装程序，启动安装向导，在"选择安装语言"界面中选择"中文（简体）"选项，单击 下一步(N) 按钮，如图10-4所示。

（3）选择安装语言后，在打开的欢迎界面中单击 下一步(N) > 按钮，继续安装，如图10-5所示。

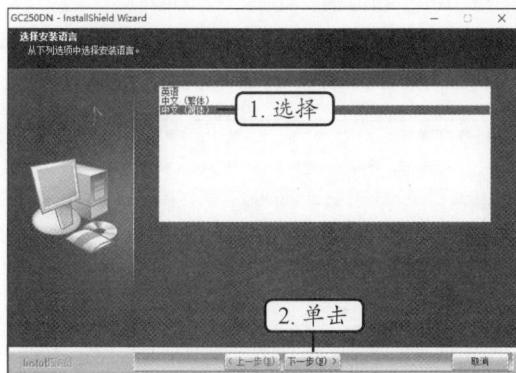

图 10-4　选择安装语言

图 10-5　继续安装

（4）打开"安装类型"界面，选中"USB"复选框，单击 下一步(N) 按钮，如图10-6所示。

（5）打开"可以安装该程序了"界面，单击 安装 按钮，如图10-7所示。

图 10-6　设置安装类型

图 10-7　开始安装驱动程序

（6）系统开始安装打印机的驱动程序，在打开的"Windows安全中心"对话框中单击 安装(I) 按钮，确认安装，如图10-8所示。

（7）安装驱动程序后，在打开的对话框中单击 完成 按钮，完成安装，如图10-9所示。

图 10-8　确认安装

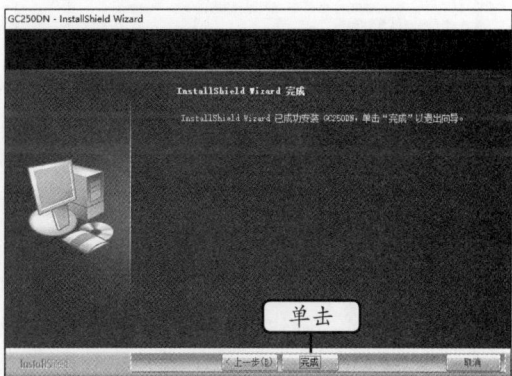

图 10-9　完成安装

（8）在系统桌面上双击"控制面板"图标，打开"所有控制面板项"窗口，在"查看方式"下拉列表中选择"大图标"选项，单击"设备和打印机"超链接，如图10-10所示。

（9）打开"设备和打印机"窗口，在其中可查看安装的打印机选项，在"Lenovo GC250DN"选项上单击鼠标右键，在弹出的快捷菜单中选择"打印机属性"命令，如图10-11所示。

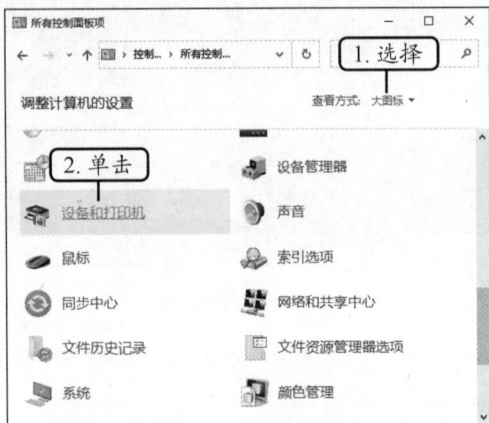

图 10-10　单击"设备和打印机"超链接

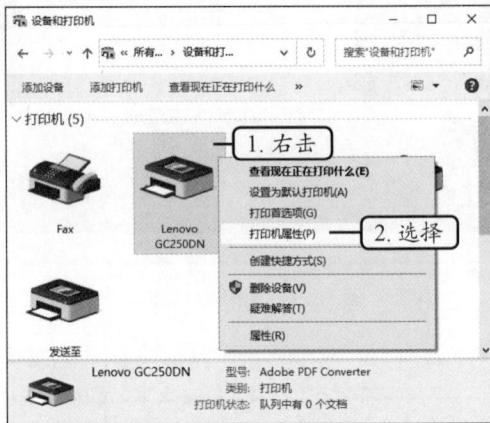

图 10-11　选择"打印机属性"命令

（10）打开"Lenovo GC250DN属性"对话框，单击"共享"选项卡，选中"共享这台打印机"复选框，保持默认的打印机共享名，单击上方的"网络和共享中心"超链接，如图10-12所示。

（11）打开"网络和共享中心"窗口，在左侧的导航栏中单击"更改高级共享设置"超链接，如图10-13所示。

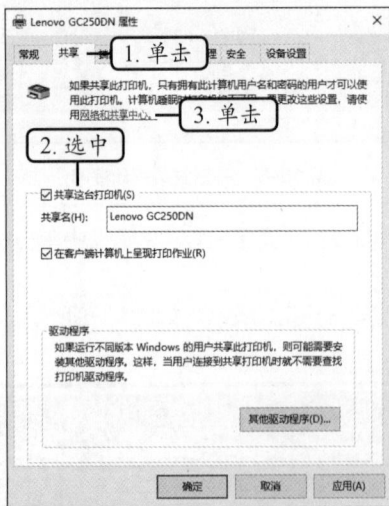

图 10-12　设置共享打印机

图 10-13　单击"更改高级共享设置"超链接

（12）打开"高级共享设置"窗口，根据网络配置方案为"专用网络"或"公用网络"开启网络发现和资源共享，以免其他计算机访问本地计算机、添加共享打印机受阻。这里在"专用(当前配置文件)"栏的"网络发现"栏中选中"启用网络发现"单选项，选中"启用网络连接设备的自动设置。"复选框，在"文件和打印机共享"栏中选中"启用文件和打印机共享"单选项，完成设置后单击 保存更改 按钮，如图10-14所示。

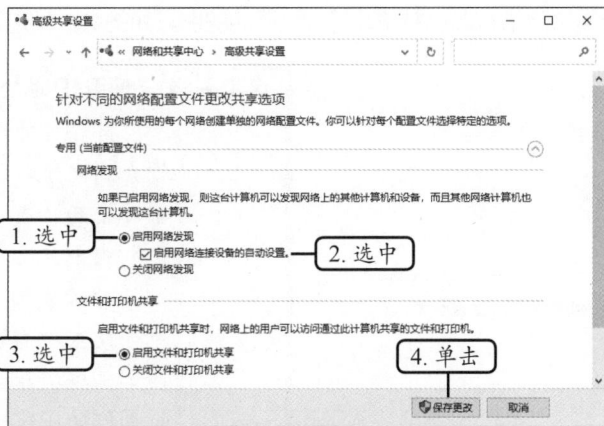

图10-14　更改高级共享设置

知识扩展　　　　　　　　　　　**无线连接打印机**

现在，一些打印机具备了无线功能，可无线连接计算机与打印机。其方法如下：启动打印机并开启无线功能，确保打印机与计算机处于同一无线网络中，然后在计算机中安装打印机的驱动程序，根据提示，按照相关步骤进行设置，在设置安装类型时选择"无线网络连接"。通常，安装结束时需要输入网络信息，如无线网络名称和密码。

（二）连接网络打印机

受办公场地的限制，公司一般不会为每台计算机都单独连接一台打印机。因此，在实际办公中，常常需要连接网络打印机，其实质是通过访问已共享的本地打印机实现其他计算机与打印机的连接，具体操作如下。

（1）在要连接网络打印机的计算机上打开"设备和打印机"窗口，在工具栏中单击"添加打印机"按钮，如图10-15所示。

（2）打开"添加设备"窗口，系统会自动搜索网络中已有的打印机，在搜索结果中选择需要添加的打印机，然后单击 下一步(N) 按钮，如图10-16所示。

> 微课视频
>
> 连接网络打印机

图 10-15　单击"添加打印机"按钮

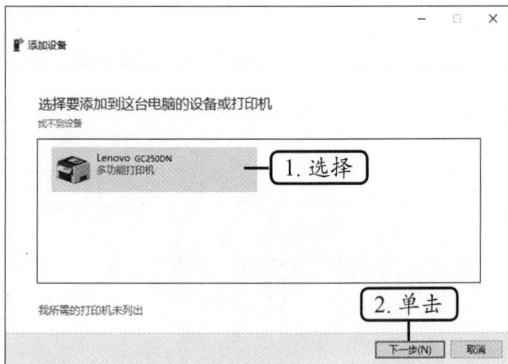

图 10-16　"添加设备"窗口

（3）系统将自动连接网络打印机并安装打印机驱动程序，如图10-17所示。

图10-17　安装打印机驱动程序

多学一招　使用 IP 地址添加网络打印机

若在"添加设备"窗口中未搜索到网络打印机，则可单击该窗口中的"我所需的打印机未列出"超链接，打开"添加打印机"对话框，选中"使用TCP/IP地址或主机名添加打印机"单选项，根据提示输入共享打印机的计算机的IP地址即可准确添加网络打印机。

（三）添加纸张

在纸盒中放入纸张后，打印机在打印文档时会自动从中获取纸张并在纸张上打印文档内容。下面在打印机中添加纸张，具体操作如下。

（1）将纸盒从设备中完全拉出，如图10-18所示。按下导纸释放杆，然后滑动导纸板以适应纸张大小，并确保其牢固地插入插槽中，如图10-19所示。

（2）调整导纸板，即将纸张放入纸盒中，确保纸张的厚度位于最大纸张限量标记之下，如图10-20所示。

（3）将纸盒装回设备中，确保其牢固地置于打印机中。

（4）展开托纸板，如图10-21所示，以免纸张滑出。

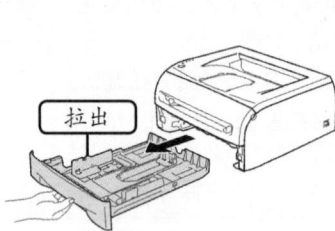

微课视频

添加纸张

图10-18　拉出纸盒

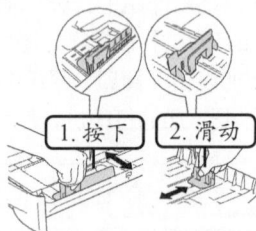

图10-19　调整导纸板

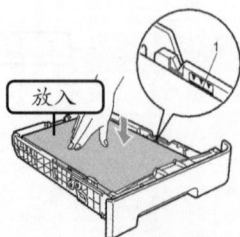

图10-20　放入纸张

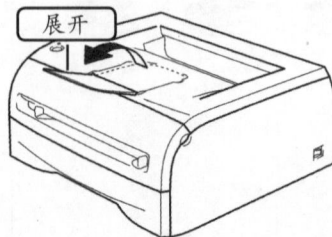

图10-21　展开托纸板

知识扩展   **处理打印中的常见问题**

    打印文档出现卡纸故障时，可以打开前盖，如果能够看到卡住的纸张，则使用适当的力量将纸张取出即可；如果纸张被卡在更深处，则需取出部分活动部件，然后取出卡住的纸张。喷墨打印机的墨水使用完后，购买相同型号的墨水加入墨盒即可。激光打印机的碳粉使用完后，打印到纸张上的字迹会不清晰，需要向硒鼓的粉盒里面添加碳粉或更换硒鼓，但该操作稍微复杂，可选择由打印机维修方面的专业人士来完成。

素养提升   **提高使用和维护打印机的动手能力**

    读者在解决实际问题时，可向专业人士请教或上网查找解决问题的方法，然后动手操作。在专业人士维修打印机时，观察他们处理问题的方法和操作步骤，有不清楚的地方可以真诚请教、虚心学习。这样能够不断提高使用和维护打印机的动手能力，以自行处理打印中的问题。

任务二　使用多功能一体机

一、任务描述

    公司不仅购买了打印机，还购买了多功能一体机，以满足更多的工作需要。在本任务中，米拉将学习使用多功能一体机进行文档的单面复印，并更换墨盒、补充墨水。

二、相关知识

    多功能一体机的基础功能是打印和复印，有的多功能一体机还具备扫描、传真功能，在配置多功能一体机时，用户可以根据实际办公需求进行选择。

    多功能一体机的打印功能与打印机的功能相同，多功能一体机可以分为喷墨一体机和激光一体机等类型。虽然喷墨一体机和激光一体机的工作原理不同，但外观和使用方法大同小异。图10-22所示为某型号多功能一体机的结构。

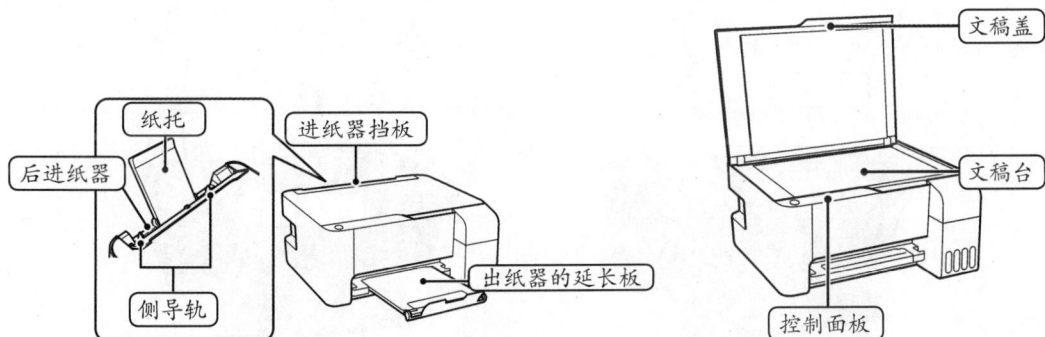

（a）多功能一体机的正面

图10-22　某型号多功能一体机的结构

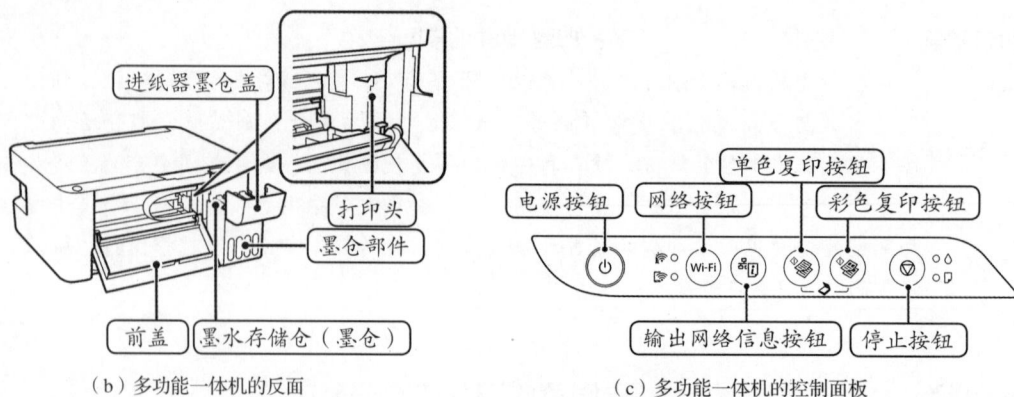

图10-22　某型号多功能一体机的结构（续图）

三、任务实施

（一）放入纸张

将纸张放入多功能一体机的纸托中，以备复印或打印所用，具体操作如下。

（1）拉出出纸器的延长板，在后进纸器中拉出纸托，如图10-23所示。

（2）在后进纸器的纸托上将侧导轨滑动至左侧，如图10-24所示。

微课视频

放入纸张

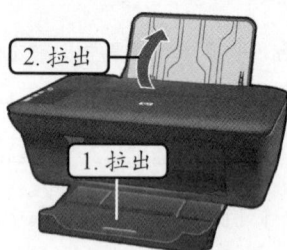

图 10-23　拉出延长板和纸托

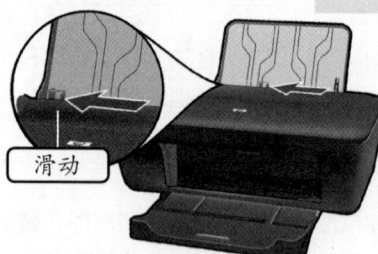

图 10-24　将侧导轨滑动至左侧

（3）将一叠纸放入后进纸器中，打印面朝上，如图10-25所示，将这叠纸向下推，直到不能移动时为止，再将侧导轨向右滑动，直到紧贴纸张边缘，如图10-26所示。

图 10-25　放入纸张

图 10-26　滑动侧导轨

（二）单面复印文档

使用多功能一体机单面复印文档，复印的文档为黑白色，具体操作如下。

（1）掀起多功能一体机的文稿盖，将原件复印面朝下放入文稿台的玻璃板上，原件应与对应角对齐，如图10-27所示，然后放下文稿盖。

（2）在控制面板中按电源按钮启动多功能一体机，并按单色复印按钮开始复印。用户可通过按多次复印按钮来增加复印件的数量。

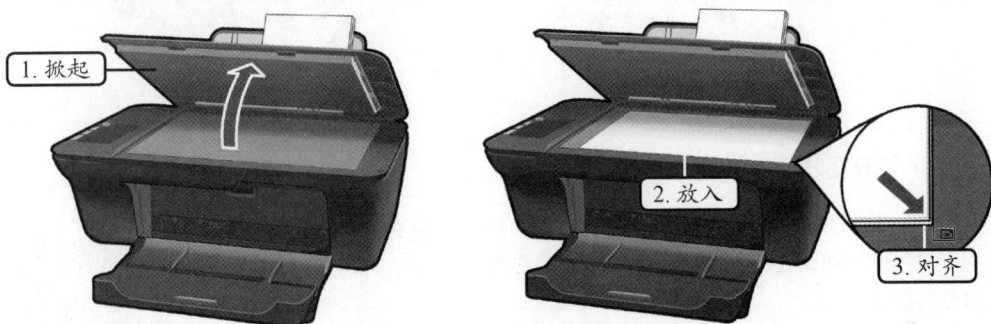

图10-27 掀起文稿盖并放入原件

多学一招 复印文档正反面

如果多功能一体机具备双面自动进纸器，则可以方便地一次性复印文档的正反面。如果多功能一体机不具备双面自动进纸器，则需要手动翻页操作，在控制面板中选择双面复印选项，然后复印文档的正面，再将文档翻页复印，注意纸张方向应与复印正面时的方向相反。

（三）更换墨盒

经过长时间的使用，多功能一体机的墨盒可能会出现损坏，导致复印或打印出来的文档效果不佳，此时就需要更换墨盒，具体操作如下。

（1）打开多功能一体机的前盖，如图10-28所示，等待墨仓移动到进纸器中央位置，向下压以松开旧的墨盒，然后将其从墨仓中取出，如图10-29所示。

（2）去除新墨盒的包装，取出新墨盒，如图10-30所示。

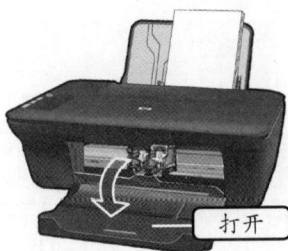

图 10-28 打开前盖　　图 10-29 取出旧的墨盒　　图 10-30 取出新墨盒

（3）拉住新墨盒的标签，撕开保护胶带，如图10-31所示。

（4）将新墨盒插入墨仓的插槽中，直至安装到位，如图10-32所示。关闭前盖，完成更换墨盒的操作。

图 10-31　撕开保护胶带　　　　　　　　　图 10-32　安装墨盒

（四）补充墨水

多功能一体机使用一段时间后，可能会提示用户其需要补充墨水，这是因为多功能一体机的墨水存储空间有限，要想持续使用，就需要为其补充墨水，具体操作如下。

（1）打开墨仓盖，再打开墨仓塞，如图10-33所示。

（2）将墨水瓶的瓶盖打开，把墨水瓶的头部对准墨水注入口的凹槽，再将其插入墨水注入口，如图10-34所示。

（3）不用挤压，墨水会自动流入墨仓，并显示墨水容量的变化，如图10-35所示。

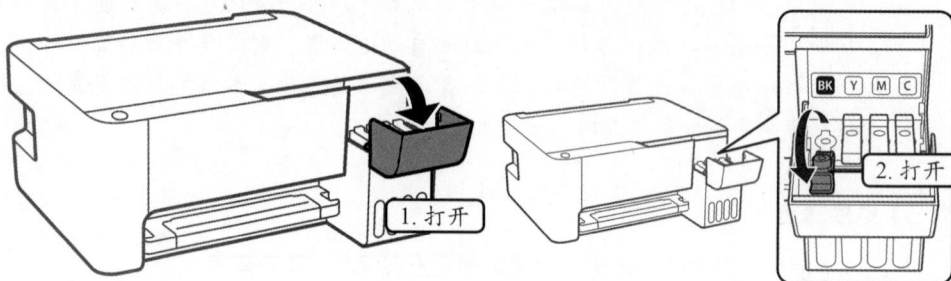

微课视频
补充墨水

图10-33　打开墨仓盖和墨仓塞

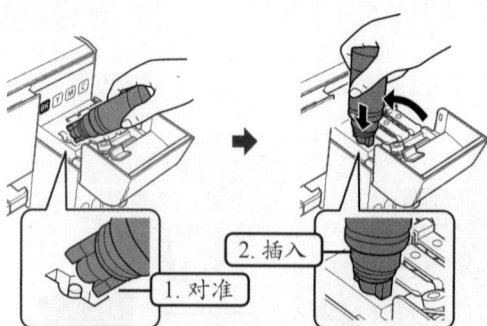

图 10-34　插入墨水瓶　　　　　　　　　图 10-35　墨水容量的变化

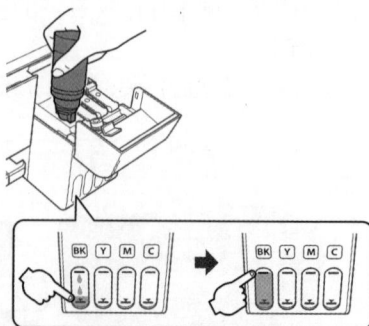

（4）墨水补充完成后，取下墨水瓶，盖紧墨仓塞，再盖紧墨仓盖。

任务三 使用投影仪

一、任务描述

近期，公司将在总结会议中使用投影仪放映"产品宣传"演示文稿，老洪安排米拉负责此次放映。在本任务中，米拉将进行连接与启用投影仪的操作，以及通过测试放映演示文稿，确保投影仪的正常使用和演示文稿放映工作的正常进行。

二、相关知识

（一）投影仪的结构

投影仪是用于放大显示图像的投影装置，在办公应用中通常与计算机连接，以将计算机中的图像转换成分辨率高、清晰度高、亮度高的图像并投放在屏幕上。在开总结会或产品发布会等多人会议时，经常会用投影仪将计算机中的内容投射到屏幕上，以供观众观看。

投影仪主要分为正面和背面两个部分，其结构如图10-36所示，图中各编号对应的设备名称如表10-1所示。

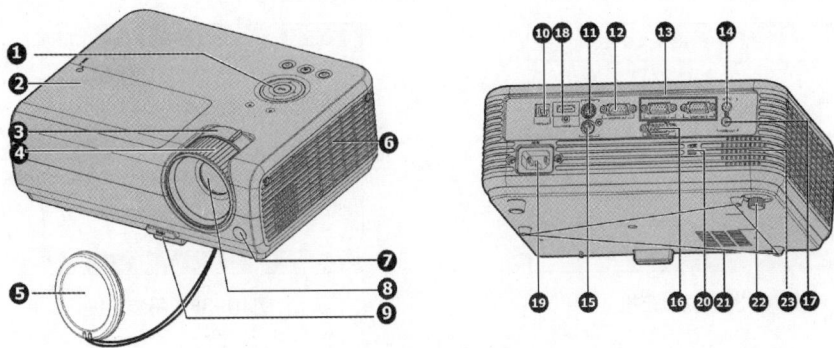

图10-36　投影仪的结构

表 10-1　投影仪的结构中各编号对应的设备名称

编号	设备名称	编号	设备名称	编号	设备名称	编号	设备名称
1	控制面板	7	前部红外线遥控传感器	13	RGB/ 分量视频信号输入插口	19	AC 电源线插口
2	灯罩	8	投影镜头	14	音频输入插口	20	防盗锁插槽
3	缩放圈	9	快速装拆按钮	15	视频输入插口	21	吊顶安装孔
4	调焦圈	10	USB 输入插口	16	RS-232 控制端口	22	后调节支脚
5	镜头盖	11	S-Video 输入插口	17	音频输出插口	23	扬声器
6	通风口	12	RGB 信号输出插口	18	HDMI 输入插口		

（二）投影仪的类型

按照应用环境的不同，日常办公中常用的投影仪是便携商务型投影仪和教育会议型投影仪这两种。

- **便携商务型投影仪：**一般把质量低于2kg的投影仪定义为便携商务型投影仪，其优点是体积小、质量轻和移动性强，是进行移动演示时的常用设备。
- **教育会议型投影仪：**教育会议型投影仪一般应用于学校和企业，其分辨率一般为1280像素×800像素或1920像素×1080像素，质量适中，散热和防尘性能较好，易于安装和短距离移动，且功能接口丰富，容易维护，性价比也相对较高，适合大批量采购和广泛使用。

（三）投影方式与投影距离

选择好投影仪后，还需要了解其投影方式与投影距离，从而更好地使用投影仪。

1．投影方式

投影仪的投影方式有多种，如桌上正投、吊装正投、桌上背投和吊装背投等。其中，桌上正投和吊装正投是办公中使用较多的投影方式。但不论使用哪种方式进行投影，都必须适当调整投影的角度。

- **桌上正投：**投影仪位于屏幕的正前方，如图10-37所示。这是安装投影仪的常用方式，不仅安装快速，还可移动。
- **吊装正投：**投影仪倒挂于屏幕正前方的天花板上，如图10-38所示。此投影方式需要使用配套投影仪的天花板悬挂安装套件，以便能将其安装在天花板上。

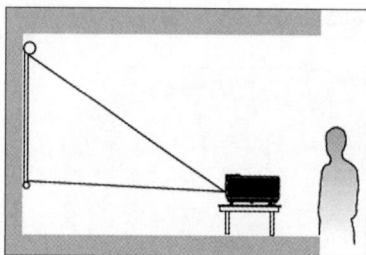

图10-37　桌上正投

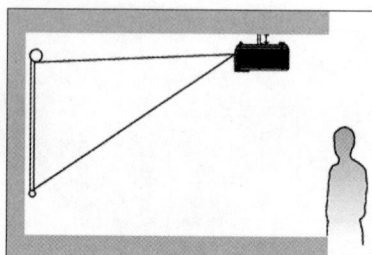

图10-38　吊装正投

- **桌上背投：**投影仪位于屏幕的正后方，如图10-39所示。此投影方式需要一个专用的投影屏幕。
- **吊装背投：**投影仪倒挂于屏幕正后方的天花板上，如图10-40所示。此投影方式需要一个专用的投影屏幕和配套投影仪的天花板悬挂安装套件。

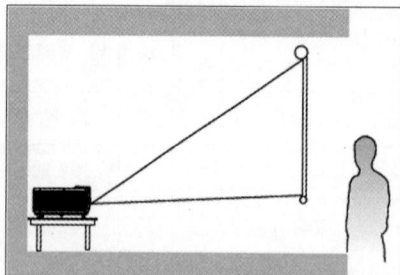

图10-39　桌上背投

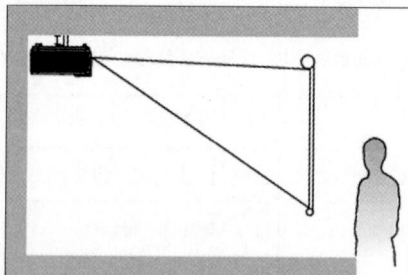

图10-40　吊装背投

2．投影距离

安装投影仪时，需要注意镜头和屏幕之间的距离，根据屏幕的大小不同，其数值也有相应变化，实际操作时应根据需要和实际情况进行调整。

三、任务实施

（一）连接投影仪

将投影仪与计算机连接后，可以将计算机中的画面投射到投影屏幕上，从而方便更多的人观看，具体操作如下。

（1）关闭设备，将投影仪配置的HD D-sub 15芯电缆两端分别连接在投影仪与计算机对应的端口上。

（2）将A/V连接适配器的输入端连接到投影仪上，在输出端连接音频电缆的输入端，然后将音频电缆的输出端连接到计算机对应的端口上，如图10-41所示。

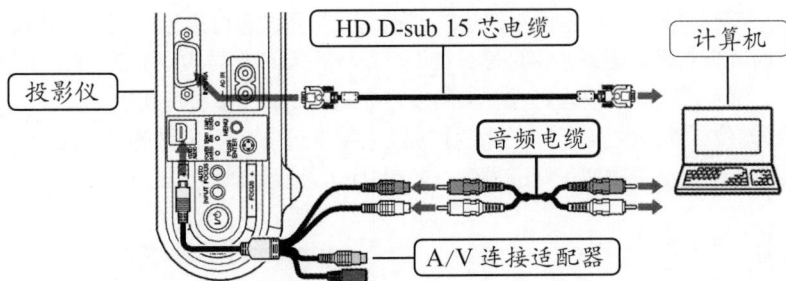

微课视频

连接投影仪

图10-41　投影仪连接计算机

（二）启用投影仪

投影仪连接好后，就可以启用投影仪了。在正式放映前，可根据需要进行相应调试，具体操作如下。

（1）将电源线插入投影仪和电源插座，如图10-42所示，打开电源插座开关，接通电源后，检查投影仪上的电源指示灯是否亮起。

（2）取下镜头盖，如图10-43所示，镜头盖如果不取下，则可能会因为投影仪灯泡产生的热量而变形。

微课视频

启用投影仪

（3）按下投影仪或遥控器上的【POWER】键启动投影仪，如图10-44所示。当投影仪电源打开时，电源指示灯会先闪烁，再长亮绿灯。

（4）如果是初次使用投影仪，则需要按照屏幕上的说明选择语言。

（5）接通所有需要连接的设备，然后投影仪开始搜索输入信号，屏幕左上角将显示当前扫描的输入信号。如果投影仪未检测到有效的输入信号，则屏幕上将一直显示"无信号"信息，直至检测到输入信号为止。

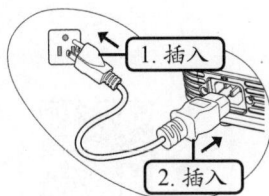

图10-42　插入电源线

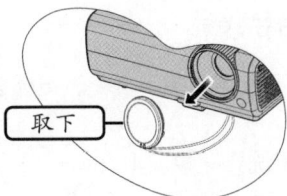

图10-43　取下镜头盖

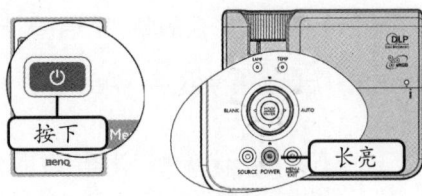

图10-44　启动投影仪

（6）此时可手动浏览并选择输入信号，按下投影仪或遥控器上的【SOURCE】（或【Source】）键，显示信号源选择栏，重复按键直到选中所需信号，然后按下【Mode/Enter】键，如图10-45所示。

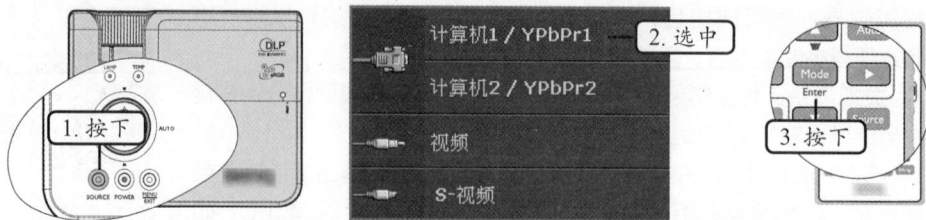

图10-45　选择输入信号

（7）按住快速装拆按钮，并将投影仪的前部抬高，图像调整好之后，释放快速装拆按钮以将支脚锁定。旋转后调节支脚，微调水平角度，如图10-46所示。若要收回支脚，则抬起投影仪并按下快速装拆按钮，然后慢慢向下压投影仪，接着反方向旋转后调节支脚即可。

（8）按下投影仪或遥控器上的【AUTO】（或【Auto】）键，内置的智能自动调整功能将重新调整频率和脉冲的值以提供质量良好的图像，如图10-47所示。

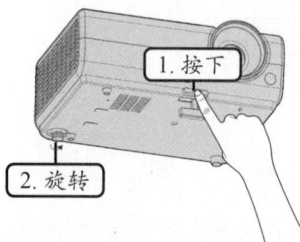

图10-46　将支脚锁定并调节支脚

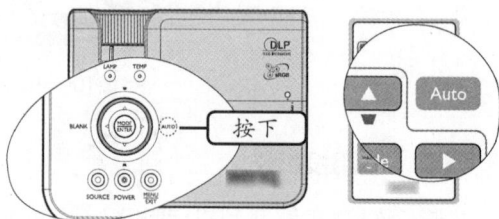

图10-47　按下【AUTO】（或【Auto】）键

（9）使用缩放圈将投影图像调整至所需的尺寸，如图10-48所示，然后旋转调焦圈使图像聚焦，如图10-49所示。

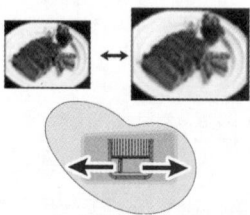

图10-48　使用缩放圈调整图像尺寸

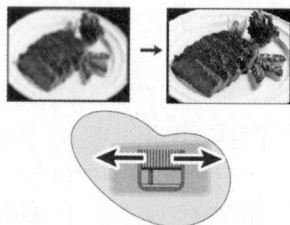

图10-49　旋转调焦圈使图像聚焦

（三）使用投影仪放映"产品宣传"演示文稿

连接并启用好投影仪后，测试放映"产品宣传"演示文稿，具体操作如下。

（1）在与投影仪连接的计算机的操作系统界面中按【Win+P】组合键，打开"投影"任务窗格，选择"复制"选项，如图10-50所示。

（2）打开"产品宣传.pptx"演示文稿（配套资源:\素材文件\项目十\产品宣传.pptx），按【F5】键进行放映。

微课视频

使用投影仪放映"产品宣传"演示文稿

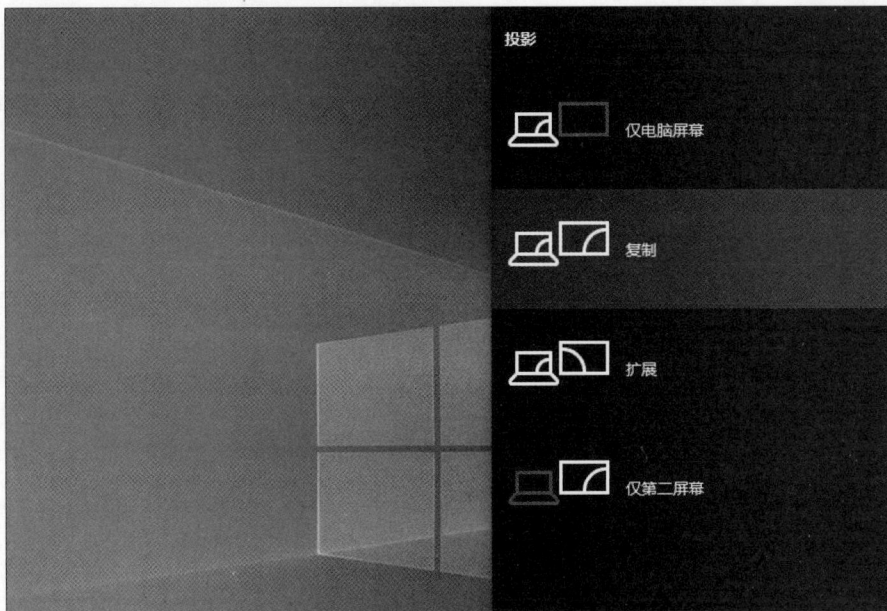

图10-50 选择"复制"选项

知识扩展　　　　　　　　　　　**"投影"任务窗格**

　　　选择"仅电脑屏幕"选项时，投影内容只在计算机中显示，外接显示器中无显示；选择"复制"选项时，投影内容在外接显示器与计算机中同时显示，相当于复制计算机中的内容；选择"扩展"选项时，投影内容将计算机的桌面延伸至外接显示器，可以将计算机中的内容向右拖动至外接显示器中显示，二者互不干扰；选择"仅第二屏幕"选项时，投影内容只在外接显示器中显示，计算机中不显示内容。

项目实训

实训一　双面复印身份证

【实训要求】

　　在日常办公中，经常会将某些证件的两个面都复印到一张纸的同一面中，如复印身份证、驾驶证、房产证等，以提高纸张的利用率。本实训要求使用多功能一体机在纸张的同一面复印身份证的正反面，同时确保身份证的信息在纸张上清晰显示。

【实训思路】

　　首先将身份证放入多功能一体机中，然后进行双面复印设置并复印身份证，即先复印身份证的一面，再复印身份证的另外一面。

【步骤提示】

　　（1）启动多功能一体机，将身份证正面向下，放置在文稿台的玻璃板上，然后放下文稿盖。

　　（2）选择双面复印选项。

（3）按"复印"按钮或"开始"按钮，开始复印。

（4）正面复印完成后，打开文稿盖，将身份证的反面向下放置在文稿台的玻璃板上，与复印身份证正面时放置的位置间隔一个以上的身份证证件宽度，按"复印"按钮或"开始"按钮，复印身份证的另外一面，完成双面复印操作。

（5）正反面均复印完成后，打开文稿盖，将身份证原件归还给身份证所有人。

实训二　更换投影仪灯泡

【实训要求】

投影仪灯泡老化等会导致投影效果变得模糊不清，此时需要及时更换灯泡，以保证正常的投影效果。本实训进行更换投影仪灯泡的操作，在更换时，要注意规范操作，确保设备和自身安全。

【实训思路】

首先准备一个新的灯泡，然后切断投影仪电源，打开投影仪的灯罩，进行更换灯泡的操作。完成后，还需要将所有部件复原，并重新启动投影仪，查看更换灯泡后的投影效果。

【步骤提示】

（1）关闭投影仪电源，从电源插座中拔掉投影仪电源线插头。如果此时投影仪灯泡是热的，则需要等灯泡冷却后更换，以免被灼伤。

（2）投影仪灯泡通常有灯罩。根据投影仪型号的不同，旋转或拨动外侧的按钮即可拆下灯罩。

（3）取出旧灯泡，安装新灯泡。

（4）重新安装灯罩，连接电源，重新启动投影仪并测试投影效果。

课后练习

练习1：使用打印机打印Word文档

本练习要求安装本地打印机或添加网络打印机，在打印机纸盒中放入干净的纸张并接通打印机的电源开启打印机，在计算机中打开"'中华经典诗歌朗诵赛'通知.docx"文档（配套资源:\素材文件\项目十\"中华经典诗歌朗诵赛"通知.docx），将打印份数设置为2后进行单面打印。

练习2：使用投影仪放映演示文稿

本练习要求用线缆连接投影仪和计算机，打开投影仪的电源并调节投影仪高度，将其正对投影屏幕（若没有屏幕，则可以使用白色的墙壁，但是应避免墙壁周围有强光源，以免影响投影图像的显示效果），在计算机中打开"投影"任务窗格，选择"复制"选项，最后打开"垃圾分类宣传.pptx"演示文稿（配套资源:\素材文件\项目十\垃圾分类宣传.pptx），按【F5】键进行放映，放映演示文稿时需保证放映的图像质量佳、投影距离合适。

技巧提升

在使用具备无线功能的打印机时，可使用手机与之相连并通过手机控制打印机打印文档。使用手机连接打印机有两种方法。一种方法是在手机中安装打印机厂商提供的与打印机型号相对应的App，通过App与打印机连接并打印手机中存放的文档。另一种方法是利用手机自带的"连接与共享"功能与打印机连接，目前大多智能手机都具备该功能。

以华为手机为例，操作方法如下。

（1）打开华为手机的"设置"界面，点击"更多连接"选项，打开"更多连接"界面，在其中点击"打印"选项，如图10-51所示。

（2）打开"打印"界面，选择"默认打印服务"选项以开启默认打印服务，手机将自动搜索周围的打印机（需确保手机与打印机处于同一无线网络中），然后在搜索结果中点击目标打印机，如图10-52所示，根据提示进行操作以添加打印机。

图10-51　点击"打印"选项　　　　图10-52　点击目标打印机

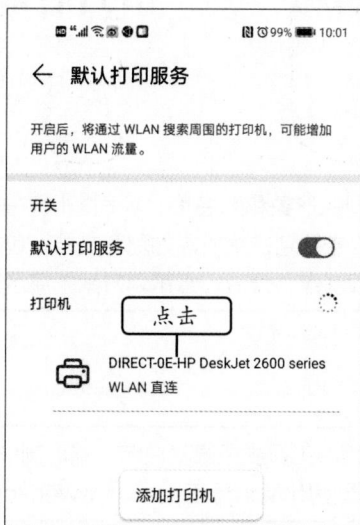

项目十一

综合案例——制作公益广告策划方案

情景导入

为提升公司的形象和知名度，公司拟以"关爱空巢老人"为主题策划公益广告。老洪安排米拉制作公益广告策划方案所需的配套文档，包括制作"公益广告策划方案"文档、制作"广告费用预算表"和制作"公益广告策划方案"演示文稿。

学习目标

- 能够使用AI工具生成素材内容，辅助制作各类文档。
- 熟练掌握使用Word、Excel、PowerPoint编辑文本、图片与图形对象的操作。

素质目标

- 强化跨部门协作意识。
- 提升AI协作效率。

案例展示

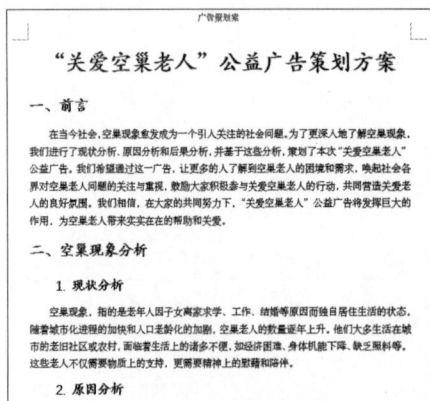

▲ "公益广告策划方案"文档

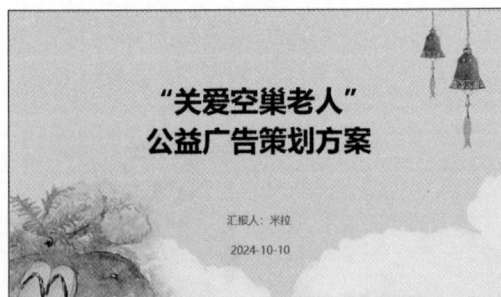

▲ "公益广告策划方案"演示文稿

任务一 制作"公益广告策划方案"文档

一、任务描述

本任务中米拉将使用AI工具辅助完成"关爱空巢老人"公益广告策划方案文档的制作。首先使用文心一言和Vega AI创作平台生成策划方案所需的文本内容及图片素材，然后将文心一言生成的文本内容导入Word文档中进行排版，接着在Word文档中制作目录并根据Vega AI创作平台生成的图片制作封面，最后将Word文档输出为PDF文档并通过微信PC版将PDF文档发送给目标对象。

二、任务实施

（一）使用文心一言生成策划方案

本任务中，公司策划的公益广告已确定广告目标、目标市场、目标受众、广告定位、媒体策略、广告效果监测、广告语和后续行动等内容，下面使用文心一言生成策划方案的空巢现象分析（包括前言、现状分析、原因分析和后果分析），并根据实际需求在Word文档中对内容进行编辑优化，以完善策划方案内容，具体操作如下。

（1）在文心一言的输入框中输入指令内容，如"请进行空巢现象的现状分析、原因分析、后果分析，并撰写'关爱空巢老人'公益广告策划方案的前言"，然后单击 🖅 按钮，生成的内容如图11-1所示。

（2）启动Word 2016，新建空白文档，将文心一言生成的内容复制到文档中，编辑优化文本内容（配套资源:\效果文件\项目十一\空巢现象分析.docx）。

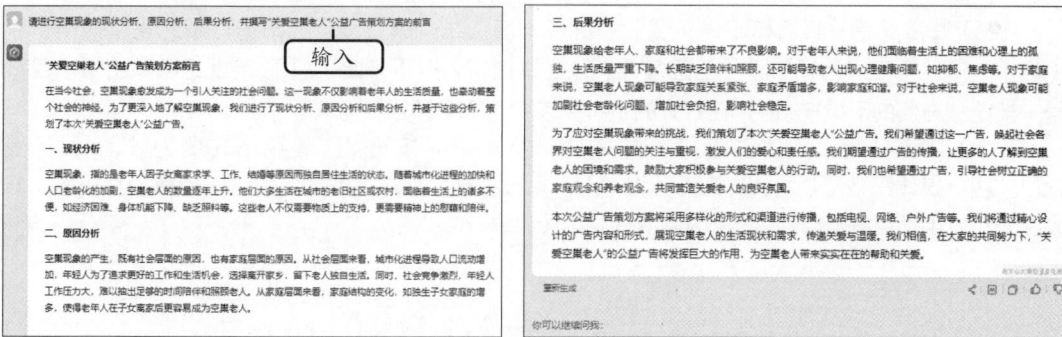

微课视频
使用文心一言生成
策划方案

图11-1 使用文心一言生成的内容

（二）使用 Vega AI 创作平台生成素材图片

使用Vega AI创作平台生成文档封面素材图片，具体操作如下。

（1）打开浏览器，搜索"Vega AI创作平台"，打开Vega AI创作平台主界面。

（2）在左侧的导航栏中单击"文生图"选项卡，在界面右侧的"工作区"面板中将"图片尺寸"设置为"2：3"，将"张数"设置为"3"。

（3）在内容生成区下方的输入框中输入指令内容，如"充满关爱老人

微课视频
使用 Vega AI 创作
平台生成素材图片

人文关怀的彩色风景图，远景镜头，简单细节"，单击 生成 按钮。

（4）生成图片后，选择更符合需求的图片，单击效果图片右侧的"下载"按钮 ⬇，如图11-2所示，将图片（配套资源:\效果文件\项目十一\封面背景.png）下载到计算机中保存。

图 11-2　使用 Vega AI 创作平台生成素材图片

（三）使用 Word 排版文档内容

将"空巢现象分析.docx"文档中的内容复制到"公益广告策划方案.docx"素材文档中，以完善策划方案的文档内容，对其进行排版，包括应用样式、设置项目符号、设置页眉页脚等，具体操作如下。

（1）打开"公益广告策划方案.docx"素材文档（配套资源:\素材文件\项目十一\公益广告策划方案.docx），将"空巢现象分析.docx"文档中的内容复制到"公益广告策划方案.docx"文档标题的下一行，然后修改"公益广告策划方案.docx"文档中1级标题的编号，使所有编号连续。

（2）选择"第一级目标市场：湖北省武汉市区。""第二级目标市场：湖北省其他市、区（县）。""第三级目标市场：全国各地。"文本内容，在【开始】/【段落】组中单击"项目符号"按钮 ≔ 右侧的下拉按钮 ▾，在打开的下拉列表中选择◆项目符号。

（3）在【开始】/【剪贴板】组中单击"格式刷"按钮 🖌，使用格式刷为"3. 目标受众""四、媒体策略""六、广告语"和"七、后续行动"标题下的文本段落应用◆项目符号，修改编号和应用项目符号后的文档效果如图11-3所示。

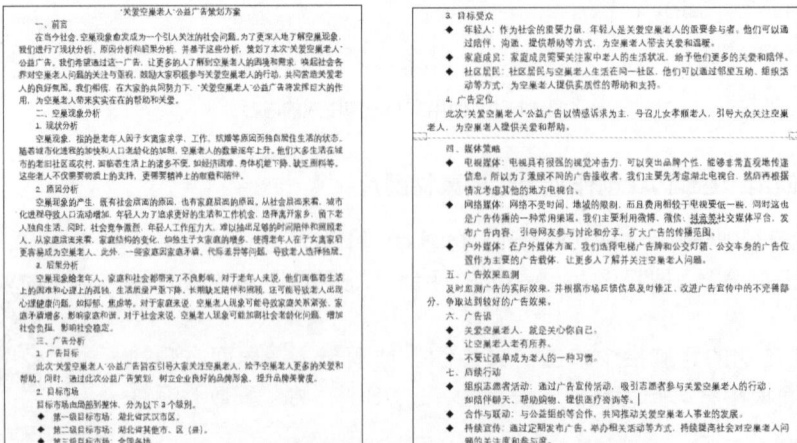

微课视频

使用 Word 排版文档内容

图 11-3　修改编号和应用项目符号后的文档效果

（4）按【Ctrl+A】组合键选择所有文本，将字体格式设置为"方正精品书宋简体、五号"，将行间距设置为"1.15"。选择文档标题"'关爱空巢老人'公益广告策划方案"，将字体格式设置为"方正楷体简体、小一、加粗"。

（5）选择"一、前言""二、空巢现象分析""三、广告分析""四、媒体策略""五、广告效果监测""六、广告语"和"七、后续行动"1级标题文本，应用【开始】/【样式】组中的"标题1"样式。

（6）在【开始】/【样式】组中的"标题1"样式上单击鼠标右键，在弹出的快捷菜单中选择"修改"命令。打开"修改样式"对话框，将字体格式修改为"方正楷体简体、三号、加粗"，将段落格式修改为段前和段后间距"6磅"，"1.5倍行距"。

（7）选择"1. 现状分析""2. 原因分析""3. 后果分析"和"1. 广告目标""2. 目标市场""3. 目标受众""4. 广告定位"2级标题文本，应用【开始】/【样式】组中的"标题2"样式。

（8）打开"标题2"样式的"修改样式"对话框，将字体格式修改为"方正楷体简体、四号、加粗"，将段落格式修改为段前和段后间距"3磅"，"1.5倍行距"，首行缩进"2字符"，设置字体和段落后的排版效果如图11-4所示。

（9）双击文档第1页上方空白区域，进入页眉页脚的编辑状态，在【页眉和页脚工具 设计】/【选项】组中取消选中"首页不同"复选框，在【开始】/【字体】组中单击"清除所有格式"按钮，删除横线。

（10）在页眉默认的文本插入点处输入文本"广告策划方案"，将字体格式设置为"方正大标宋简体、小五"，将对齐方式设置为"居中"。

（11）在【页眉和页脚工具 设计】/【页眉和页脚】组中单击"页码"按钮，在打开的下拉列表中选择"设置页码格式"选项。

（12）打开"页码格式"对话框，选中"起始页码"单选项，在其右侧的数值框中输入"1"，其他保持默认，单击 确定 按钮，如图11-5所示。

（13）将文本插入点定位到页脚处，在【页眉和页脚工具 设计】/【页眉和页脚】组中单击"页码"按钮，在打开的下拉列表中选择【当前位置】/【加粗显示的数字】选项，然后将页码设置为居中对齐。退出页眉页脚的编辑状态，页眉页脚效果如图11-6所示。

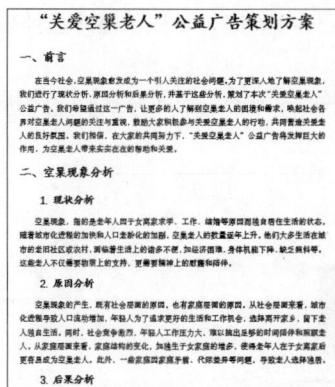

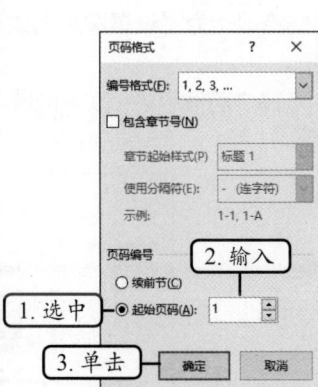

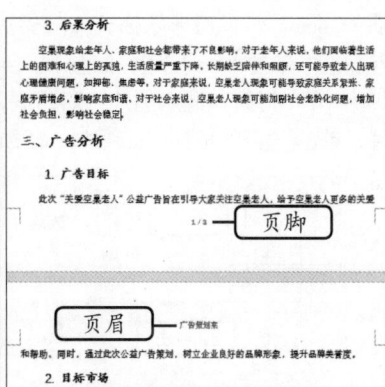

图 11-4　设置字体和段落后的排版效果　　图 11-5　设置起始页码　　图 11-6　页眉页脚效果

（四）制作目录和封面

完成文档的排版设置后，制作目录和封面，具体操作如下。

（1）将文本插入点定位到文档标题"'关爱空巢老人'公益广告策划方案"的前面，在【布

局】/【页面设置】组中单击"分隔符"按钮，在打开的下拉列表中选择
"分页符"选项。

（2）插入分页符后，将文本插入点定位到分页符前面，在【引用】/
【目录】组中单击"目录"按钮📋，在打开的下拉列表中选择"自动目录
1"选项，如图11-7所示。

（3）选择目录中的"目录"文本，将其字体格式设置为"方正楷体简
体、三号、加粗、'黑色，文字1'"，将段落格式设置为居中对齐，目录
效果如图11-8所示。

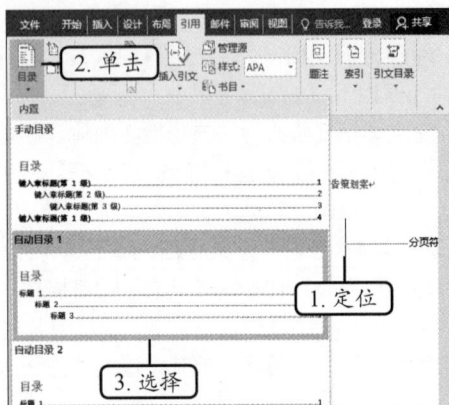

微课视频

制作目录和封面

图 11-7　插入自动目录

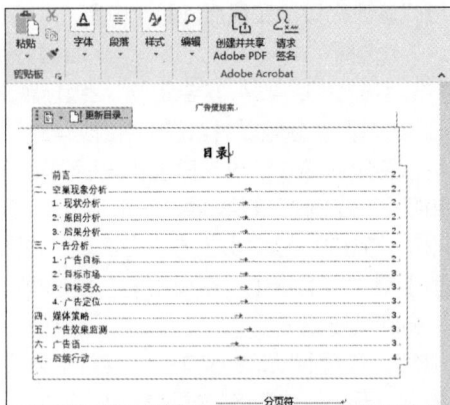

图 11-8　目录效果

（4）在【插入】/【页面】组中单击"封面"按钮📄，在打开的下拉列表中选择"边线型"选
项，然后删除页面中的内容，呈现空白的页面。

（5）在【插入】/【插图】组中单击"形状"按钮▽，在打开的下拉列表中选择"矩形"选
项，然后在页面中绘制矩形填充满整个页面，并取消形状的轮廓。

（6）在矩形形状上单击鼠标右键，在弹出的快捷菜单中选择"设置形状格式"命令，打开
"设置形状格式"任务窗格，单击"填充"按钮🖐，在"填充"栏中选中"图片或纹理填充"单选
项（此时，"设置形状格式"任务窗格将显示为"设置图片格式"任务窗格），在"插入图片来
自"栏中单击 文件(F)... 按钮，如图11-9所示。

（7）打开"插入图片"对话框，选择之前使用Vega AI创作平台生成的"封面背景.png"图
片，单击 插入(S) 按钮，如图11-10所示。

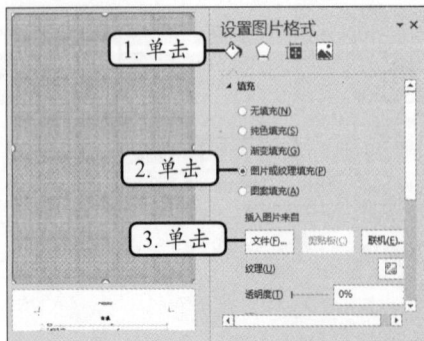

图 11-9　设置形状的填充方式

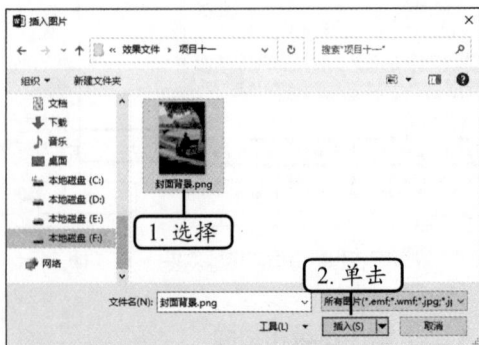

图 11-10　插入图片

（8）插入图片后，在"设置图片格式"任务窗格的"透明度"数值框中输入"90%"，设置

图片的透明度。

（9）在【插入】/【文本】组中单击"艺术字"按钮◢，在打开的下拉列表中选择"填充-橙色，着色2，轮廓-着色2"选项，插入艺术字，输入"'关爱空巢老人'公益广告策划方案"文本，选择文本，将字体格式设置为"方正楷体简体、50"，在"'关爱空巢老人'"文本内容后换行，然后调整艺术字文本框的大小，使内容分两行显示，并移动艺术字至合适位置，插入艺术字的效果如图11-11所示。

（10）选择艺术字，按住【Ctrl+Shift】组合键，向下拖动鼠标指针沿垂直方向复制艺术字，然后将艺术字的文本内容修改为"××公司/2024.10.10"，将字号设置为"32"，复制并修改艺术字的效果如图11-12所示。按【Ctrl+S】组合键保存文档（配套资源:\效果文件\项目十一\公益广告策划方案.docx）。

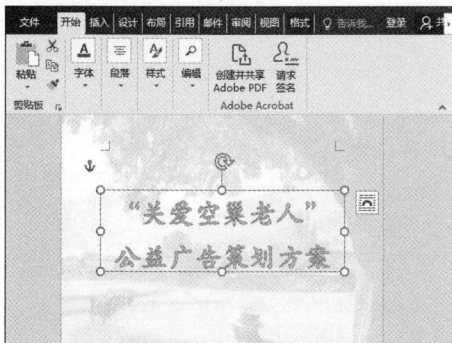

图 11-11　插入艺术字的效果

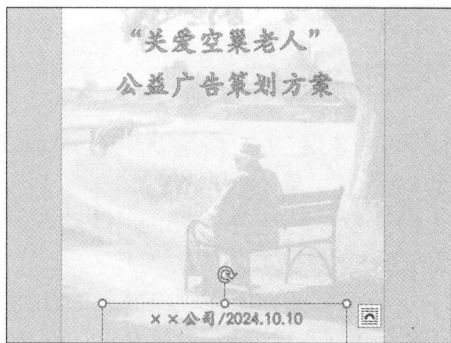

图 11-12　复制并修改艺术字的效果

（五）输出并发送文档

完成文档的编辑与处理后，将文档输出为PDF格式并通过微信PC版发送给好友，具体操作如下。

（1）在编辑完成的"公益广告策划方案.docx"文档中选择【文件】/【另存为】命令，打开"另存为"界面，双击"这台电脑"选项。

（2）打开"另存为"对话框，在"保存类型"下拉列表中选择"PDF(*.pdf)"选项，设置保存位置并输入文件名后，单击 保存(S) 按钮，输出PDF文档（配套资源:\效果文件\项目十一\公益广告策划方案.pdf），如图11-13所示。

微课视频

输出并发送文档

（3）在系统桌面上双击"微信"快捷方式图标，扫码登录微信PC版，在好友列表中选择目标对象，打开其聊天窗口，选择"公益广告策划方案.pdf"文件，将其拖动至聊天窗口的输入框，打开"发送给："对话框，单击 发送(1) 按钮，如图11-14所示，发送文件。

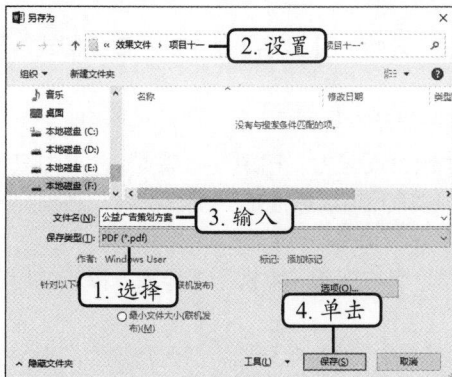

图 11-13　"另存为"对话框

图 11-14　通过微信 PC 版发送文件

任务二　制作"广告费用预算表"

一、任务描述

"公益广告策划方案.docx"文档制作好后，为在实施该方案的过程中控制各项费用，米拉还需要制作"广告费用预算表"（本任务中使用微信、微博等网络媒体时采用免费宣传推广渠道，不计入费用），预计各项费用的支出情况，以帮助决策者根据预测的支出情况控制费用，从而保证公益广告策划方案的顺利实施。

二、任务实施

（一）创建和美化表格

确定好广告媒介后，就可以根据各广告媒介的推广费用来创建"广告费用预算表"了，具体操作如下。

（1）新建并保存"广告费用预算表.xlsx"工作簿，将"Sheet1"工作表重命名为"电视"。

（2）在"电视"工作表中输入相关数据后，选择B4:G4单元格区域，在【开始】/【对齐方式】组中单击"合并后居中"按钮。

（3）选择A1:G4单元格区域，设置字号为"12"，对齐方式为"居中"，再将B1:G1、A2:A4单元格区域的字体加粗显示。

（4）选择B2:C3单元格区域，单击【开始】/【对齐方式】组中的"对话框启动器"按钮，打开"设置单元格格式"对话框的"对齐"选项卡，选中"自动换行"复选框，单击 确定 按钮，使单元格数据自动换行并全部显示出来，效果如图11-15所示。

图11-15　新建表格且输入数据并设置字体与对齐方式后的效果

（5）同时选择B4单元格和E2:F3单元格区域，在【开始】/【数字】组中的"数字格式"下拉列表中选择"货币"选项，更改数据的数字格式。

（6）调整表格各行各列的行高和列宽，使数据规整显示。

（7）选择B1:G1和A2:A4单元格区域，将字体颜色设置为"白色，背景1"，再为其添加"绿色，个性色6，淡色40%"的底纹，最后为A1:G4单元格区域添加"所有框线"边框样式，"电视"工作表的效果如图11-16所示。

（8）按住【Ctrl】键的同时选择"电视"工作表，向右拖动"电视"工作表，释放鼠标左键后，即可复制"电视"工作表。

（9）将复制的工作表重命名为"户外媒体"，删除B列和C列单元格，然后修改工作表中的数据内容，"户外媒体"工作表的效果如图11-17所示。

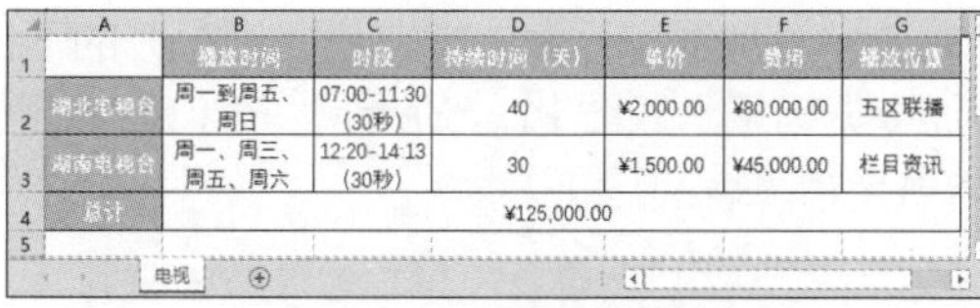

图11-16 "电视"工作表的效果

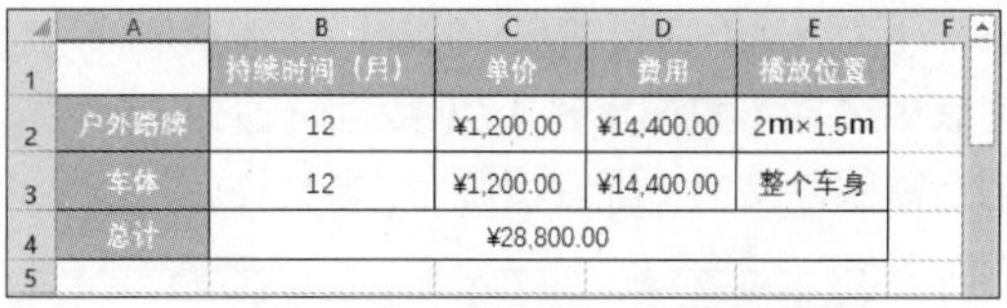

图11-17 "户外媒体"工作表的效果

（二）制作"费用总和"工作表

各项费用支出的明细不在同一张工作表中，为了便于查看，可以将各项费用支出情况整合到一张工作表，并计算出总计费用和各项费用的占比，具体操作如下。

（1）新建"费用总和"工作表，并将其移至"电视"工作表前，然后在该工作表中输入基本数据并设置底纹与边框，如图11-18所示。

（2）选择B2单元格，输入公式"=电视!B4"，然后按【Enter】键，引用"电视"工作表B4单元格中的费用数据，如图11-19所示。

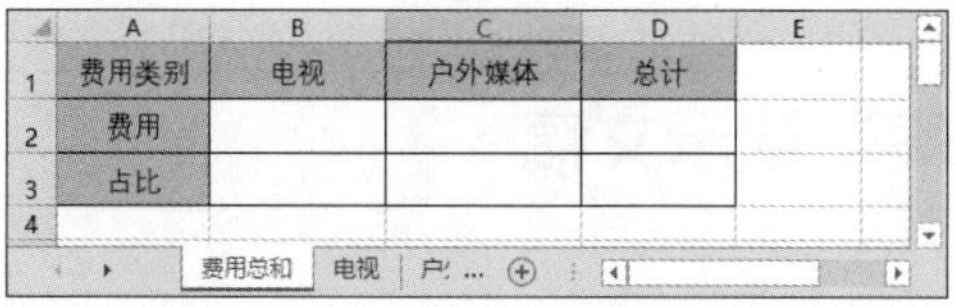

微课视频

制作"费用总和"工作表

图11-18 新建"费用总和"工作表

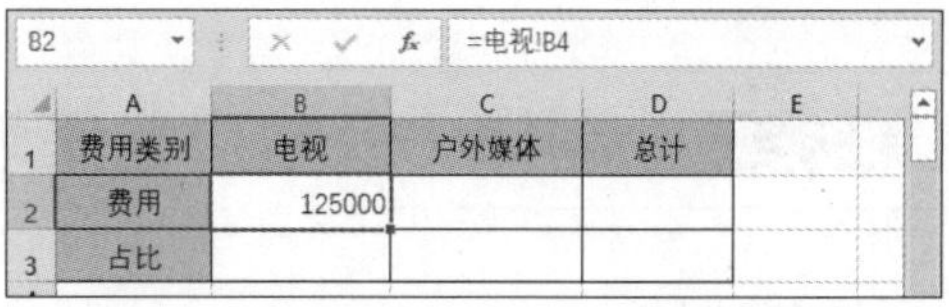

图11-19 引用"电视"工作表B4单元格中的费用数据

（3）选择C2单元格，输入公式"=户外媒体!B4"，按【Enter】键，引用"户外媒体"工作表B4单元格中的费用数据，然后在D2单元格中输入公式"=SUM(B2:C2)"，计算费用总和，如图11-20所示。

（4）选择B3单元格，在其中输入公式"=B2/\$D\$2"，将该公式向右填充至C3单元格，在D3单元格中输入公式"=SUM(B3:C3)"，按【Enter】键。

（5）设置B2:D2单元格区域的格式为"货币"类型，保留2位小数；设置B3:D3单元格区域的数字格式为"百分比"，保留2位小数，"费用总和"工作表的效果如图11-21所示。

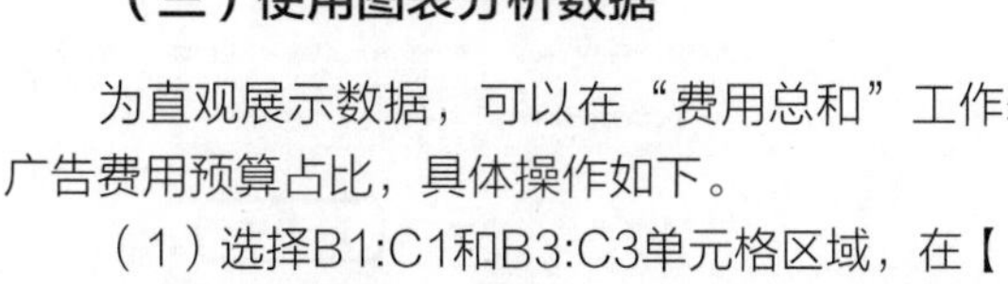

图11-20 计算费用总和

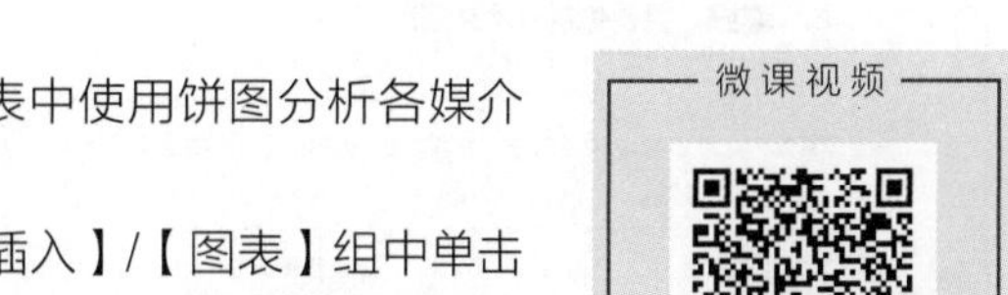

图11-21 "费用总和"工作表的效果

（三）使用图表分析数据

为直观展示数据，可以在"费用总和"工作表中使用饼图分析各媒介广告费用预算占比，具体操作如下。

（1）选择B1:C1和B3:C3单元格区域，在【插入】/【图表】组中单击"插入饼图或圆环图"按钮，在打开的下拉列表中选择"三维饼图"选项。

（2）将图表移至数据区域的下方，调整图表的大小，然后将图表标题修改为"广告费用预算占比"，如图11-22所示。

微课视频

使用图表分析数据

（3）在【图表工具 设计】/【图表布局】组中单击"添加图表元素"按钮 ，在打开的下拉列表中选择【数据标签】/【数据标签外】选项，添加数据标签，如图11-23所示。按【Ctrl+S】组合键保存文档（配套资源:\效果文件\项目十一\广告费用预算表.xlsx）。

图 11-22　设置图表位置和大小并修改图表标题

图 11-23　添加数据标签

任务三　制作"公益广告策划方案"演示文稿

一、任务描述

完成"公益广告策划方案.docx"文档与"广告费用预算表.xlsx"表格的制作后，米拉要使用AI工具辅助制作"公益广告策划方案.pptx"演示文稿，并放映该演示文稿。

二、任务实施

（一）使用百度文库 AI 文档助手创建演示文稿

使用百度文库AI文档助手，导入"公益广告策划方案.docx"文档，以快速创建演示文稿，具体操作如下。

（1）打开浏览器，搜索"百度文库AI文档助手"，打开百度文库AI文档助手主界面，在上方单击"AI生成PPT"超链接，如图11-24所示。

（2）在打开的页面中单击 上传文档生成PPT 按钮，再在打开的页面中单击 ＋上传文档 按钮，如图11-25所示。

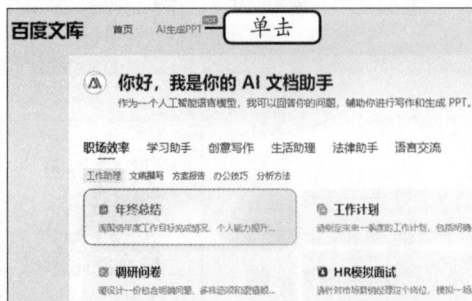

> 微课视频
>
> 使用百度文库 AI 文档助手创建演示文稿

图 11-24　单击"AI 生成 PPT"超链接

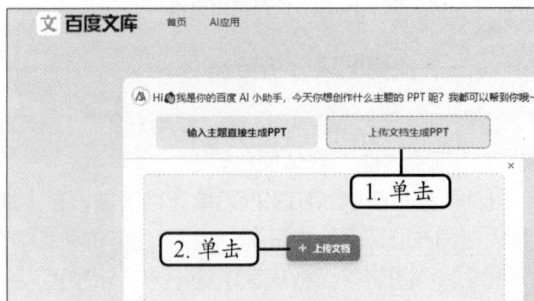

图 11-25　单击"上传文档生成 PPT"和"上传文档"按钮

（3）打开"打开"对话框，选择本项目任务一制作的"公益广告策划方案.docx"文档（配套资源:\效果文件\项目十一\公益广告策划方案.docx），单击 打开(O) 按钮。

（4）上传文档后，在返回的生成PPT页面的"即将为您生成一份PPT，您希望生成的内容与原文内容："提示框中选中"保持一致"单选项，此时会自动生成演示文稿的大纲，确认大纲内容后，单击 生成PPT 按钮，如图11-26所示。

（5）在打开的对话框的"选择PPT主题风格"列表框中选择PPT主题风格，单击 继续生成 按钮，如图11-27所示。

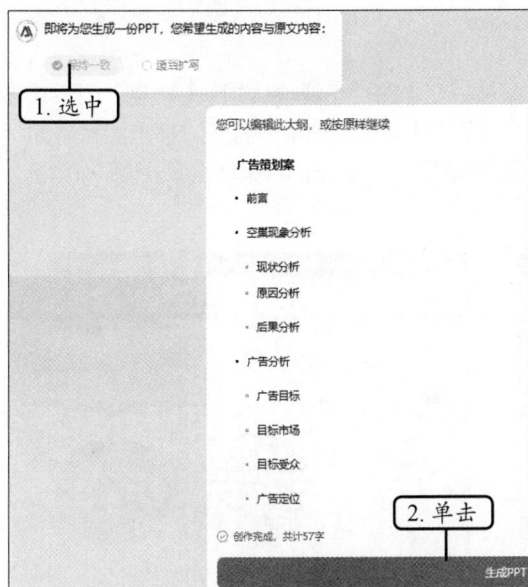

图 11-26　生成 PPT

图 11-27　选择 PPT 主题风格后继续生成演示文稿

（6）生成演示文稿后，在打开的页面中查看演示文稿的效果，单击下方的 导出 按钮，导出演示文稿，如图11-28所示，将演示文稿（配套资源:\效果文件\项目十一\公益广告策划方案.pptx）保存到计算机。

图 11-28　导出演示文稿

（二）使用 PowerPoint 编辑演示文稿

针对使用百度文库AI文档助手生成的演示文稿，其自动填充的配图或更改、扩展的文本内容有时是不符合规范的，因此需要用户修改或自定义，以符合自身需要。下面用PowerPoint 2016编辑与处理百度文库AI文档助手生成的"公益广告策划方案.pptx"演示文稿，具体操作如下。

（1）在PowerPoint 2016中打开"公益广告策划方案.pptx"演示文稿，选择第1张幻灯片，将标题文本修改为"'关爱空巢老人'公益广告策划方案"，将汇报人修改为"米拉"，将时间修改为"2024-10-10"，如图11-29所示。

（2）选择第7张幻灯片，在其中选择左侧的图片，在【图片工具 格式】/【调整】组中单击"更改图片"按钮，打开"插入图片"对话框，选择"从文件"选项，打开"插入图片"对话框，选择"配图1.jpg"图片文件（配套资源:\素材文件\项目十一\公益广告策划方案\配图1.jpg），单击 打开(O) 按钮，替换图片，如图11-30所示。

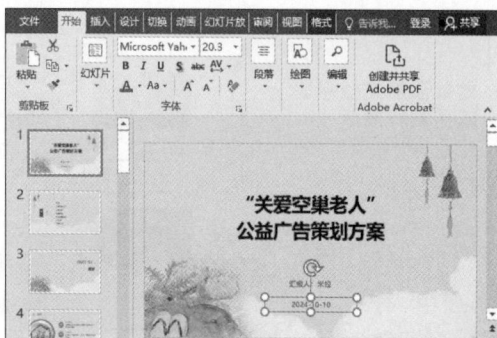

图 11-29　修改文本内容

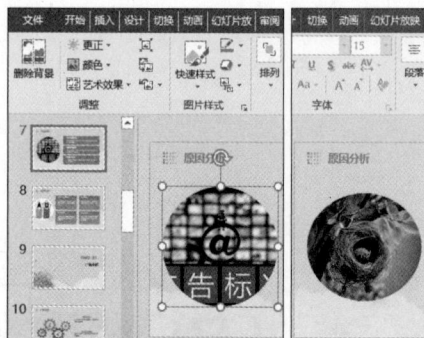

图 11-30　替换图片

（3）继续替换其他图片，其中，第11张幻灯片的替换图片参见"配图2.png"（配套资源:\素材文件\项目十一\公益广告策划方案\配图2.png）；第12张幻灯片的替换图片参见"配图3.jpg"（配套资源:\素材文件\项目十一\公益广告策划方案\配图3.jpg）；第13张幻灯片的替换图片参见"配图4.png"（配套资源:\素材文件\项目十一\公益广告策划方案\配图4.png）；第15张幻灯片的替换图片参见"配图5.jpg"（配套资源:\素材文件\项目十一\公益广告策划方案\配图5.jpg）；第17张幻灯片的替换图片参见"配图6.png""配图7.png""配图8.png"（配套资源:\素材文件\项目十一\公益广告策划方案\配图6.png、配图7.png、配图8.png）；第21张幻灯片上方1张图片的替换图片参见"配图9.png"（配套资源:\素材文件\项目十一\公益广告策划方案\配图9.png）。

（三）为幻灯片设计动态效果

为幻灯片及幻灯片中的各个对象添加动画效果，使演示文稿放映时更具吸引力，设置超链接以方便跳转至指定幻灯片，具体操作如下。

（1）选择第1张幻灯片，在【切换】/【切换到此幻灯片】组的"切换效果"列表框中选择"页面卷曲"选项，然后单击"效果选项"按钮，在打开的下拉列表中选择"双右"选项，再在"声音"下拉列表中选择"风铃"选项，最后单击"全部应用"按钮，为所有幻灯片应用相同的幻灯片切换效果，如图11-31所示。

（2）选择"'关爱空巢老人'公益广告策划方案"文本的文本框，在【动画】/【动画】组的

"动画"列表框中选择"擦除"选项，然后单击"效果选项"按钮，在打开的下拉列表中选择"自顶部"选项，再在"开始"下拉列表中选择"上一动画之后"选项，在"持续时间"数值框中输入"01.00"，如图11-32所示。

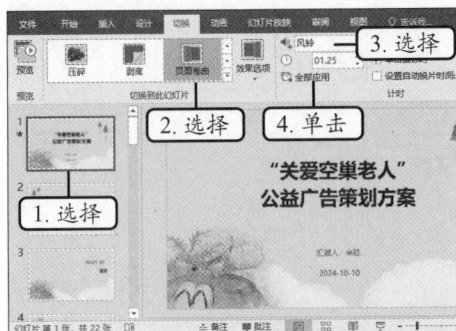

图 11-31　设置幻灯片的切换效果

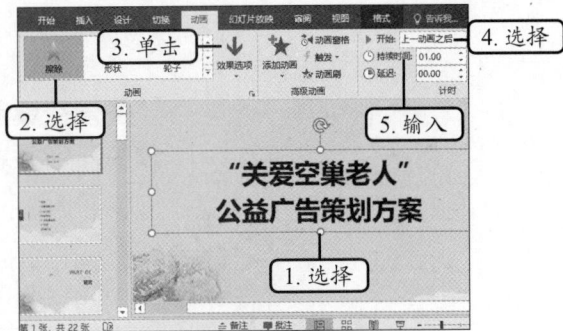

图 11-32　设置文本的动画效果

（3）使用相同的方法，为除过渡页以外的幻灯片中的文本设置"擦除"动画，在设置并列的文本对象时，先将文本对象组合，再为组合对象设置"擦除"动画。

（4）选择第4张幻灯片中的图片和形状，按【Ctrl+G】组合键组合对象，在【动画】/【动画】组的"动画"列表框中选择"旋转"选项，然后在"开始"下拉列表中选择"上一动画之后"选项，在"持续时间"数值框中输入"01.00"，如图11-33所示。

（5）使用相同的方法为其他幻灯片中的图片、图形对象添加"旋转"动画。

（6）完成幻灯片的动画设置后，在【动画】/【高级动画】组中单击"动画窗格"按钮 ，打开动画窗格，调整各对象动画的顺序，使每张幻灯片先播放标题，再播放图片、图像对象，最后播放文本对象。

（7）选择第2张幻灯片中的"空巢现象分析"文本，单击鼠标右键，在弹出的快捷菜单中选择"超链接"命令，打开"插入超链接"对话框，选择"本文档中的位置"选项，在"请选择文档中的位置"列表框中选择"5. 幻灯片5"选项，单击 确定 按钮，如图11-34所示。

（8）返回幻灯片后，使用相同的方法为目录页中的其他目录文本创建超链接。完成设置后，按【Ctrl+S】组合键保存"公益广告策划方案1.pptx"演示文稿（配套资源:\效果文件\项目十一\公益广告策划方案1.pptx）。

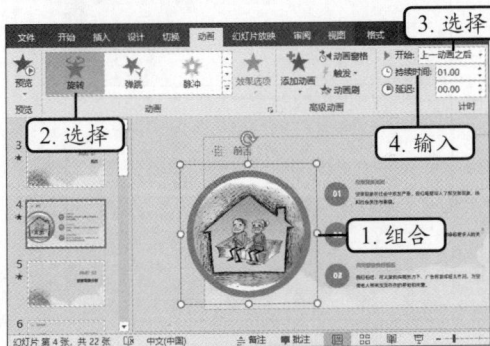

图 11-33　设置组合对象的动画效果

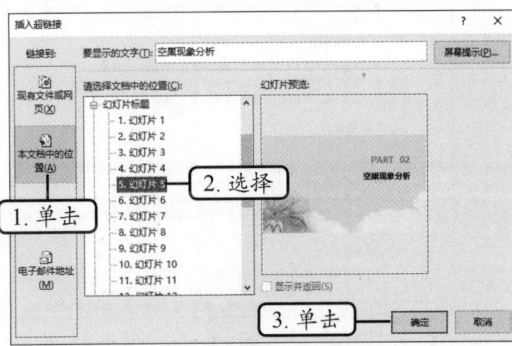

图 11-34　"插入超链接"对话框

（四）连接投影仪放映演示文稿

使用HDMI高清线将投影仪的视频输入接口连接到计算机的视频输出接口，启动投影仪和计算机，并通过投影仪的遥控器选择HDMI信号源。信号源连接成功后，在计算机的桌面上按【Win+P】组合键，打开"投影"任务窗格，选择"复制"选项。打开"公益广告策划方案1.pptx"演示文稿，按【F5】键从头开始放映该演示文稿，如图11-35所示。

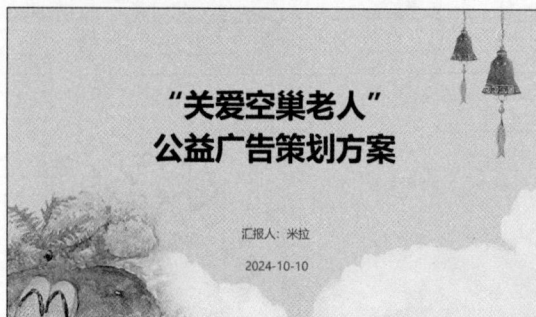

图11-35　从头开始放映演示文稿

项目实训

实训一　AI辅助制作"员工礼仪培训"文档

【实训要求】

本实训使用文心一言生成员工礼仪培训的内容，然后使用Word 2016编辑与处理，形成"员工礼仪培训.docx"文档（配套资源:\效果文件\项目十一\员工礼仪培训.docx）；使用百度文库AI文档助手创建"员工礼仪培训.pptx"演示文稿，并通过PowerPoint 2016编辑与处理该演示文稿（配套资源:\效果文件\项目十一\员工礼仪培训.pptx）。本实训制作完成的文档和演示文稿的参考效果如图11-36所示。

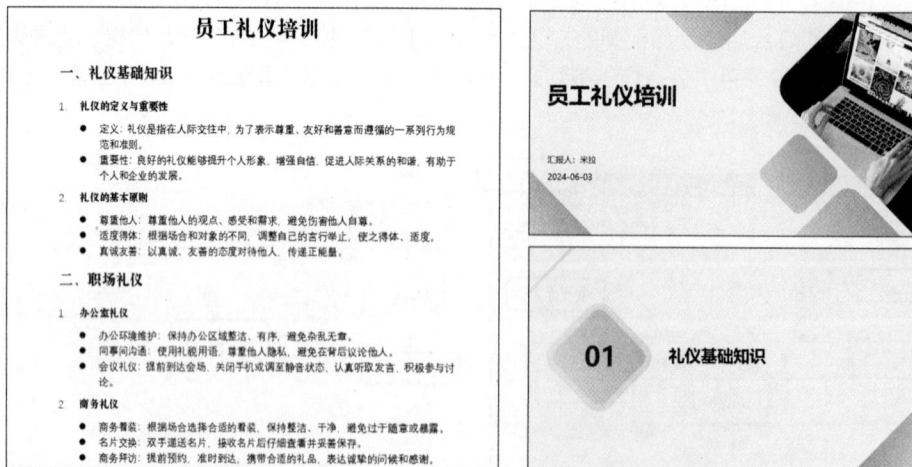

图11-36　"员工礼仪培训"文档和演示文稿的参考效果

【实训思路】

首先使用文心一言生成员工礼仪培训的详细内容，然后使用Word 2016编辑与处理该文档；接着根据员工礼仪培训的内容，在百度文库AI文档助手中导入文档生成"员工礼仪培训.pptx"演示文稿，并使用PowerPoint 2016对该演示文稿进行编辑与处理。

【步骤提示】

（1）在文心一言主界面的输入框中输入指令内容，如"请撰写详细的员工礼仪培训内容"，生成员工礼仪培训的具体内容，如图11-37所示，然后新建"员工礼仪培训.docx"文档并将文心一言生成的内容作为无格式文本粘贴到该文档（配套资源:\素材文件\项目十一\员工礼仪培训.docx）中。

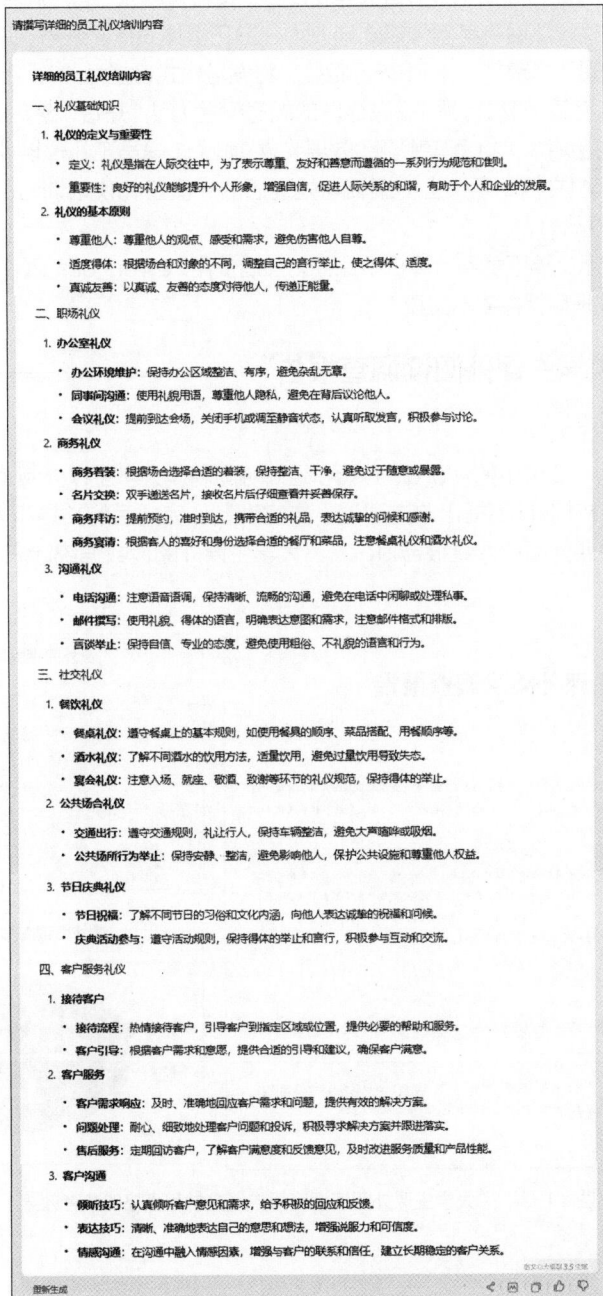

图11-37　文心一言生成的员工礼仪培训的具体内容

（2）将"员工礼仪培训.docx"的文档标题修改为"员工礼仪培训"，将其文本格式设置为"方正大标宋简体、二号、居中对齐"，然后将正文的段落格式设置为首行缩进"2字符"。

（3）为"一、礼仪基础知识""二、职场礼仪""三、社交礼仪""四、客户服务礼仪"1级标题应用"标题1"样式，然后将其字体格式修改为"方正楷体简体、小三、取消加粗"，将段落格式修改为段前和段后间距"6磅"，"1.5倍行距"。

（4）为"礼仪的定义与重要性""礼仪的基本原则""办公室礼仪""商务礼仪""沟通礼仪""餐饮礼仪""公共场合礼仪""节日庆典礼仪""接待客户""客户服务"和"客户沟通"2级标题应用"标题2"样式，然后将其字体格式修改为"方正楷体简体、五号、取消加粗"；将段落格式修改为段前和段后间距"3磅"，"1.5倍行距"；将编号格式设置为"1.""2.""3."……

（5）返回文档，将每个1级标题下2级标题的编号设置为从1开始，然后为2级标题下的并列项目设置●项目符号，并另存文档（配套资源:\效果文件\项目十一\员工礼仪培训.docx）。

（6）在百度文库AI文档助手中上传编辑与处理后的"员工礼仪培训.docx"，采用"保持一致"的方式生成演示文稿。

（7）将生成的演示文稿下载到计算机中保存，然后使用PowerPoint 2016编辑与处理不合理、不规范的地方，完成编辑后保存演示文稿。

实训二　制作"大学生课外阅读调查报告"

【实训要求】

本实训使用Office 2016中的Word、Excel组件协同制作大学生课外阅读调查报告，以了解大学生的课外阅读情况并针对性地提出改进建议。本实训制作完成后的文档和表格（配套资源:\效果文件\项目十一\大学生课外阅读调查报告.docx、大学生课外阅读数据统计表.xlsx）的参考效果如图11-38所示。

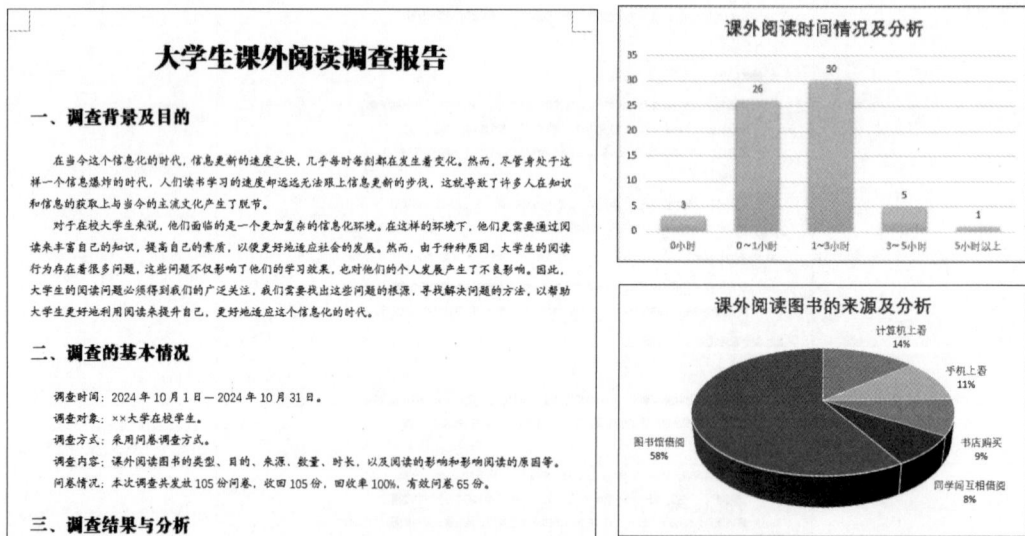

图11-38　"大学生课外阅读调查报告"文档和表格的参考效果

【实训思路】

首先使用Word制作并编排"大学生课外阅读调查报告.docx"文档；然后使用Excel处理Word文档中的各项数据，根据图表来观察数据的变化趋势。

【步骤提示】

（1）新建"大学生课外阅读调查报告.docx"文档，导入"大学生课外阅读调查报告.txt"文本文档（配套资源:\素材文件\项目十一\大学生课外阅读调查报告.txt）中的文本内容。将文档标题"大学生课外阅读调查报告"的字体格式设置为"方正特雅宋简、小一、加粗"，段落格式设置为"居中、1.5倍行距"。

（2）为"一、……"1级标题应用"标题2"样式，将字体格式修改为"方正大标宋简体、三号、加粗"，将段落格式修改为段前和段后间距"12磅"，"1.5倍行距"。

（3）为"（一）……"1级标题应用"标题3"样式，将字体、段落格式修改为"方正精品书宋简体、四号、加粗"，段前和段后间距"6磅"，"1.5倍行距"。

（4）为其余文本应用"正文"样式，并修改字体、段落格式为"方正新楷体简体、五号"，两端对齐，首行缩进"2字符"，"1.2倍行距"。

（5）在文中出现数据的地方新建与编辑表格（配套资源:\效果文件\项目十一\大学生课外阅读调查报告.docx），并将相应数据移动到对应的单元格中。

（6）新建"大学生课外阅读数据统计表.xlsx"工作簿，再在该工作簿中依次新建"课外图书阅读意愿和爱好程度""课外阅读图书类型及范围""课外阅读时间情况及分析""课外阅读图书的来源及分析""课外阅读的目的"和"影响学生阅读的原因"等工作表。

（7）在"课外图书阅读意愿和爱好程度"工作表中根据"大学生课外阅读调查报告.docx"文档中"（一）课外图书阅读意愿和爱好程度"中的内容输入相应数据，并创建饼图。

（8）在其他工作表中根据"大学生课外阅读调查报告.docx"文档中对应的内容的数据，创建合适的图表（配套资源:\效果文件\项目十一\大学生课外阅读数据统计表.xlsx）。

课后练习

练习1：AI辅助制作"维护生态环境.pptx"演示文稿

本练习自行选择AI工具辅助制作"维护生态环境.pptx"演示文稿，为"环境保护"主题讲座提供支持，让更多人了解维护生态环境的重要性及如何在日常生活中维护生态环境。

操作提示如下。

- 使用AI工具生成维护生态环境的重要性及如何维护生态环境的相关内容。
- 将生成的内容复制到Word文档中保存，检查和修改文档内容。
- 使用AI工具，导入Word文档创建演示文稿，然后在PowerPoint 2016中编辑与处理该演示文稿。

练习2：协同制作"年终销售总结.pptx"演示文稿

根据提供的"年终销售总结.pptx""销售情况统计.xlsx""销售工资统计.xlsx""销售总结草稿.docx"文档（配套资源:\素材文件\项目十一\"年终销售总结"文件夹），协同制作"年终销售总结.pptx"并设计动画效果，最终效果参见配套资源:\效果文件\项目十一\年终销售总结.pptx。

操作提示如下。

- 将"销售总结草稿.docx"文档的正文内容添加到"年终销售总结.pptx"演示文稿的第4张、第6张、第7张幻灯片中。
- 在"销售情况统计.xlsx"工作簿中创建销售图表，效果参见配套资源:\效果文件\项目十一\销售情况统计.xlsx，将图表粘贴到"年终销售总结.pptx"演示文稿的第3张幻灯片中。
- 将"销售情况统计.xlsx"工作簿中的"F2产品销售"数据粘贴到"年终销售总结.pptx"演

示文稿的第5张幻灯片中。

- 在"年终销售总结.pptx"演示文稿的第8张幻灯片中粘贴"销售工资统计.xlsx"工作簿的"基本工资"工作表和"提成工资"工作表中的销售数据表格。

- 为每张幻灯片中的各个对象添加动画效果，并为每张幻灯片设置切换效果。

技巧提升

1. 在Word文档中导入文件中的文字

在Word文档中可以导入文本文档（TXT格式）、网页文件（HTML格式）等文件中的文字，其方法如下：单击【插入】/【对象】组中的"对象"按钮□右侧的下拉按钮▾，在打开的下拉列表中选择"文件中的文字"选项，打开"插入文件"对话框，选择所需文件，单击 插入(S) ▼ 按钮，然后根据提示进行操作。

2. 删除图像背景

在Office文档中插入图片后，当图像颜色与背景色有明显差异时，可删除图像的背景，使图片呈透明色显示。在Word中的操作方法如下：选择图片，在【图片工具 格式】/【调整】组中单击"重新着色"按钮▦，在打开的下拉列表中选择"设置透明色"选项，然后单击所选图片的背景。在PowerPoint中的操作方法如下：选择图片，在【图片工具 格式】/【调整】组中单击"颜色"按钮▩，在打开的下拉列表中选择"设置透明色"选项，然后单击所选图片的背景。

3. 联合使用AI工具

在使用AI工具辅助办公，制作各类文档时，可联合使用AI工具，如使用文心一言生成文案内容，再使用讯飞星火对文案内容进行润色。总之，应掌握使用AI工具提高办公效率的方法与技巧。